河南飞播营造林新技术

HENAN FEIBO YINGZAOLIN XINJISHU

主　编　张红文　雷跃平
副主编　郭利华　康安成　索延星
　　　　赵黎明　霍保民　张慧勤
　　　　姚　勇　孙红召

黄河水利出版社

内 容 提 要

本书主要介绍了河南省飞播造林的发展历程、地位与作用、成就和特点及飞播造林发展战略,飞播类型区划分的原则和依据,飞播区选择的原则与要求,飞播树种选择的原则、条件,播种量确定和种子保护技术,播种期确定的原则和依据,播区规划设计技术,播前准备的各项内容,飞播造林适宜的机型、设备及机场,飞播造林作业技术,飞播造林效果调查与评定,飞播林经营管理等有关方面的新理论、新技术、新方法。

本书内容翔实、技术先进、实用性强,可供广大林业工作者以及林业大中专院校师生阅读参考。

图书在版编目(CIP)数据

河南飞播营造林新技术/张红文,雷跃平主编. —郑州:黄河水利出版社,2010.9

ISBN 978 - 7 - 80734 - 855 - 9

Ⅰ.①河… Ⅱ.①张… ②雷… Ⅲ.①飞机播种造林 - 河南省 Ⅳ.①S725.72

中国版本图书馆 CIP 数据核字(2010)第 137688 号

组稿编辑:王路平 电话:0371 - 66022212 E-mail:hhslwlp@126.com

出 版 社:黄河水利出版社
地址:河南省郑州市顺河路黄委会综合楼 14 层 邮政编码:450003
发行单位:黄河水利出版社
发行部电话:0371 - 66026940、66020550、66028024、66022620(传真)
E-mail:hhslcbs@126.com
承印单位:河南省瑞光印务股份有限公司
开本:787 mm×1 092 mm 1/16
印张:16.75 插页:8
字数:400 千字 印数:1—1 500
版次:2010 年 9 月第 1 版 印次:2010 年 9 月第 1 次印刷
定价:48.00 元

飞播造林三十年
中原山川尽绿洲

张程锋

二〇〇九年贺岁

张程峰

發展林業事業
加快綠化中原

己丑夏姚如學

姚如学

飛播造林
綠染山川

楊蔚書之

杨蔚

张亚山

张宏芳

伏牛山北坡油松飞播林区

太行山飞播成效

辉县市臭椿飞播幼林

2008年安阳县飞播阔叶林

伏牛山南坡马尾 松飞播林区

今日绿树成荫

嵩县林海

淅川荆关飞播区

绿染崤山（卢氏）

栾川40万亩基地

种子处理，提高成效

加油装种

严把种子质量关

飞向蓝天

媒体宣传报道

播种质量检查

播种效果调查

飞播林防火隔离带

栾川县人民政府防护林防火宣传

沁阳市在飞播林区设置宣传标志

护林巡逻

加强防火

栾川县飞播林区护林防火瞭望塔

飞播林抚育间伐

抚育间伐调研

间伐材

小收获

油松间伐木

严把作业设计质量关

总结经验再上台阶

《河南飞播营造林新技术》

编委会

编委会主任 王德启

编委会副主任 谢晓涛　曹冠武　雷跃平　田金萍　郭　良

　　　　　　　　郑晓敏　张红文

编委会成员 郭利华　康安成　索延星　马群智　赵黎明

　　　　　　　霍保民　张慧勤　姚　勇　孙红召

编写人员

主　　编 张红文　雷跃平

副 主 编 郭利华　康安成　索延星　赵黎明　霍保民　张慧勤

　　　　　　姚　勇　孙红召

参编人员（以姓氏笔画为序）

　　　　　马姝红　马彦芳　马维新　马群智　毛海生　王向阳

　　　　　王建波　王建华　王海亭　王海卿　王晓旭　孔冬艳

　　　　　田顺龙　司志勇　史东晓　孙向伟　闫庆伟　闫亚波

　　　　　邢慧民　任智勇　关小彤　刘延辉　刘团会　刘　伟

　　　　　刘保玲　李月峰　李　军　李志超　李建强　李秋杰

　　　　　李海峰　李聪霞　张彦稳　张俊贞　张康跃　张　兴

　　　　　苏建锋　陈　稳　姚宏坡　徐保国　郭保国　郭　凌

　　　　　职庆利　赖正武

前　言

在建设生态文明的宏伟事业中,飞机播种造林以其独具的优势发挥了重要作用,成为绿化荒山荒沙的主要方式之一。河南省自 1979 年飞播造林试验成功以来,全省先后在 12 个省辖市的 37 个县(市、区)共计飞播造林 97.2 万 hm^2,人工直播造林 21.9 万 hm^2,累计成效面积 37.3 万 hm^2,成效率高达 31.8%,占同期人工造林保存面积的 37%,占同期人工营造林分保存面积的 60%,创造出巨大的经济效益、生态效益和社会效益,形成了一整套设计、施工、经营管理技术和科学管理办法,取得并推广了多项科研成果,为河南林业生态省建设作出了突出贡献。

为了进一步推动河南飞播造林再上新台阶,提高对飞播林的经营管理水平,结合近几年飞播造林方面的新技术、新经验,我们组织了一批长期从事飞播造林工作的专家、科技工作者,编写了《河南飞播营造林新技术》一书,以供林业技术人员在工作中使用及林业院校师生参考。

本书在总结河南 30 年飞播造林经验的基础上,本着理论联系实际的精神,重点介绍了飞机播种造林新技术和科学管理办法,既有一定的理论水平,又有较强的实用价值。

由于编者水平有限,错误和遗漏在所难免,恳请读者批评指正。

编　者

2009 年 10 月

目　录

前　言

第一章　概　述 …………………………………………………………（1）

　　第一节　飞播造林的发展历程 ……………………………………（1）

　　第二节　飞播造林的特点和优势 …………………………………（5）

　　第三节　飞播造林的地位与作用 …………………………………（6）

　　第四节　飞播造林的基本经验 ……………………………………（7）

　　第五节　飞播造林发展战略 ………………………………………（9）

第二章　飞播造林区域类型 …………………………………………（12）

　　第一节　河南省自然概况 …………………………………………（12）

　　第二节　飞播类型区划分的目的和原则 …………………………（22）

　　第三节　飞播类型区特征 …………………………………………（24）

第三章　飞播区规划设计 ……………………………………………（27）

　　第一节　适宜飞播造林的自然条件 ………………………………（27）

　　第二节　适宜飞播造林的地形条件 ………………………………（34）

　　第三节　适宜飞播造林的社会经济条件 …………………………（35）

　　第四节　宜播地调查 ………………………………………………（35）

　　第五节　播区规划设计 ……………………………………………（40）

　　第六节　设计文件的编制 …………………………………………（52）

第四章　飞播造林用种 ………………………………………………（55）

　　第一节　国内外选用飞播树种简况 ………………………………（55）

　　第二节　树种选择的原则和条件 …………………………………（56）

　　第三节　主要飞播树种介绍 ………………………………………（56）

　　第四节　种子采集、调运及检验 …………………………………（67）

　　第五节　播种量的确定 ……………………………………………（88）

　　第六节　种子处理 …………………………………………………（90）

第五章　播种期的确定 ………………………………………………（93）

　　第一节　确定播种期的意义 ………………………………………（93）

　　第二节　主要影响因素 ……………………………………………（93）

　　第三节　各地适宜的飞播期 ………………………………………（94）

第六章　播前准备 ……………………………………………………（108）

　　第一节　计划申报和作业设计审批 ………………………………（108）

　　第二节　签订合同 …………………………………………………（109）

　　第三节　种子准备 …………………………………………………（111）

第四节　播区植被处理 ……………………………………（114）

第五节　建立组织 …………………………………………（115）

第六节　物资准备 …………………………………………（116）

第七章　机型、设备与机场 …………………………………（118）

第一节　机　型 ……………………………………………（118）

第二节　设　备 ……………………………………………（122）

第三节　机场选择与临时机场的修建 ……………………（126）

第八章　飞播作业 ……………………………………………（133）

第一节　试　航 ……………………………………………（133）

第二节　飞行作业对气象的要求 …………………………（133）

第三节　播种作业 …………………………………………（135）

第四节　装种工作和机场管理 ……………………………（137）

第五节　导航方法 …………………………………………（138）

第六节　播种质量检查 ……………………………………（138）

第七节　提高播种质量的技术措施 ………………………（140）

第九章　飞播造林成效调查与评定 …………………………（142）

第一节　成苗过程的观察 …………………………………（142）

第二节　飞播造林当年成苗调查 …………………………（143）

第三节　飞播造林成效调查 ………………………………（145）

第十章　飞播林经营管理 ……………………………………（169）

第一节　播区管理 …………………………………………（169）

第二节　幼林抚育 …………………………………………（171）

第三节　林木病虫鼠害防治 ………………………………（172）

第四节　森林防火 …………………………………………（177）

第五节　森林防火的基础设施建设 ………………………（180）

第六节　成林抚育间伐 ……………………………………（183）

第七节　建立飞播林经营档案 ……………………………（186）

第十一章　飞播林基地建设 …………………………………（189）

第一节　飞播林基地建设的必要性 ………………………（189）

第二节　飞播林基地建设目标及意义 ……………………（190）

第三节　飞播林基地建设的条件和任务 …………………（190）

第四节　河南飞播林基地建设成就 ………………………（191）

第五节　河南飞播林基地建设主要经验 …………………（196）

第六节　飞播林基地建设发展思路 ………………………（198）

第十二章　重点市飞播营造林 ………………………………（200）

第一节　南阳市飞播造林 …………………………………（200）

第二节　三门峡市飞播造林 ………………………………（205）

第三节　洛阳市飞播造林 …………………………………（210）

第四节　安阳市飞播造林 ·· （215）

第五节　济源市飞播造林 ·· （220）

第六节　鹤壁市飞播造林 ·· （225）

第七节　新乡市飞播造林 ·· （230）

附　录 ·· （236）

附录一　飞播造林技术规程 ··· （236）

附录二　河南省飞播造林主要植物种名录 ······························· （259）

参考文献 ·· （260）

第一章　概　述

第一节　飞播造林的发展历程

我国飞机播种造林(以下简称飞播造林)始于 20 世纪 50 年代,当时的广东省委书记陶铸同志提出了飞播造林的设想。在他的倡导下,1956 年广东省林业厅与广州军区部队协作,开始了我国第一次飞播造林试验。

1956 年 3 月 4 日是我国造林史上重要的一天。

1956 年 3 月 10 日《南方日报》头版以"飞机播种造林"为题刊出简讯,"广东省有史以来第一次用飞机播种造林。本月 4 日,中国人民解放军空军的飞机在吴川县覃巴乡和对面坡乡的上空出现,几个钟头以内,在 667 多 hm² 荒山、荒地上撒下了 1 600 多 kg 树种"。同日,该报第 2 版还刊登了作者任仁的 800 字的报道:《飞机撒种记》,内容是:飞机播树种的喜讯迅速传播开了。信宜、阳春、廉江、化县的农民在短短的几天里收集了 1 500 多 kg 松树和相思树种子,交给林业部门供飞机播种。播种所在地区的吴川县覃巴乡和对面坡乡的农民,在当地 667 多 hm² 荒山坡的周围,插上了大旗,摆上了白布,准备了烧烟用的火堆,作飞机播种范围的标志。

接受了播种任务的中国人民解放军空军某部军官和战士们,满怀着兴奋和激动的心情,投入了紧张的准备工作。他们在 3 月 1 日提前完成了播种的准备工作,设计了撒种用的漏斗,并且经过试飞、试播,改进了漏斗的装置,研究了播种的方法。

3 月 4 日上午 10 时,飞机开始在吴川县覃巴乡和对面坡乡的上空出现,飞机开始撒种了,一股股浓雾似的种子群,随风飘落在荒山坡上。飞机上的工作人员进行了紧张的工作。驾驶员驾驶着飞机沿着荒山坡转了一圈又一圈,5 个负责撒种的人员一秒钟都不停地通过漏斗把种子往下倒。在地面上工作的人员,也忙着打信号枪、移动旗子,指示飞机撒种。一直到下午 4 点多钟,飞机播种才结束。

播后当年下半年,广东省林业厅厅长带领有关技术人员亲自到现场检查飞播效果。总的评价是:地角、田边、低洼地马尾松飞播幼苗很多,有的密如苗圃,但播区大片平台光板地基本无苗,总体来看,播种效果不理想。究其原因主要是播区选择失当,种子落地后无法附着地面。群众当时反映说:"你们当时应当叫我们用锄头松土开带就好了。"

1956 年 4 月 4 日《人民日报》刊出记者江清的千字通讯:《用飞机播种造林》,详细报道了这次飞播过程,并附上张洛拍摄的"把树种装上飞机,准备在空中播种"的现场作业照片。

飞机播种造林在我国产生是历史发展的必然,我国种松历史悠久,积累了丰富的经验。《汉书》载秦始皇二十七年(公元前 220 年)"秦为驰道于天下……道广五十步,三丈而树,厚筑其外,隐以金椎,树以青松"。至唐代,种松已相当普遍,具有一定的水平,杜甫、元稹都写过松树诗。至宋时(公元 11 世纪),著名文学家苏东坡也是种松专家,他说:"我昔少年时,种松满山岗,初移一寸阴,琐细如插秧。"说的是松树栽苗造林。在《东坡杂记》中也谈及松树直播造林:"至春敲取其实,以大铁槌人荒茅地数寸,置数粒其中,得春雨自生。……松树至坚悍,然始生至脆弱,多畏日与牛羊,故须荒茅地以茅阴障日……三五载乃成。"对松习性、造林季节、造林方法都有较科学的记载,可见当时我国劳动人民种松已具有相当的水平。人工直播、植苗种松是我国人民创造的重要造林方法。

然而,由于受到封建社会制度的制约,中国的社会生产力长期没有得到很大的发展。我国大规模造林历史是在中国共产党领导下中国人民取得翻身解放以后才发展起来的。这是摧毁中国半封建半殖民主义旧生产关系后,社会生产力大发展的必然结果。广东省大规模种植马尾松开始于 1951～1953 年,以广州白云山为中心直播马尾松 6 667 hm^2,以"三个一"的作业方式(一袋松种点播,一把锄头开小穴,一袋干粮上山),成功创造了今日闻名中外的"白云松涛",这便是一个取得大面积种松成功的范例。

在总结新中国成立前后马尾松造林经验的基础上,一方面,从 20 世纪 50 年代开始各地开展大面积马尾松人工点播、百日苗造林,并观察马尾松天然下种更新规律,提出要大面积推广马尾松人工促进天然更新;另一方面,我们党和政府有见识的领导人如陶铸同志提出"可不可以用飞机播种",当得到肯定的答复后,则要求林业厅"立即做试验"。这是共产党人辩证唯物主义和革命浪漫主义思维的创造性结合,也是基于他对松树的热爱和熟悉以及对造林绿化事业的一贯重视。因此,我们完全可以说:我国飞机播种造林的出现和大规模发展是中国共产党人在总结我国丰富种松经验的基础上发展起来的,是松树造林从人力手工操作到大规模现代机械化操作的新发展,是造林技术、林业科研发展的一项重要成果,这既是历史的必然和进步,又是历史的创造和发展。

1956 年全国首次飞播造林试验虽然未能成功,但它是第一次伟大的试验。"自古成功在尝试",这次飞播试验为广东也为全国兄弟省、市、自治区进行飞播提供了有益的借鉴;这次试验首次提出了"飞机播种造林"的新概念,拉开了我国飞机播种造林的序幕,标志着我国造林事业开拓了新的篇章,也留给我们不少启示:

(1)飞机播种造林从试验开始就体现了具有中国特色的造林事业和飞播造林道路的基本特征,这就是中国共产党的正确领导是发展林业的重要保证。党和政府重视造林,林业部门抓住时机大胆付诸试验,并充分发挥职能部门的作用;发扬社会主义大协作精神,坚持自力更生,靠科学技术发展生产。

(2)飞机播种造林从试验开始,在技术方向和技术路线上就已为后来完善飞播造林技术打下初步基础。首先,确定以松树(马尾松)为主、天然更新能力强的主要飞播树种,保证飞播成苗和成林。其次,确定以运 - 5 型飞机撒播这种现代化作业手段,突破了人工操作小面积造林的局限,使大规模、高速度、低成本绿化偏远荒山成为现实可能。再次,在飞播技术上提出了诸多相关因素的合理配置雏形,例如,选择雨季初期为适宜的播种季节是种子萌发成苗的关键,穿梭式沿播带作业以保证均匀撒播落种;选择合理航高,改装装种撒播装置,确定地空通信联络方法及地面信号引航播种,等等。

(3)对首次试播基本失败的总结,为后来飞播成功提供了有益的借鉴,这就是:播区的选择上既不能地表植被过多过密使种子无法着地,也不能地表全光、种子着地后毫无附着条件而被风吹或水冲。这就为后来飞播播区的选择提供了依据。

1958 年飞播造林在四川省试验取得成功后,各省相继开始试验成功并逐步转入生产,但 20 多年来飞播造林一直未列入国家计划,完全由各省自行安排。领导重视,有钱有种就多播;领导不重视或资金短缺就少播;没钱或试验失败、成效不高就停播。20 世纪 80 年代初,全国有 13 个左右的省、自治区开展了飞播造林,年完成面积仅 40 万 hm²。1982 年 7 月 14 日邓小平同志在日理万机中看到林业部《关于飞播造林情况和设想的报告》后,作出了重要批示,把飞播造林纳入国家计划,地方做好规划和地面工作,保证质量,并说:"这个方针,坚持二十年。"从此以后,我国飞播造林走上了正轨,纳入国家计划。国家计委、财政部每年拿出 2 000 万元扶持飞播造林。这一特大喜讯,给全国林业工作者,特别是广大从事飞播造林的科技人员以巨大的鼓舞、无穷的动力,使我国飞播造林进入了全面发展阶段。当年完成飞播面积比上年翻了一番,飞播省、自治区增至 18 个。截至 2006 年,飞播省、自治区增加到 26 个,全国累计完成飞播造林面积 3 042.5 万 hm²,其中成效面积 1 100 多万 hm²,占我国人工林保存面积的 1/4,为我国森林面积和森林蓄积双增长作出了重要贡献。

河南飞播造林探索始于 20 世纪 60 年代。河南山区面积达 444.2 万 hm²,这些地方山势陡峭、沟壑纵横、交通不便、人烟稀少、劳力缺乏,人工造林难度极大,成本特别高,甚至无法实施。于是在 60 年代初期开始尝试飞播造林,因当时缺乏经验,在关键技术环节上出现失误,致使首次试验失败。"文革"时期基本停滞。1978 年春,河南省在其他省(区)特别是邻省飞播造林成功经验的启示下,又在豫西伏牛山区的栾川、卢氏、灵宝三县进行了人工模拟飞播试验,取得了试验成功。在此基础上,1979 年 6 月,在栾川、卢氏两县正式开展飞播造林试验 9 670 hm²,获得了良好的飞播试验效果,当年直接成效率达 58%,从而为河南山区造林绿化开辟了新途径。

为进一步验证飞播造林的可行性和适播范围,1981 年河南又将试验区域扩大到伏牛山南坡的内乡、西峡、淅川等县,飞播油松 13 340 hm²;1982 年推进到太行山区的林县、辉县、淇县和桐柏山区的桐柏县以及大别山区的新县,均取得了良好的试验效果,多数播区的当年成苗率在 40%~60%。同时,在修武、济源、鲁山、确山以及开展飞播试验的县,继续进行多地点、多树种分春、夏、秋三季进行的人工撒播模拟试验。参试的树种有:油松、马尾松、华山松、侧柏、黑松、漆树、刺槐、臭椿等。

通过飞播试验,从中筛选出成效好的树种有油松、马尾松、侧柏、漆树等,黑松虽成苗较好,但在成林后因易遭虫害而很少飞播,其他树种因出苗容易保苗难而被淘汰。成功的飞播期是:伏牛山区飞播油松、侧柏、黄连木宜在 6 月中、下旬,飞播马尾松宜于秋播;太行山区飞播油松、侧柏、黄连木、臭椿宜在 6 月底至 7 月中旬;桐柏、大别山区在秋初或春末飞播马尾松成效较好。

飞播造林试验成功以后,为推广这一技术,加快山区绿化步伐,管理部门从以下几个方面入手,积极推进飞播造林工作。一是开展技术培训,壮大专业队伍。1981 年经省机构编制委员会批准成立了河南省林业厅飞播造林工作队,专职全省飞播造林的管理工作。建队后,除重点抓好生产试验外,还狠抓了技术培训,先后举办了 9 次飞播造林技术培训班,从播区选择、规划设计、效果调查、播后管理等环节进行了系统培训,共培训基层林业技术干部1 000余人次,从而为搞好飞播造林工作打下了良好的技术基础。二是加强宣传。试验初期,因缺乏了解,一些领导对飞播工作不够支持,群众有怀疑,播后管护也不积极。为此,飞播工作者做了大量的宣传和引导工作,利用广播、电视、报纸、印发传单、布告等宣传工具和手段,大讲飞播造林的优越性和重要性,使播区干群人人皆知,家喻户晓,并组织有关县、乡领导和技术干部到外省或本省成效好的播区参观取经。通过参观,开阔了眼界,提高了认识。三是由点到面,稳步发展。随着飞播造林试验的不断成功,各地要求飞播造林的积极性也越来越高。为保证造林成效,在边试验边推广、不断总结的基础上循序渐进,稳步发展,到1982年年底已发展到伏牛、太行、桐柏、大别山区的11个县。按当时的部颁《飞播造林技术规程》进行效果调查,河南省1979～1982年飞播作业面积104 333 hm²,其中宜播面积70 467 hm²,保存幼林27 467 hm²,保存率为39%;依保存幼林面积计每公顷造林成本127元,仅为国营林场人工造林保存面积平均成本525元的1/4。

1982年,邓小平同志指示:"空军要参加支援农业、林业建设的专业飞行任务,要搞20年,为加速农牧业建设、绿化祖国山河作贡献。"并明确批示:"每年4 000万元,为数不大,完全纳入国家计划,地方做好规划和地面工作,保证质量。这个方针,坚持二十年,可能得到较大实效。"从此,飞播造林列入国家计划,安排专项资金,进入了一个有计划快速发展的新阶段。从1983年起,中央财政开始对河南省飞播造林试验补助经费,省财政也多次追加资金,有关市县积极做好地面导航工作,并于1992年起按15元/hm² 匹配了部分种子费,使飞播造林步伐进一步加快。2003年后国家取消了对河南飞播造林的投资,为确保每年的飞播造林保持一定的规模,继续发挥飞播造林的优势,管理部门主要从以下几个方面入手解决飞播造林投入不足的问题:一是加强宣传,进一步提高了广大干部和群众对飞播造林工作重要性的认识。充分利用河南省飞播造林取得的成就,通过广播、电视、报刊等多种形式,进一步加大宣传力度,提高了各级领导和广大干部群众对飞播造林工作重要性的认识,增强了绿化祖国、改善生态环境的责任感和紧迫感,并积极投身和支持飞播造林事业。二是广筹资金,加大对飞播造林投入。按照国家林业局"飞播造林地方投资和群众投劳为主,国家补助为辅"的原则,继续实行了行之有效的省级补助、地方配套、部门支持、群众投劳的投入机制,并鼓励集体和个人投资,采取多渠道、多层次解决飞播造林资金。河南省各级林业部门,大力宣传开展飞播造林的重要性,协调好各有关部门关系,使各级政府纷纷从扶贫资金、农业综合开发基金、育林基金和地方财政收入中拿出资金,弥补飞播造林和经营管理、科学研究经费的不足。特别是2007年河南林业生态省建设实施以后,三门峡、洛阳、新乡等市飞播积极性空前高涨,配套资金由过去的每公顷15元提高到每公顷60元。省林业厅也积极向国家林业局、省政府请求资金扶持,从而有力地保证了河南省飞播造林按计划完成。三是搞好规划,精心设计,开源节流,降低成本。采取"小播区、强措施、高效益"的设计原则,尽量避开农田、河道、村庄等非宜播地类,使播区宜播面积率最大化。同时组织好飞播施工作业,充分发挥每个工作人员的工作积极性,减少工作人员,开源节流,降低成本。

河南省飞播造林自1979年试验成功至2009年,先后在三门峡、洛阳、安阳、新乡、焦作、南阳、信阳、平顶山、鹤壁、济源、郑州、许昌等12个省辖市的37个县(市、区)开展了飞播造林,飞播造林作业面积97.2万 hm²,人工直播造林21.9万 hm²,成效面积37.3万

hm²,成效率高达31.8%,占同期人工造林保存面积的37%,占同期人工营造林分保存面积的60%。同时飞播造林由以油松、马尾松、侧柏等针叶树种为主扩大到黄连木、臭椿、五角枫、白榆等8个树种。目前,早期飞播的已郁闭成林、成材,发挥着保持水土、涵养水源、调节气候、改善生态环境和促进农业生产的多种效能。

实践证明,飞播造林对于加速国土绿化,培育后备森林资源,加快生态环境建设,促进农牧业发展和农民脱贫致富,具有十分重要的现实意义和深远意义。

第二节 飞播造林的特点和优势

一、飞播造林

飞播造林,就是模拟林木天然下种更新,采用飞机撒播树种进行造林。也就是说,用飞机装载林木种子,在规划设计好的造林地上空,沿着一定的航向,保持一定的航高飞行作业,把种子均匀地撒播在宜林荒山、荒地上,利用林木有天然更新能力的特点,依靠自然降水和适宜的温度,使种子生根、发芽、成苗,经过抚育管理等措施,达到成林成材、扩大森林资源、恢复和维护生态环境良性循环目的的一种造林方法。

二、飞播造林的特点和优势

(1)速度快,省劳力。飞播造林可以大幅度提高劳动生产率。一架伊尔-14型飞机,一般1个飞行日可播种1 333~2 667 hm²,一架运-5型飞机可播种1 333 hm²左右,分别相当于2 000~4 000个和2 000个劳动日的造林面积。一个3 333 hm²的播区,用一架运-5型飞机播种,所需劳力仅占人工撒播造林的6‰。从中可以看出,飞播造林不仅节省了劳力,而且大大加快了绿化速度。

(2)成本低,投资少。据调查统计,河南省飞播造林平均每公顷成本63.21元。按飞播成效面积计每公顷成本192.91元,相当于人工造林成本的25%。飞播造林与人工造林相比,显然投资少,成本低。

(3)活动范围广,能深入边远山区作业。河南山地面积大,山区地形复杂,交通不便,人烟稀少,且多属贫困地区,人工造林十分困难。而用飞机播种,能深入边远山区,扩大了可造林范围,可加速大面积荒山绿化。

(4)社会性强。飞播造林是一项多部门、多学科的综合绿化工程。除需要林业、空军、民航等部门参加外,还需要气象、电信、交通等部门协作。特别是播后的管护工作,更需要各级政府领导和发动广大群众来完成。

(5)季节性强。飞播造林和栽种农作物一样,有很强的季节性,要不违林时。播种过早,水热条件不够,种子不能发芽,易遭鸟鼠危害;过晚,苗木生长期短,难以度过伏旱和冻害。所以,必须抢在雨季到来之前的有限时间内进行飞播作业。

(6)受天气影响大。飞播造林系空中作业,飞机能否作业,受机场和播区天气状况(风向、风速、云高、云量、能见度等)的制约。只有达到可飞天气标准,才能进行播种造林。

鉴于目前我国飞播机型单一、播种设备落后以及某些技术问题尚未解决等因素,飞播造林也存在着一些局限性:一是不能准确控制落种密度和均匀度,往往造成林木分布稀密不均,加上间苗定株、补植补播等管理工作不能及时进行,致使林分密度过大或出现林中空地。二是树种单一,不能充分利用播区内局部立地条件,且易发生森林火灾和病虫害。

第三节　飞播造林的地位与作用

飞播造林作为三大造林方式之一,具有速度快、省劳力,成本低、投资少,活动范围广、能深入边远山区作业等"多、快、好、省"的优点,30 年来,为绿化中原大地作出了巨大贡献。从 1979 年开始,至 2009 年,河南先后在 12 个省辖市的 37 个县(市、区)共计飞播造林 97.2 万 hm^2,人工直播造林 21.9 万 hm^2,累计成效面积 37.3 万 hm^2,成效率高达 31.8%,占同期人工造林保存面积的 37%,占同期人工营造林分保存面积的 60%。其在河南省造林工作中的地位和作用主要表现在以下几方面。

一、加快了荒山造林绿化步伐

截至 2009 年 9 月底,全省先后有 12 个市的 37 个县(市、区)开展了飞播造林,飞播作业面积 97.2 万 hm^2(其中重播面积 30.08 万 hm^2),累计成效面积 37.3 万 hm^2,大大加快了山区造林绿化步伐。

地处伏牛山区飞播最早的栾川、卢氏、嵩县等县大多数播区已经郁闭成林、成材。栾川县 30 年来在全县的 12 个乡镇飞播造林 57 333 hm^2。其中宜播面积 48 000 hm^2,已成林面积 33 000 hm^2,占全县有林地总面积的 29%,使全县森林覆盖率提高了 19.3%,三川、冷水、叫河 3 个乡由于飞播林面积的增加,森林覆盖率分别净增了 59.4%、47.0%、38.6%。

位于伏牛山南坡的内乡、西峡、南召、淅川等县通过飞播造林,使 6.5 万 hm^2 的边远荒山披上了绿装。地势陡峻的太行山区的林州、辉县、卫辉、修武等县(市)依靠飞播啃下了人工造林困难的"硬骨头"。

二、飞播造林区域不断扩大

经过广大飞播工作者的辛勤努力,全省飞播造林由人工模拟试验扩大到集中连片、大规模生产应用;由伏牛山区扩大到太行、桐柏和大别山区;由 1 市 2 县扩大到 2009 年的 12 个市 37 个县(市、区);由油松 1 个树种扩大到马尾松、侧柏、臭椿、黄连木等 8 个树种。

三、建立了飞播林基地

通过飞播造林和补植补造,全省已形成集中连片 0.07 万 hm^2 以上的飞播林 100 余处,0.7 万 hm^2 以上的 12 处,2 万 hm^2 以上的 4 处。目前已在太行山区的林州、辉县、修武和伏牛山区的栾川、卢氏、内乡、南召、淅川等 8 个县(市)建成了飞播林基地,形成以飞播林为主体的多林种、多树种、结构比较合理的新林区。

四、改善了生态环境,发挥了综合效益

河南飞播造林多在山势陡峭、沟壑纵横、交通不便、人烟稀少、劳力缺乏的山区进行。这些地方水土流失严重,自然条件恶劣,人工造林难度大。实施飞播造林后,通过"飞、封、造、管"相结合,植被很快得以恢复,控制了水土流失,改善了山区自然面貌,生态环境得到明显改善。据栾川县有关部门调查,通过飞播造林,该县有林地面积增加了23.6%,森林覆盖率提高了11个百分点,明显改变了该县东西部森林资源分布不均的格局。飞播林面积的增加还使伊河、涧河上游水源得以涵养,泥石流发生的现象得以遏制,水土流失面积减少了25%,灾害性天气年发生率下降40%。生态环境的改善还使野生动物种群大量增加,一些过去罕见的国家级保护动物如金雕、灰鹤、鹿等现在经常出没于飞播林区。播区附近农田因受飞播林庇护,全县的粮食产量增加了20.3%,农业生产连续取得历史最好收成。同时,带动经营模式由粗放型向集约型、生态型和生态经济型转化,为农村经济的发展注入了新的活力,加快了脱贫致富奔小康的步伐,有力地促进了农村经济持续、快速的发展,为建设社会主义新农村、促进社会和谐作出了贡献。目前,全省播区有成效面积37.3万 hm²,成林面积按20万 hm² 计算,直接经济效益1 260亿元,每年可以调节水量133 227万 t,森林固土5 985万 t,固碳151万 t,释放氧气453万 t,总生态价值达199.2亿元。因此,飞播造林为加快山区绿化步伐,建立林业"两大体系",改善生态环境,促进山区经济发展作出了巨大贡献,产生了深远的影响。

第四节 飞播造林的基本经验

一、加强组织领导,完善管理体系

河南省各级党政领导都把飞播造林作为加快绿化步伐的一项重要措施,列入议事日程。省政府主管林业工作的副省长多次视察飞播造林,并及时解决资金和管理方面的问题。省计委把飞播造林列入了基本建设计划,省财政厅在经费上给予倾斜。不少地方主管领导亲自抓,专门研究部署飞播工作,保证飞播造林任务的完成。为了加强全省飞播造林的经营管理,1981年年初,经省机构编制委员会批准,成立了河南省林业厅飞播造林工作队。不少市地、县也都成立了相应机构,重点基地乡建立了飞播造林管理分站,切实加强了对飞播造林的组织管理。目前,全省有市级飞播站2个,县级飞播站8个,乡级飞播站22个,拥有专职飞播造林技术人员105名,并先后培训了800多名飞播造林技术骨干,保证了飞播造林工作的顺利开展。

二、加大宣传力度,提高干群认识

30年来,河南省始终把宣传作为飞播造林的第一道工序来抓,全省各地充分利用广播、电视、报纸等新闻媒体,广泛宣传飞播造林速度快、成本低、效果好的优点,宣传飞播林在改变生态环境,改善农业生产条件,促进农业和农村经济发展中的重要作用。通过召开经验交流会、现场考察等形式,宣传飞播造林的重要作用。据统计,先后在《中国绿色

时报》、《河南日报》,中央电视台、电台,河南电视台、电台,地方电视台、电台等新闻媒体宣传报道有关飞播造林的信息、稿件80余篇,通过广泛宣传,扩大了影响,提高了社会对飞播造林的认识,调动了各级、各部门和广大山区群众飞播造林的积极性,为河南省飞播造林的快速发展,创造了良好的外部条件和舆论氛围。

三、强化技术管理,保证飞播质量

飞播造林是一项技术性强、涉及面广的系统工程。因此,在飞播造林中,始终按照全面质量管理的要求,强化每一个技术环节。一是搞好播区选择。把降水较多、植被适中、条件较好的豫西、豫南、豫北山地作为重点飞播区,按照"小播区、强措施、高效益"的原则,选择相对集中的播区,既有利于调机、调种和施工作业,也有利于集中力量绿化大面积宜林荒山。二是强化播区设计,严把种子检验关。各地严格按照工程造林管理制度办事,认真搞好规划设计。省林业厅每年组织工程技术人员逐播区、逐市地进行审查、论证,严把规划设计关,做到不审批不施工。为了提高飞播用种质量,省飞播造林管理站对用于飞播造林的种子,分批抽样,严格检验,做到种子质量不合格不上飞机。三是与气象部门合作,选好播期。通过召开气象、林业部门播期预测会等形式,努力选好播期,为飞播造林创造良好的降雨条件。四是严把飞行作业质量关。在飞播作业前,由各地党政部门领导牵头,组织有关部门成立"飞播造林指挥部",统一协调指挥。飞播作业中,认真搞好播种质量监测,努力提高落种率。同时,加强与民航、济空、北空等飞行部门的密切合作,及时解决飞行作业中出现的问题,保证飞播质量。五是狠抓技术人员的培训工作。通过聘请有关专家授课,举办培训班,召开经验交流会和飞播造林现场会等办法,培训全省飞播造林技术骨干和农民技术员,努力提高飞播造林的技术水平,大大推动了飞播造林工作的开展。

四、狠抓播研结合,提高飞播成效

科学技术是第一生产力。在飞播造林工作中,河南省始终十分重视科研与新技术推广工作。30年来,先后制定完善了《河南省飞播造林工作细则》、《河南省飞播造林成效调查实施办法》、《河南省飞播区补造工作办法》、《河南省飞播林基地规划设计方法》、《河南省人工直播造林工作细则》、《河南省飞播区补植补造检查验收办法》等,并汇集出版了《河南林业科技(河南省飞播造林研究论文专辑)》,使飞播造林纳入规范化管理轨道。与此同时,大力开展科学研究,针对飞播作业时地勤工作任务繁重、投资投劳大和飞播林郁闭度大等特点,开展GPS卫星定位导航系统的试验与技术推广、扩大新的飞播树种、飞播林的抚育间伐、种子保护技术等方面的试验研究。先后有17项科研与技术推广成果获奖,其中省级4个,市(地)级8个,县级5个。

五、完善管护责任制,加强经营管理

提高飞播造林成效,重在"管"字上。各飞播县(市、区)都做到了种子落地,管护上马,播后死封3~5年,活封7~8年,在死封期间坚决执行"五不准"(不准放牧,不准砍柴割草,不准开荒种地,不准烧荒,不准挖药)。不少地方全面实行了以封护为主的责任制,

以国有林场、集体林场、乡(镇)林业站为依托,组建护林队伍,并切实加强对护林员的管理,做到乡(镇、场)有档案,县局有名册,定期进行集训、轮训。还有不少地方,制定了奖罚分明的护林制度,做到责任落实,奖惩分明,调动了护林队伍的积极性,保证了飞播林的健康成长。在搞好管护的同时,不少地方还积极探索飞播林经营管理的新模式,对飞播林进行分类经营,按照"无苗地造,疏苗地补,密苗地间,天然苗留,被压苗抚"的原则,分别采取不同的管理措施,提高了成效面积。

六、多方筹集资金,加强资金管理

河南省始终坚持地方投入为主、国家补助为辅的原则,逐步完善飞播造林多渠道、多层次的投入机制,较好地保证了飞播造林任务的完成。1983 年以来,中央财政每年拨付河南省的飞播造林补助费在 100 万元左右。省财政每年配套 150 万元左右,市、县及乡村群众投资投工每公顷 22.5 元。从 1992 年起,省财政每年新增加配套资金 150 万元。为管好用好这些资金,一方面,坚持飞播造林实绩核查制度,把年度飞播造林资金的安排与任务多少、配套资金的落实、施工质量和综合效益好坏挂起钩来,调动多方面的积极性,支持飞播造林。另一方面,对飞播资金实行专款负责制,按照"按规划设计、按项目审批、按设计施工、按工程验收、先审批后拨款"的原则,做到播前有设计审批、有经费预算,施工中有监督,播后有结算。同时,按资金来源规定了严格的使用范围,每年对飞播造林经费使用情况进行审计,基本上做到了专款专用。

第五节　飞播造林发展战略

今后一个时期河南省飞播造林工作的总体思路是:"围绕一个中心,突出两个重点,强化三项举措,实现四大转变",即紧紧围绕建设林业生态省这个中心,突出抓好播区选择和规划设计两个重点,强化飞播工作宣传、播后管护和新技术研发三项举措,实现由飞播针叶树种向以飞播阔叶树种为主的转变,由靠经验飞播向科学飞播转变,由以飞播为主向飞播与直播相结合转变,由以飞播造林为主向以飞播营林为主转变。具体做法如下。

一、实现由针叶树种向以阔叶树种为主的转变

河南省飞播造林从 1979 年开始到 2000 年,树种一直是以油松、马尾松、侧柏为主,混播有少量的漆树等树种,宜播区都在海拔 700 m 以上,经过 20 年飞播造林,大面积的飞播针叶树种已经成林、成材,且形成高密度的纯林,火险等级高,易发生病虫危害。针对这种情况,河南省从 1998 年开始,首先从新乡、安阳市开始进行阔叶树种飞播造林试验,试播树种为臭椿、黄连木、五角枫、白榆等。经过连续 5 年在豫北地区的试验,效果非常明显。辉县方山播区 2000 年飞播黄连木、臭椿,当年出苗率就高达 56%。据对全省 2002 年的飞播造林成效调查,当年黄连木与其他树种混播,黄连木成效占 35%;2002 年在新乡凤凰山飞播的黄连木,生长旺盛,目前高度已达 2 m 左右。从树种试验效果看,臭椿、黄连木效果最好,同时河南省适宜黄连木、臭椿飞播的面积大,豫北、豫西、豫西南地区都有天然下种成的黄连木林。加之河南省黄连木种源丰富,能提供足够的飞播用种。据调查,仅豫北地

区在正常年景能产黄连木种子 15 万~20 万 kg,加上周边和省内其他地区,有充足的种子满足飞播造林的需要。所以,从 2007 年开始,全省飞播的树种全部转为以黄连木、臭椿为主,取得了较好的效果,有力地促进了河南省生物能源林基地建设。

二、由靠经验飞播向科学飞播转变

我国飞播造林从 20 世纪 50 年代开始到 90 年代基本上是靠经验飞播。河南省在实施飞播造林的前 20 多年里,在很大程度上主要依靠吸取过去积累的一些经验来进行。如飞播作业导航一直沿用人工导航,费力、费人、费工、费钱,同时有的播区因航标线不好选择而放弃了飞播,1997 年后改用 GPS 全球定位系统导航,大大节省了人力、物力,降低了劳动强度,减少了成本,扩大了飞播范围;又如过去飞播期确定都是在雨季,经常播在雨肚里,作业时间延长,成本增加。现在改为雨季前提前播种,雨季到来之前基本播完,缩短了作业时间,降低了成本,提高了出苗率。随着科学技术日新月异的发展,飞播造林技术不断提高,但是仍存在不少问题。因此,要针对飞播营造林技术中的薄弱环节,积极开展飞播树种选择、飞播作业设计、种子处理技术、播种技术改进和抚育管理技术等方面的试验研究,大力推广 GPS 卫星定位导航技术、鸟鼠驱避剂、种子粘胶化处理、乔灌草混播等新技术,不断提高飞播造林的科技含量和飞播成效。

三、由以飞播为主向飞播与直播相结合转变

飞播造林由于各种原因的影响,播下的林木种子发芽成苗不均匀并往往出现带状或块状的林中空地。为充分利用和发挥土地潜力,今后应由以飞播为主逐步向飞播、直播相结合转变,即按照"空地重播,疏苗补植,密苗要间,天然苗要留,被压苗要抚"的原则,进行补植补播。

每公顷有苗不足 1 050 株的播区,应视为失败播区,若面积超过 333.33 hm²,可用飞机进行补播,也可采用人工直播造林的方式进行。每公顷有苗 1 051~2 250 株,而又分布不均的播区,则需进行补植补播。

直播造林以阔叶树为主,以达到调整树种组成、提高林地生产力的目的,促进针阔混交林的形成。在立地条件较好的地段,提倡发展经济林,做到以短养长。人工直播造林采用人工小穴点播,由于直播造林受天气、鸟鼠害的影响较大,直播密度一般要高于人工植苗造林的初植密度。直播栎类等阔叶树按 4 500~6 000 穴/hm² 点播,每穴点播种子 3~5 粒;油松、马尾松 6 000 穴/hm²,每穴 10 粒左右;侧柏 9 000 穴/ hm²,每穴 15~20 粒;核桃、油桐、板栗等大粒种子 900~1 500 穴/hm²,每穴 2~4 粒。

四、由以飞播造林为主向以飞播营林为主转变

飞播造林受立地条件等因素影响,多数郁闭成林后呈块状分布,特别是一些立地条件好的地方(主要是阴坡、半阴坡、土层深厚的山顶部和谷底部),出现了一大批密度高达 9 000~18 000 株/hm² 的林分,林木个体间竞争激烈,高生长过快,自然整枝加剧,林木个体生长不良,被群众称为"麻杆林"。目前,河南省这类亟待抚育间伐的飞播林有 20 多万 hm²。所以,飞播林的经营管理问题日渐突出,今后应由以飞播造林为主逐步向以飞播营

林为主转变,应在省林业厅的统一组织下,对飞播林区进行全面的调查,了解各类树种的面积、生长区域、海拔、生长特性等情况,按照树种、生长区域、海拔等因素对其分类,每个类型挑出 2～4 个点分别进行飞播林经营管理等技术的试验研究,创新管护模式,发展林业产业,实现"以林养林"。试点成功后,全面铺开,对所有的飞播林区实施分类经营,科学管理。

目前,河南省正在进行集体林权制度改革,飞播林大多是集体林,结合集体林权制度改革,采取拍卖、承包等方式,加快飞播林的流转,努力尽快实现产权清晰、责任明确、到户经营,提高经营管理成效。随着国家对生态和环保重视程度的不断提高,要积极申请国家恢复对飞播经费的投入;依托河南省创建林业生态省机遇,努力申请省级加大对飞播经费的投入。同时,为了从根本上解决飞播经营管理经费的欠缺,应加快飞播林区的集体林权制度改革,提高当地农民投资飞播林经营管理的积极性,实现全社会经营管理。应以科学营林、提高飞播林经营质量为重点,以《河南省飞播造林工作细则》为依据,使飞播林经营管理走向规范化、科学化、标准化、制度化,提高飞播林经营管理水平,充分发挥其生态、经济、社会效益。

第二章　飞播造林区域类型

第一节　河南省自然概况

河南省位于黄河中下游华北大平原的南端,地理坐标为北纬31°23′~36°22′,东经110°21′~116°40′,南北长约530 km,东西宽约580 km,总面积16.7万km²,其中山地面积约占全省总面积的26.6%,丘陵占17.7%,其余55.7%为平原、河谷和盆地。

一、地形地貌

河南处于全国地势第二级地貌台阶向第三级地貌台阶的过渡地带。地形总体特征是西高东低,高差悬殊,地貌类型复杂多样,境内山地、丘陵、平原分布明显:北有太行山,西为秦岭山系的东延部分伏牛山,南有桐柏山、大别山,东部为广阔的黄淮海冲积平原,西南有南阳盆地;为山地与平原的交接过渡地带,多属丘陵、垄岗。

(一)山地、丘陵

1. 太行山山地、丘陵区

河南境内太行山为该山系的东南麓,位于黄河以北的西北部,是一条向东南凸出的弧形山地、丘陵带状。西部山地海拔1 000~1 500 m,相对高度为500~1 000 m,山陡坡峻,多呈陡峻的单面山形态,悬崖峡谷相间,土层浅薄,基岩裸露,水土流失严重。东部为低山、丘陵地区,低山多由石灰岩组成,海拔400~800 m,顶部浑圆,坡度较陡,多在30°左右;丘陵地区坡度较缓,多在25°以下。中山、低山、丘陵之间,分布一些凹陷盆地,如林州盆地、临淇盆地、原康盆地和南村盆地等。

2. 黄土台地、丘陵区

该区大部位于郑州以西的黄河南侧,是我国西北黄土高原的一部分。其范围包括黄河与洛河之间的广大地区及嵩山以北和济源一带,海拔多在80~200 m,自西向东逐渐降低,上面覆盖黄土20~30 m,最厚达40 m以上。黄土地区的地形、地貌类型复杂,有黄土阶地、黄土塬、黄土丘陵等。黄土阶地主要分布在郑州以西的黄河、伊河、洛河、贾鲁河中上游等河流两岸;黄土塬主要分布在黄河及其支流伊、洛、涧等河两侧的山前地带;黄土丘陵主要分布在郑州以西的荥阳、上街、巩义、偃师、汝州、汝阳、洛阳、伊川、孟津、新安、济源、宜阳、渑池、陕县、三门峡、灵宝等地,地势起伏较小,坡度一般在15°左右。

黄土地区土质疏松,自然植被稀少,水土流失特别严重,因而沟壑纵横,支离破碎,全区沟谷面积达15%~30%,是河南沟壑密度最大、地形最破碎、水土流失最严重的地区。

该区沿河两岸有较宽的川地和冲积平原,地势平坦,土层深厚,灌排方便。但是,伊、洛河下游河床淤高,易于决口泛滥,夹河滩地,低洼易涝,有部分地段有盐渍化现象。

3. 伏牛山山地、丘陵区

该区山多、平地少,地形复杂,属秦岭山系东段,自北而南分为崤山、熊耳山、外方山和伏牛山四支系,统称伏牛山,呈扇状向东北、东、东南延伸,逐渐由雄伟的中山降为低山和丘陵。其地类面积比例大致为:中山占35%,低山占40%,丘陵占15%,平原占10%。

中山主要分布在灵宝、卢氏、栾川境内,另有陕县、西峡、淅川、内乡、南召、嵩县、洛宁、汝阳、登封、鲁山等县的一部分。海拔一般在1 000 ~ 1 500 m。灵宝市老鸦岔海拔2 413.8 m,为河南最高的地方。中山山陡坡峻,而崤山多尖峰和"V"形峡谷,坡度多在25°以上,土薄石厚。

低山、丘陵主要分布在中山地区外围的东北、东南和南部,海拔多在1 000 m以下,只有嵩山主峰海拔达1 440 m,属中山类型。低山山势一般低缓破碎,坡度多在15° ~ 25°。丘陵地势更缓,坡度多在15°以下。

山地、丘陵间的平原主要是伊、汝、唐、丹等河沿岸川地和山间盆地,如登封盆地、汝州盆地、卢氏盆地等。

该区的低山、丘陵区,由于垦殖不合理,植被屡遭破坏,水土流失特别严重。

4. 桐柏、大别山山地、丘陵区

该区包括桐柏山脉大部分、大别山脉的北部和南阳盆地东侧的丘陵地区,海拔1 000 m以上的中山地带多分布在省界南部边缘,面积约占15%。区内多为低山、丘陵,地势低缓,但流水切割强烈,山间河谷开阔,坡度较小,沿河两岸有宽阔的河滩地、阶地平原和盆地。桐柏山和大别山山脉走向大致由西北蜿蜒向东南。桐柏山主要由低山和丘陵组成,海拔400 ~ 800 m,主峰太白顶海拔1 140 m。大别山西段主脊高度不大,东段山峰主脊狭窄高峻,有一系列陡峭山峰,海拔多在800 ~ 1 000 m,最高峰为商城的金刚台,海拔1 584 m。

(二)平原

河南的平原主要是黄淮海冲积平原,另有部分山前平原,地势平坦,主要分布在中部、东部、东北部和东南部,属华北平原的重要组成部分。大致以海拔200 m左右的等高线同低山、丘陵分界至省境。该区土层深厚疏松,地下水丰富,是重要的农业耕作区。

河南的平原以其地形不同,分为两部分。

1. 山前洪积冲积平原

该平原亦称山前平原,主要分布在西北部、西部、南部接近山麓边缘的地区。以地理位置不同分为以下几种:

(1)太行山山前洪积冲积平原。该区由太行山山前河流的洪积冲积扇和洪积坡积物联合而成,海拔一般为50 ~ 150 m,坡降为1/500左右。

(2)伏牛山山前洪积冲积平原。该区由沙、颍、汝等河的山前洪积冲积扇和坡积物汇合而成,海拔50 ~ 100 m,坡降1/500 ~ 1/1 000。

(3)大别山、桐柏山山前洪积冲积平原。该区是一个垄岗、残丘与谷地相间分布的缓倾斜平原,海拔60 ~ 80 m,坡降1/500 ~ 1/1 000。

2. 黄淮海冲积平原

黄淮海冲积平原主要分布在淮河以北,京广线以东。主要由黄河、淮河以及海河的支流冲积堆积而成。整个平原地势低平,起伏较小,土层深厚疏松,海拔多在 30~100 m,坡降 1/5 000~1/8 000。

(三)南阳盆地

南阳盆地位于豫西南,属南襄盆地的一部分。盆地的西、北、东三面为伏牛山和桐柏山所环绕,中间为堆积平原,地势由北向南倾斜,坡降为 1/3 000~1/5 000,海拔由 200 m 降为 80 m 左右。该盆地以其位置、小地形不同,可分为以下两类。

1. 盆地边缘垄岗状倾斜平原

该平原呈环状分布于盆地周围边缘地带,主要由山前洪积物组成。垄岗顶部平缓,岗间洼地浅平而宽阔,海拔一般在 100~200 m,坡度 3°~5°,土层深厚、肥沃,但水土流失严重。

2. 盆地中南部平缓平原

该平原位于垄岗状平原以下,中心地区为冲积低平缓平原,海拔 80~100 m,坡度 1°~3°,地势平坦,土壤肥沃,水源丰富,灌溉方便。唐河、白河下游地区,容易发生洪涝灾害。

二、气候

根据《中国综合自然区划》,从伏牛山主脊到淮河干流一线,为南北气候的分界线,以南为北亚热带,以北为暖温带。河南处于北亚热带向暖温带过渡地带,气候具有明显的过渡性特征。地理位置的不同,特别是受蒙古高压冷空气气流的控制和太平洋暖气流的影响,是形成河南气候多样性的主要原因。由于山区和平原的地形、位置的不同,因而气候有显著差异,南北各地气候也有明显不同。再由于河南处于我国东部季风区的中部,受季风的影响显著,所以全年四季气候的特点是:冬季寒冷少雨雪,春季干旱多风沙,夏季炎热多雨水,秋季晴爽日照长。

(一)气温

全省年平均气温稳定在 14 ℃左右,具有由北向南递增、由东向西递减的趋势。

北亚热带地区,由于伏牛山对北来寒潮的阻隔,同时南部又因受太平洋东南季风的影响,气候温和湿润,年均气温在 15 ℃左右,1 月份均温在 0 ℃以上,全年日平均气温≥0 ℃的"温暖期"320 d 以上,其中日平均气温≥5 ℃的植物"生长期"达 260 d 以上,日平均气温≥10 ℃的植物"生长活跃期"220 d 以上。年积温 4 700~5 000 ℃,无霜期 230 d 左右,是全省积温最高的地区。但因地理位置处于北亚热带边缘,冬季极端气温较低,南阳可达 −21.2 ℃(1955 年),信阳 −20 ℃(1955 年),对马尾松、杉木、毛竹的生长和油茶、油桐的开花结果有一定影响。

暖温带地区,因易受西伯利亚寒流侵袭,冬春严寒,大部分地区年平均气温在 13~14.5 ℃,全年日平均气温≥0 ℃的"温暖期"300~320 d,其中日平均气温≥5 ℃的植物"生长期"为 240~260 d,日平均气温≥10 ℃的植物"生长活跃期"为 200~220 d。年积温 4 300~4 700 ℃,无霜期 200 d 左右。

豫西山地和豫北太行山地,因地势较高,年平均气温在 12.1~12.7 ℃,其中日平均气温≥10 ℃的植物"生长活跃期"为 187~197 d,年积温 3 500~3 700 ℃,是全省热量资源最少的地区。

(二)降水

河南省年平均降水量在 600 ~ 1 200 mm。北亚热带地区,年降水量可达 1 000 ~ 1 200 mm。暖温带地区区间年降水量:黄淮之间为 700 ~ 900 mm,豫北地区和豫西丘陵为 600 ~ 700 mm。

全省降水量在季节分配上很不均匀。夏季 6、7、8 月三个月,由于太平洋副热带高压势力的加强和极锋的北移,加上高空冷气团、热雷雨和台风的原因,造成广大范围内的大量降雨,全省绝大部分降雨可占全年降水总量的 50% ~ 60% ,其中又以 7、8 两个月降雨最多,雨量可占到全年的 50% 以上。除夏季外,绝大多数地区都在干燥的大陆气团的控制之下。冬季降水量仅占年降水量的 7% 以下,春秋两季也不过只占年降水量的 18% 左右。

(三)湿度

全省年平均相对湿度为 65% ~ 77% ,北亚热带地区略高,暖温带地区稍低。从各月平均相对湿度看,北亚热带地区 1 ~ 2 月份最低,相对湿度为 65% 左右;暖温带地区 3 ~ 5 月份最低,相对湿度为 50% 左右。全省各地相对湿度的最高点均在 7 ~ 8 月份,为 70% ~ 80%。

平均绝对湿度:夏季可达 12 ~ 30 hPa,冬季仅 2.5 ~ 10 hPa,春季 4 ~ 15 hPa,秋季 3 ~ 20 hPa。

(四)蒸发量

河南的水分年蒸发量一般在 1 600 ~ 2 100 mm,大大超过了降水量。蒸发量的分布与大气湿度相反,从地区看,大体上是由南向北、由西向东递增。年平均蒸发量最高值为 2 135.5 mm,出现在郑州;最低值为 1 398 mm,出现在信阳。豫西山区腹地的栾川县为 1 485.9 mm,而豫东平原最东部的商丘为 1 805.7 mm。

(五)日照

河南省全年可得太阳照射的总时数(日照积累数)为 4 428.1 ~ 4 432.3 h,其中实际日照时数为 2 000 ~ 2 600 h。日照百分率为 45% ~ 58% ,全年总辐射量 460 ~ 523 kJ/cm^2 ,其中能被植物利用的部分,即光合有效辐射总量为 230 ~ 259 kJ/cm^2。

三、水文

河南河流众多,河床比降较大,水位季节变化显著,径流量较贫乏,含泥沙量高,水土流失比较严重。全省河流分别隶属于长江、淮河、黄河、海河四大水系。

(一)黄河水系

黄河自陕西潼关流入本省,横贯全省,至省境北部台前县流入山东,在河南境内长达 711 km,流域面积 3.60 万 km^2,占全省总面积的 21.6%。

黄河流入灵宝、陕县后,经中条山与崤山之间,在陕县以东,河道收缩,切过坚硬的闪长斑岩岩盘,构成巨大的三门峡,水流湍急。自孟津往东进入平原,河床骤然变宽,水流渐缓,泥沙大量沉积,河床逐年增高,长期依赖加高两岸河堤约束河水,因此形成世界著名的"悬河"。

黄河水系的主要支流有洛河、伊河、沁河、蟒河等。黄河及其支流的河水流量中等,但含沙量及输沙率却很高。

(二)淮河水系

淮河位于黄河、长江两大河流之间,发源于桐柏山,东流经长台关、息县、淮滨入安徽,在河南境内长约 417 km,流域面积 8.80 万 km²,占全省总面积的 52.6%。

其支流在河南境内众多,南侧主要支流有浉河、潢河、竹竿河、寨河、白露河等,北侧主要支流有洪河、颍河、沙河、北汝河、贾鲁河等。

淮河水系流量较大,流域面积较广,为河南流域面积最大的水系,是黄淮平原、淮南平原的重要水源。

(三)长江水系

河南西南部境内的唐河、白河、丹江,都是汉水的支流,经湖北流入汉水,最后注入长江,属于长江水系。其在河南境内的流域面积 2.77 万 km²,占全省总面积的 16.6%。

唐河、白河是汉水重要的支流,在河南境内长约 302 km。其主干支流在山区较短,大部分流经平原,水量不大,河曲发达,砂砾较多,有"白河沙多,唐河湾多"的说法。

丹江发源于陕西,含泥沙量也较大,在河南境内长约 117 km,主要支流有淇河、老灌河等。

(四)海河水系

流经河南的海河水系主要支流是卫河,其是海河最长的支流,在河南境内长约 286 km,流域面积 1.53 万 km²,占全省总面积的 9.2%。

卫河发源于山西省高平县,在河南境内有大小支流 30 多条,其中较大的有淇河、安阳河等。卫河水系的流量不大,各支流的枯、丰水季节明显,含沙量及输沙率中等。

四、土壤

土壤的属性受其形成的外界环境条件影响很大,不同的土壤都是在各自的成土条件下发育而成的,而不同的成土条件综合作用的结果,使各种土壤都有自己的独特特征和理化性质。河南省南、北气候条件差别较大,地形地貌及地质构造比较复杂,因此形成了丰富多样的土壤种类,既有地带性土壤分布,又有非地带性土壤分布。

(一)土壤地理分布

1. 土壤水平分布

从土壤纬度地带性分布来看,河南土壤的分布与生物气候带基本吻合。大体上以伏牛山南侧东连沙河、颍河一线为界,以北的丘陵低山区分布的是褐土,以南的垄岗低山区分布的是黄棕壤与黄褐土,其中夹杂着与生物气候关系不太密切的岩成土(红黏土)。

在省内东部的广大平原区,土壤的形成除受地带性的生物、气候等因素影响外,还受地下水、河流等因素的影响,分布着另一些土壤。在豫东及豫北平原主要是潮土,其次是风沙土,零星分布有盐土、碱土、沼泽土、新积土;在豫东南及豫西南主要是砂姜黑土,也有零星的潮土分布。

2. 土壤垂直分布

河南土壤的垂直分布,因山体所处生物气候带及山体海拔不同,其所呈现的垂直带谱也不一样。在暖温带地区,北部的太行山,以林州的四方脑为例:海拔 1 200 m 以下为褐土,1 200～1 500 m 为棕壤,1 500 m 以上为山地草甸土;豫西伏牛山北坡,以灵宝的小秦岭为例:海拔 1 200 m 以下为褐土,1 200～2 000 m 为棕壤,2 000 m 以上为山地草甸土。在北亚热带区,伏牛山南坡由于受亚热带气候的影响,土壤的垂直带谱与北坡不同,海拔500 m 以下为黄褐土,500～1 300 m 为黄棕壤,1 300～2 000 m 为棕壤,2 000 m 以上为山地草甸土;豫南的大别山与桐柏山地处豫鄂交界处,西段比较平缓,为低山丘陵,东部为中低山。大别山最高峰为商城的金刚台,海拔 1 584 m,在海拔 1 300 m 以下分布的为黄棕壤,1 300～1 500 m 为棕壤,1 500 m 以上为山地草甸土。在各山体的垂直带谱中,夹杂有石质土、粗骨土与紫色土。

(二)主要土类特点

1.黄褐土

黄褐土主要分布在伏牛山南坡与沙河、颍河一线以南的丘陵、垄岗地带和沿河阶地,一般在海拔 500 m 以下。黄褐土主要是在质地均一、颜色黄褐的第四纪下蜀系黄土母质上发育的土壤,其特征是:全剖面黄褐色,心土层是坚实的黏化层,有的已形成黏盘层,有大量的铁锰结核,黏化层以下有的有石灰结核,但无游离的碳酸钙,土壤质地黏重,多为黏壤至黏土,块状与棱块状结构,通透性差,pH 值 6.4～7.6。

2.黄棕壤

黄棕壤主要分布在大别山、桐柏山及伏牛山主脉以南的丘陵、中低山区。其母质类型比较复杂,多为花岗岩、片麻岩、片岩、石英岩、砂岩、页岩等基岩风化的残积、坡积物。其形态特征是:土壤剖面具有暗灰棕色的腐殖质层,心土层呈棕色或黄棕色,质地黏重,呈棱状和块状结构,夹杂有棕色或暗棕色胶膜及铁锰结核,有的黏粒很多的便形成黏盘层,心土层以下为母质层,土壤质地偏黏,通透性差,pH 值 4.8～6.5。

3.棕壤

棕壤主要分布在太行山、伏牛山、大别山及桐柏山海拔 1 200 m 以上的山地。其母岩比较复杂,多为花岗岩、片麻岩、砂岩、页岩。其特征是:全剖面以棕色或浅棕色为主,表土因有腐殖质而色较暗,质地黏重,具有坚实的心土层,核状或棱块状结构,通透性差,pH 值 6.5 左右。

4.褐土

褐土主要分布在豫西、豫北黄土丘陵区和浅山丘陵区。其在黄土丘陵区的母质多为黄土及黄土状物质,在山地多为各种基岩风化的残积、坡积物。褐土具有以下特点:土壤剖面具有暗灰色的腐殖质层、棕褐色的黏化层,具有碳酸盐新生体的钙积层及以下母质层,土壤质地多为轻壤或中壤,疏松易耕,通透性良好,pH 值 7.0～8.5。

5.沼泽土

沼泽土主要分布在太行山东侧山前交接洼地的碟形洼地中。沼泽土发育于长期积水并生长喜湿植物的低洼地土壤。其表层积聚大量分解程度低的有机质或泥炭,底层有低价铁、锰存在,土壤呈微酸性至酸性反应。

6.水稻土

水稻土集中分布在淮南地区、豫西伏牛山及豫北太行山区较大河流沿岸、峡谷、盆地及山前交接洼地,凡有水源可资灌溉的地方均有水稻土分布。水稻土发育于各种自然土壤之上,是经过人为水耕熟化、淹水种稻而形成的耕作土壤。这种土壤由于长期处于水淹的缺氧状态,土壤中的氧化铁被还原成易溶于水的氧化亚铁,并随水在土壤中移动,当土壤排水后或受稻根的影响(水稻有通气组织为根部提供氧气),氧化亚铁又被氧化成氧化铁沉淀,形成锈斑、锈线,土壤下层较为黏重。pH 值 4.6 ~ 8.0,土壤淹水后,逐渐变化到6.5 ~ 7.5。

7. 新积土

新积土是自然力及人为作用将松散物质堆叠而成的,大多分布在地势相对低平地段,如河床、河漫滩、冲积平原、洪积扇、谷地或盆地,以及沟坝地等,全省各地均有分布。新积土脱离冲积洪积作用的时间不长,有的还断续受冲积洪积的影响,故其形态基本上保留着沉积物原状,剖面无发育层次分化。由河流冲积物形成的冲积土,土体结持疏松,沉积层理明显,原生矿物清晰可见,受地下水位的影响,其心底土层有时可见锈纹锈斑。由洪积、坡积物形成的新积土,土体中颗粒粗细混杂并夹有岩石碎屑等。土壤成土物质的来源十分复杂,属性变化也很大。

8. 潮土

潮土是河流冲积母质在地下水参与下经过旱耕熟化过程形成的,主要分布在黄淮海平原,其次是南阳盆地和山地丘陵地区的谷间平地。其分布区地势平坦,坡降一般在1/2 000 ~ 1/4 000,由于河流多次泛滥改道,形成不少的自然堤、缓岗及洼地。中小地形的变化,使土壤母质和水分条件发生了明显差异,一般自然堤分布的为沙性土,缓坡地多为壤质土,洼地多为黏质土。在同一剖面中,往往出现沙黏相间的地质层次,对土壤水盐运动及理化特性都有很大影响。其特征是:剖面可分为三层,耕作层为浅棕黄色或浅灰棕黄色,疏松多孔,通透性良好;心土层浅棕色,稍紧实,块状结构,土体湿润,常见铁锈斑纹及结核,有的还有石灰结块;底土层为浅黄棕色或浅灰棕色,紧实,有大量铁锰斑纹、胶膜及结核,还夹杂有石灰结核,地下水较高的情况下,土层下部往往有灰蓝色的潜育层。土壤质地因母质不同差异较大,沙质、壤质、黏质都有,pH 值 7.5 ~ 8.5。

9. 砂姜黑土

砂姜黑土主要分布在黄淮海平原和南阳盆地的湖泊洼地。其分布区地势低洼平坦,土壤母质是以湖相沉积物为主的河湖相沉积物,岩性为黑色或灰黑色亚黏土和灰黄色亚黏土互层。砂姜黑土的特征是:上层是一个“腐泥黑土层”,颜色深暗,土质黏重紧实;黑土层下是杂色的砂姜层,砂姜多的可形成坚硬的砂姜盘;砂姜层下是带有灰蓝色的灰白色潜育层。砂姜黑土土质黏重,多为黏壤土至黏土,通气透水性差,pH 值 6.5 ~ 8.0。

10. 盐土

气候干旱、蒸发强烈、地势低洼、含盐地下水接近地表是盐土形成的主要条件。河南省的盐土集中分布在豫东北黄淮海冲积平原中的交接背河洼地、槽形与碟形洼地的边缘地段。多呈斑状、条带状与潮土插花分布,并常与盐碱土、碱土呈复区。盐土含大量的中性可溶性盐,盐分累积的形态通常是地表出现白色盐霜,呈斑块状分布。其腐殖质含量低,含可溶性盐过高,不利于植物生长,一般质地为壤土,土壤物理性质还较好,pH 值一般不超过 8.5。

11. 碱土

碱土分布在盐土和盐碱土类的稍高地形部位,它因土壤的碱性大而得名。碱土吸收复合土体中代换性钠的含量占代换总量的 20% 以上。碱化度愈高,土壤的理化性状愈坏。其主要特征是:在表层碱性很强的结皮上,缺少柱状结构;呈强碱性反应(pH 值 8.5 ~ 11.0);胶体高度分散,干时收缩坚硬板结,湿时膨胀泥泞;结构性差,通透性不良;含盐量不高。

12. 盐碱土

盐碱土主要分布在豫东、豫东北黄河、卫河沿岸冲积平原上的二坡地和一些槽形、碟形洼地的老盐碱地上。其与盐土、碱土插花分布。

13. 紫色土

紫色土集中分布在伏牛山南侧的低山丘陵,呈狭长的带状。紫色土全剖面呈均一的紫色或紫红色,层次不明显,其发育母岩主要是紫色砂岩和紫色页岩。紫色砂岩主要由石英砂粒构成,组成物质较粗,组织疏松,易透水,所含盐类淋失较快,风化过程中常沿节理崩解成大块;紫色页岩组成物质较细,组织致密,透水难,所含盐类的淋失要慢得多,在风化过程中容易形成细碎的颗粒,极易受雨水冲刷流失,尤其是岩层倾角大的地方更显著。土壤质地决定于母岩岩性,可以从沙壤土到轻黏土。根据土壤碳酸钙淋洗程度和酸碱度的不同,可分为中性紫色土和石灰性紫色土。

14. 风沙土

风沙土集中分布在黄河历代变迁的故道滩地,是由水流挟带的沙质沉积物再经风力搬运而形成的,在豫北、豫东黄河故道均有分布。其主要特征是:土壤矿质部分几乎全由细沙颗粒组成,剖面层次分化不明显,风蚀严重,土壤处于幼年阶段。

15. 火山灰土

火山灰土集中分布在豫西熊耳山与外方山的余脉和太行山东侧余脉低山丘陵地区。火山灰土是第四纪以来有火山活动的地区所发育的土壤。这种土壤孔隙度高,质地较粗,易受侵蚀,含有大量火山起源的矿物;黏土矿物以水铝英石为主,对磷有固定作用,其含氮少,但全磷、全钾含量高,土壤呈中性至微酸性反应。

16. 石质土、粗骨土

石质土、粗骨土是指石砾的体积占土壤总体积 50% 以上的土壤,它主要分布在大别山、桐柏山、伏牛山等地区。石质土多分布于母质坚实度大、山坡陡峻的花岗岩、板岩、硅质砂岩、石灰岩地区,薄层的土层下即为坚硬的基岩;粗骨土则多分布于坡度稍缓、母质松软易碎、硬度较小的页岩、千枚岩地区,是基岩风化的残坡积风化物上形成的薄层土壤。

17. 红黏土

红黏土主要分布在豫西崤山与熊耳山两侧的低丘台地、邙山的残丘中上部、南阳盆地的周边岗地和淮河以南的垄岗地区,安阳、鹤壁、新乡西部、平顶山和信阳也有零星分布。红黏土的成土母质是第三纪或第四纪红色黏土。这些红色土层在当时的古气候条件下形成,并被埋藏在黄土层下,因而中断了成土过程,由于强烈水土流失切割,覆盖于其上的黄土层被侵蚀殆尽,红色古土壤层出露地表。红黏土是尚无明显分异的初育土,表现出强烈的母质特性。其质地黏重,结持紧实,孔隙度较低,胀缩率也很高,渗水性差,渗透率低。

虽土壤抗冲性、团聚能力和毛管能力均较强,但湿时泥泞,干时坚硬,耕性差。另外,红黏土有机质及其他各种营养元素除钾素外,其含量均较低,保肥能力较强。pH值7.0~8.0。

18. 山地草甸土

山地草甸土多分布在海拔1 500~2 500 m的中山平缓山顶,位于棕壤带以上。山地草甸土形成的特点,一是腐殖质积累明显;二是矿物风化缓慢,由于其成土母质以各类母岩的风化残积坡积物为主,矿物的物理风化作用强,化学风化作用弱,黏粒矿物化学组成无明显分异,土体大多浅薄,石砾含量高,底部为半风化母质层;三是潴水氧化还原特征明显。

五、森林植被

由于河南省地处暖温带和北亚热带的过渡地带,气候温和,降水适中,因而植物资源丰富,高等植物计3 830种,分属于199科,1 107属,其中草本植物约占70%,木本植物约占30%。河南地形比较复杂,气候变化较大,因而形成了差别明显的环境条件,对植被分布影响最为显著,并在空间形成了一定的格局,具有较明显的地带性和非地带性,在不同的纬度、经度及垂直高度有着不同类型的森林植被。

(一)森林植被的纬度地带性分布

由于河南从北到南热量和降水量不断递增,导致森林植被的地理分布纬度地带性规律。从森林植被的种类组成看,自北向南由简单逐渐复杂,由落叶阔叶树种逐渐过渡出现常绿阔叶树种。从森林的外貌结构看,自北向南也同样由简单逐渐复杂,灌木层层次明显,种类增多;乔木层混生的落叶树种出现了很多亚热带种类;层外植物比较发达。从森林植被类型看,自北向南依次出现落叶阔叶林、落叶含有常绿阔叶混交林,其分布地带性规律明显,与气候带分布规律基本一致。淮河以北属暖温带季风气候区,地带性代表森林植被是落叶阔叶林。淮河以南属亚热带季风气候区,地带性代表森林植被为落叶含有常绿阔叶混交林。

在豫北太行山以及豫西伏牛山的北坡,由于生态因素的影响,阔叶林主要是栓皮栎林、麻栎林、槲栎林、山杨林、桦木林、短柄枹林等。在山谷坡地的森林植被多由一些槭属、椴属、千金榆科植物构成。在这些阔叶林中,没有常绿阔叶乔木,有半常绿的橿子栎,潮湿的溪边有湖北枫杨。在高海拔的山地,落叶灌丛有黄花柳、天目琼花、华西银蜡梅、多种绣线菊、小檗等,还含有常绿阔叶矮林灌丛,如河南杜鹃、粉红杜鹃等。在低山区有荆条、连翘、酸枣、野皂荚等灌丛。针叶林的分布面积不大,多在较高的山地,主要有油松林、华山松林、白皮松林、华北落叶松林和日本落叶松林;在黄土地带及低海拔的石灰岩山地,常分布有较耐干旱的侧柏林。

由豫北、豫西的山地向东南,渐属于豫东平原,地势平坦开阔,无山脉阻挡,冬季极易受强大的西伯利亚寒流入侵,加之长期的人为活动影响,天然林殆尽,全为人工农田林网、防风固沙林、农桐间作林。常见片林有杨树林、泡桐林、刺槐林、柳树林、白蜡林等,以及紫穗槐等灌丛林。此外,盐碱地上有柽柳、罗布麻等,沙地、沙丘有沙蓬等分布,低洼水湿地上还有芦苇、莎草等。

再渐次向南到豫西南、豫南丘陵和大别山、桐柏山地,由于在其北部有海拔 1 500 ~ 2 000 m 天然屏障的伏牛山,受势力强盛蒙古高压影响较小,而江汉平原气候温暖湿润,水热资源丰富,为森林植被的生长发育提供了优厚的条件,种类逐渐增加。阔叶林主要为栓皮栎林、锐齿槲栎林、麻栎林及栎类混交林,其次有白桦林、山杨林、漆树林、化香林、椴树林、油桐林、油茶林,林内散生有青冈、小叶青冈、山胡椒、枫香、紫玉兰、豹皮樟、香果树等。针叶林主要有马尾松林、黄山松林、杉木林和水杉林、柳杉林、池杉林。竹林多为毛竹林、桂竹林。林下灌木亚热带成分很多,常见的有白鹃梅、黄杜鹃、映山红、光叶海桐、三桠乌药、算盘子、冬青、红茴香等。

(二)森林植被的经度地带性分布

河南东西跨 6 个经度,西边是广阔的欧亚大陆,东临辽阔的太平洋,因此东南区域受东南季风的影响较大,森林植被多由一些喜温湿的华东区系成分形成各森林类型,针叶林为黄山松林、马尾松林、杉木林,阔叶林虽然仍以落叶栎林为主,但森林的组成成分则有一些要求水热条件较高的青冈、白栎和樟科的一些植物。西部及西北部,水热条件较差,针叶树种主要有油松、华山松、落叶松等,阔叶树种没有喜温湿的华东区系成分,林下的灌木含有西南、西北的区系成分,如天目琼花、箭竹、华桔竹等,同时还有一些常绿灌丛,如粉红杜鹃矮曲林、河南杜鹃灌丛等。

(三)森林植被的垂直地带性分布

地形的起伏,直接影响气候和土壤。分布在山地丘陵上的森林植被,随着山体所处的地理位置、地貌、水热条件等的不同,相应地出现有规律的垂直地带性变化。

1. 太行山森林植被的垂直分布

河南境内的太行山森林植被分以下几个垂直带:海拔 1 800 m 以上为华山松林和山顶灌丛。

海拔 1 800 ~ 1 000 m,为锐齿槲栎和华山松林,而华山松林面积较小,仅分布于局部的地方。

海拔 1 000 ~ 600 m,为栓皮栎、鹅耳枥和油松林。

海拔 600 m 以下,分布于石灰质山地的有大面积的侧柏林,黄连木和刺槐林面积较小,还有大面积的耐干旱的荆条、酸枣、野皂荚等灌丛。

2. 伏牛山北坡森林类型的垂直分布

海拔 2 400 ~ 2 200 m,为亚高山灌丛、草甸,优势植物以常绿灌木臭枇杷、照山白、欧亚绣线菊、天目琼花、六道木等为主,零散分布有华山松和坚桦等。

海拔 2 200 ~ 1 800 m,主要有以华山松为主的针叶林,在土层湿润的阴坡,有小面积的太白冷杉林,林下灌木有松花竹,草本有羊胡子草、地榆、山麦秸等。

海拔 1 800 ~ 1 600 m,分布着针叶林向阔叶林过渡的针阔混交林,如华山松与红桦或与锐齿槲栎、槲栎混交,局部地区有油松与锐齿槲栎、槲栎及枹栎混交。

海拔 1 600 ~ 1 200 m,大面积生长着以锐齿槲栎、槲栎为主的阔叶落叶栎林,随着海拔逐渐降低,锐齿槲栎及槲栎逐渐稀少,常常形成以栓皮栎、枹栎为主的栎林,混交山杨、槭、椴等。灌木以杭子梢、欧亚绣线菊、照山白、六道木等为主,草本主要以山萝花、鬼灯檠等为主。

海拔 1 200 m 以下,多分布有栓皮栎林或以山杨、白桦及化香为主的阔叶杂木林,另有小面积的以千金榆、五角枫、白蜡等为主的阔叶杂木林。针叶林有油松林、侧柏林。

海拔 800 m 以下,主要是灌丛状的栓皮栎、化香萌芽林,以及刺槐林。针叶林主要是侧柏林。灌木主要是黄栌、连翘、荆条、酸枣等。

3. 伏牛山南坡森林植被的垂直分布

海拔 2 700 ~ 1 800 m,在山顶或山坡常见有华山松纯林,在海拔 2 000 m 左右与巴山冷杉、坚桦、红桦等构成混交林。灌木主要有天目琼花、欧亚绣线菊、灰栒子、袋花忍冬、悬钩子等。草本有紫壳草、羊胡子草、水蒿、地榆等。

海拔 1 800 ~ 1 000 m,以青冈、槲栎、小叶青冈林为主,混生有栓皮栎、枸栎、千金榆、山槐、化香、黄檀等,灌木主要有连翘、杜鹃、枸骨、杭子梢、胡枝子、葛藤等。草本有羊胡子草、菅草、苍术等。

海拔 1 000 ~ 400 m,主要有青冈、化香、栓皮栎、枸栎、大叶青冈、鹅耳枥等杂木林。灌木主要有连翘、照山白、小叶丁香、枸骨、杭子梢、胡枝子、绣线菊、山葡萄等。草本有野菊花、苍术、柴胡、火艾等。

海拔 400 ~ 200 m,主要为马尾松林,在林内混生有少数青冈、枸栎、麻栎、栓皮栎、板栗、豆梨、乌桕、响叶杨、黄檀、黄楝等。灌木主要有荆条、胡枝子等。草本有白茅草、黄背草、菅草、白草等。

海拔 200 m 以下,由于长期的人为活动影响,森林植被界线比较混乱,难以划分清楚。

4. 大别山、桐柏山森林植被的垂直分布

海拔 1 500 ~ 800 m,主要为黄山松林,内含栓皮栎林、杉木林、水杉林、柳杉林和毛竹林。

海拔 800 ~ 400 m,主要为栓皮栎林、马尾松林,内含麻栎林、枫香林、杉木林和毛竹林。

海拔 400 m 以下,主要为马尾松林、杉木林,含有油茶林、油桐林和桂竹林。

综上所述,由于河南地处我国北亚热带和暖温带的过渡地带,省内南北部气候、植被、土壤、森林等方面均有显著不同,从而形成了河南自然条件的复杂性。所以,全省各地在开展飞播造林时,无论是选择播区,还是采用其他技术措施,都必须根据当地的自然条件,按照飞播造林的要求,因地制宜,适地适树,适时适法,以利飞播造林取得更大成效。

第二节　飞播类型区划分的目的和原则

一、飞播类型区划分的目的

由于河南各地自然条件的不同,特别是其地处我国北亚热带和暖温带的过渡地带,气候具有多样性,决定了河南具有多种类型的植被分布。划分飞播地区类型的目的,就是根据各地的自然条件和飞播造林的特点,本着扬长避短的原则,通过人为的选择,充分利用复杂环境因素中适合种子发芽、幼苗生长的有利因素,避免其不利因素,以达到提高飞播造林成效和取得最佳经济效益的目的。

飞播造林有其独特的特点和技术措施,它既不同于人工植苗造林,也有别于林木天然下种更新;既是模拟天然下种更新,又高于天然下种更新。它是利用现代化运输工具——飞机,将林木种子喷撒在宜林荒山上的一种大规模机械化造林方法。种子从发芽到成苗、成林,主要靠自然因素起作用,尤其水分和温度条件,是飞播造林至关重要的生态环境因子,即飞播造林能否取得成功,效果好与坏,同这两个因子紧密相关。虽然河南气候温和,降水量适中,但还是典型的大陆性气候,蒸发量大于降水量,加之地处北亚热带和暖温带的过渡地带,南北自然条件显著不同,采用的飞播造林技术措施也有差异。所以,以自然条件为主要依据,正确地划分河南飞播地区类型,对于科学地指导各地飞播造林,加快造林绿化速度,有着十分重要的意义。

二、飞播类型区划分的原则

20世纪80年代初期,为了开发自然资源,充分利用自然资源优势,河南省在查清各地气候、水文、地质、土壤、植被等自然资源的基础上,先后进行了综合自然区划、综合农业区划和林业区划。上述区划为河南飞播造林地区类型的划分提供了科学依据。根据飞播造林独特的特点,在划分飞播造林地区类型时应遵循下列原则:

(1)飞播造林地区类型的划分,主要依据大尺度地域分布规律——纬度地带性热力分异,经度地带性干湿分异,以及大地构造地貌分异,即水热条件和地形。飞播的树种要与生态环境条件相适应,因地制宜,适地适树,遵循地带性。

(2)在同一飞播类型区内,必须保持其自然条件、社会经济条件、飞播造林关键技术措施的相对一致性。

(3)在同一飞播类型区内,必须保持区域连片并与全省农业区划、林业区划的林业用地基本上保持一致。

(4)飞播类型区划分时,不考虑行政界线,不受行政地域界线的限制,用大范围统称。

三、飞播类型区命名

飞播类型区命名以通俗易懂、便于应用为原则,采用地理位置+地形地势+飞播主要树种的顺序命名。

全省共划分为8个飞播造林类型区:

(1)豫北太行中山油松区;

(2)豫北太行低山丘陵侧柏油松区;

(3)豫西黄土覆盖石质山地侧柏油松区;

(4)豫西伏牛山北坡低山油松侧柏区;

(5)豫西伏牛山北坡中山油松区;

(6)豫西伏牛山南坡中山油松区;

(7)豫西伏牛山南坡低山丘陵马尾松侧柏区;

(8)豫南大别、桐柏低山丘陵马尾松区。

第三节 飞播类型区特征

一、豫北太行中山油松区

本区位于河南省西北部,属太行山的南坡和东麓,主要分布在林州、辉县、卫辉、济源、修武、博爱、沁阳、淇县等县(市)海拔800 m以上的中山地带。由于断层影响,本区山势陡峻,多峭壁和深切的沟谷。气候属大陆性季风气候类型,年均气温12 ℃左右,年均降水量700 mm左右,7、8月两个月的降水量占全年降水量的50%以上,为全省暴雨中心之一。土壤为山地棕壤,厚度多在30 cm以上,pH值6.0～7.0,比较肥沃。尚有少量的天然次生林,主要树种有栓皮栎、锐齿槲栎、千金榆、油松、辽东栎、鹅耳枥等,灌木主要有胡枝子、绣线菊、荆条等,草本植物主要有羊胡子草、白草、黄背草、地柏等,植被盖度多在40%～70%。

本区以飞播油松为主,每公顷播量6.0～7.5 kg,是河南飞播油松成效较好的地区之一。

二、豫北太行低山丘陵侧柏油松区

本区位于太行山中山地带的外缘,主要分布在林州、安阳、淇滨、淇县、卫辉、辉县、济源、修武、中站、博爱、沁阳等县(市、区),海拔多在400～800 m。该区域的地形特点是:坡壁较陡,顶部平缓,且由于人为活动的影响,水土流失严重,山坡裸露岩石较多。年均气温13 ℃左右,年均降水量600 mm左右,但降水量年变率较大,个别年份不足350 mm,降水集中在7、8月两个月,且多为暴雨。无霜期200 d左右。土壤为褐土类,pH值7.0～7.5,土层厚度30 cm左右,成土母岩以石灰岩为主。森林植被破坏严重,目前只有片状的人工侧柏林等。灌木主要有荆条、野皂荚、酸枣、绣线菊等,草本植物主要有白草、黄背草、蒿类等,植被盖度多在20%～60%。

该区海拔600 m以上飞播造林以油松为主要树种,海拔600 m以下应以侧柏、黄连木为主要树种,土层较厚的地方混播臭椿。在立地条件较差、乔木树种难以成活的地方,可飞播荆条、沙棘等,以达到涵养水源、保持水土的目的。

三、豫西黄土覆盖石质山地侧柏油松区

本区位于河南省西部,西与陕西省相连,南接伏牛山北坡山地,北至黄河,东接豫东平原,宜播地分布在灵宝、陕县、洛宁、渑池、新安、偃师、登封等县(市),海拔500～1 000 m,大部分山上部为风积黄土所覆盖,黄土厚20～60 cm。由于人为活动的影响,加之黄土细软,水土流失严重,"U"形侵蚀沟到处可见,每平方公里年侵蚀模数在2 000 t以上,山坡上裸露岩石较多。年平均气温13 ℃左右,≥10 ℃的年积温4 500～4 800 ℃,无霜期210 d,年蒸发量在2 000 mm左右,年降水量500～700 mm,降水量最少年份不到400 mm,是河南少雨区之一。土壤为褐土类,pH值7.0～8.0。森林植被只有少量块状的人工刺槐林和其他阔叶树种,个别地方有片状栎类次生林和散生侧柏分布。灌木主要有荆条、野皂

荑、酸枣等,草本植物主要有黄背草、白草、羊胡子草、蒿类等,植被盖度20%～70%。

该区在海拔600 m以上,以飞播油松为主,混播侧柏。在海拔600 m以下,以飞播侧柏、黄连木为主,土层较厚的地方混播臭椿。对于植被稀少、水土流失严重的地区,可飞播荆条、沙棘等,以利于恢复植被,保持水土,涵养水源。

四、豫西伏牛山北坡低山油松侧柏区

本区是伏牛山北坡的低山地带,主要分布在嵩县、洛宁、宜阳、伊川、汝阳、陕县、灵宝、鲁山等县(市)海拔400～800 m的地带。由于水流切割的原因,地形比较破碎,坡度较缓。年均气温13 ℃左右,无霜期200 d,≥10 ℃的年积温4 000 ℃以上,年蒸发量1 700 mm左右,年降水量700 mm左右,7、8、9月三个月的降水量占全年降水量的60%左右。土壤为褐土类,pH值6.5～7.5,成土母岩比较复杂,火成岩、变质岩、沉积岩均有分布。目前只有少量的天然次生林和人工林,主要树种有栓皮栎、刺槐、油松、侧柏等,由于天然植被稀少,人为活动频繁,致使水土流失严重。灌木主要有绣线菊、荆条、棠梨等,草本植物主要有黄背草、羊胡子草、茅草、蒿类等,植被盖度多在30%～70%。

本区以飞播油松、侧柏为主,亦可混播黄连木,在土层较厚的地方混播臭椿等阔叶树种。

五、豫西伏牛山北坡中山油松区

该区是伏牛山北坡的中山地带,包括卢氏、栾川两县的全部宜播地和嵩县、洛宁、汝阳、灵宝、陕县、鲁山等县(市)的部分宜播地。海拔800～1 800 m,山峦重叠,地形零乱复杂,多尖峭的山峰和"V"形峡谷。气温较低,降水较多,年均气温11 ℃左右,无霜期180 d,年蒸发量1 500 mm左右,年均降水量800 mm左右,降水集中在7、8、9三个月,尤以7月为最多。土壤为山地棕壤,pH值6.0～6.8,有机质含量丰富。森林植被属于暖温带落叶阔叶林带的南沿,有针叶林和阔叶林,主要树种有栎类、油松、华山松、落叶松、山杨等。灌木主要有胡枝子、黄栌、绣线菊、杜鹃、连翘等,草本主要有羊胡子草、黄背草、蒿类等,阴坡植被盖度在50%以上,阳坡植被盖度为20%～70%。

本区也是河南飞播油松成效较好的地区,在海拔1 600 m以上,可飞播华山松。

六、豫西伏牛山南坡中山油松区

本区位于伏牛山南坡,包括西峡、淅川、内乡、南召等县的部分中山地带,海拔在800～1 500 m。由于地质构造和水流切割的原因,地形比较复杂,坡度多在25°以上。年均气温13 ℃左右,无霜期210 d,年降水量800 mm以上,6、7、8月三个月降水量占年降水量的60%以上,年蒸发量1 600 mm左右,≥10 ℃年积温4 500 ℃。土壤为黄棕壤和棕壤,pH值5.5～6.5,有机质含量丰富。森林植被为山地暖温带气候区的落叶阔叶林,树种以栎类为主,有部分桦、槭、椴和少量油松、华山松。灌木主要有黄栌、盐肤木、杜鹃、蔷薇类、胡枝子、葛藤,草本植物主要有黄背草、羊胡子草等,植被盖度60%～80%。

该区飞播树种以油松为主,也是飞播油松成效较好的地区之一。

七、豫西伏牛山南坡低山丘陵马尾松侧柏区

本区位于伏牛山南坡中山地带以下,海拔 300 ~ 800 m,分布在西峡、内乡、镇平、淅川、南召、方城、鲁山等县。该区域地形零乱,沟壑纵横,坡度较缓。由于北部伏牛山主脊形成天然屏障,受长江流域气候影响较强,但又具有华北气候的特点,年均气温 15 ℃ 左右,年降水量 800 mm 以上,无霜期 210 ~ 240 d,≥10 ℃ 年积温 4 500 ~ 5 000 ℃,降水集中在 7、8、9 三个月。由于三面山岭环抱,形成一个半封闭的独特地形,小气候较复杂,植物种类较多,是南、北及东、西方植物的交会处,主要树种有栓皮栎、麻栎、马尾松、侧柏、漆树、茅栗、油桐等,灌木主要有黄栌、黄荆、蔷薇类、杜鹃、葛藤等,草本植物主要有黄背草、羊胡子草、茅草、蒿类、蕨类、地柏等,植被盖度多在 30% ~ 70%。土壤为黄棕壤,pH 值 6.0 左右,土质黏重,肥力较差。

该区以飞播马尾松为主,海拔 600 m 以上混播或纯播油松,海拔 600 m 以下混播侧柏、黄连木、沙棘等。

八、豫南大别、桐柏低山丘陵马尾松区

本区分布在河南省南、东南部,包括新县、商城、固始、罗山、平桥、桐柏、确山、泌阳等县(区),位于大别、桐柏两山北侧,海拔 200 ~ 800 m。属北亚热带湿润区向南暖温带半湿润区的过渡地带,春雨较多,湿度较大,年均气温 15 ℃,无霜期 220 ~ 240 d,≥10 ℃ 年积温 4 800 ~ 5 000 ℃,年降水量 900 ~ 1 200 mm,降水年内分配比较均匀。土壤为黄棕壤,pH 值 5.5 ~ 6.5。地带性森林植被以华中、华东区系为主,主要树种有马尾松、栎类、杉木、黄山松、油桐、油茶、枫杨以及泡桐、臭椿、刺槐等,竹类主要是毛竹。灌木主要有杜鹃、胡枝子、山胡椒、山槐等,草本植物主要有黄背草、羊胡子草等,植被盖度多在 60% 以上。

该区在海拔 600 m 以下宜播马尾松,在海拔 600 m 以上宜播黄山松。

第三章　飞播区规划设计

　　飞播区是飞机播种的区域地段,正确地选择播区是飞播造林获得成效的基本要求。播区选择得当与否关系到飞行安全和播种质量,关系到播种后种子能否正常发芽生长和成苗成林。1979 年在豫西卢氏县搞飞播造林试验,有的播区效果不好,除经验不足外,播区选择不当是一个重要原因。

　　飞播造林是利用部分林木有天然下种更新能力这一生物学特性而开展试验并获得成功的。它不像人工植苗造林,可以对造林地按立地类型加以细致区别,并通过整地、施肥等一系列人为措施,去改善和创造林木生长所需要的良好环境。飞播造林实际上是在大范围内采用同一树种、同一技术措施的一种造林方法。因此,按照拟播树种能正常生长的最基本要求,认真选择好飞播区就显得尤为重要。根据河南省 30 年来飞播造林的实践经验,选择播区应遵循以下原则:

　　(1)以当地林业区划和河南省飞播地区类型的划分为依据,选择急需绿化而又成片集中的宜播地类。

　　(2)有适宜飞播造林的自然条件。

　　(3)山权地界清楚,有适宜飞播造林的社会经济条件。

　　(4)根据运 – 5 型飞机的特点,有适宜飞播造林的地形条件。

第一节　适宜飞播造林的自然条件

　　所谓飞播造林的自然条件,指土壤、植被、气候、海拔、坡度、坡向、坡位等立地条件。因飞播造林的特点所限,不可能按坡向、坡位或土层瘠薄等局部立地条件选用树种,或按树种特性充分利用局部立地条件,而只能做到树种特性与播区条件大致相适应。

　　飞播的树种从发芽、成苗到成林,始终与周围环境,主要是气候、水分、土壤、植被和海拔等立地条件,有着极为密切的联系。研究适宜飞播造林的环境是一个较为复杂的问题。因为自然条件中的各个生态因子并不是孤立的,它们之间相互影响、相互制约,一个因子的变化往往能引起其他因子的相应变化。如当环境中光照增强时,温度相应升高;海拔增高时,气温相应下降,土壤水分蒸发减慢。它们就是这样密切地相互联系着,综合作用于乔木、灌木、草本植物。当然,在综合的生态因子中,总是有某一个因子起着主导的、决定性的作用,称之为主导因子。对飞播造林来说,温度、水分是种子发芽、成苗的先决条件;而适合的气候、土壤、海拔等则是影响幼苗能否健壮生长,能否成林的重要因素。

　　具体地讲,在选择播区时,应着重考虑以下几个方面。

一、宜播面积

　　宜播面积是指播区内适宜飞播造林的各类土地面积之和。适宜飞播造林的地类包括宜林荒山荒地、其他宜林地、疏林地、采伐迹地、火烧迹地、可以播种的其他灌木林地和稀疏低矮的竹林等林业用地。

飞机播种不可能顾及播区内地类和立地条件的微小变化,难免会有少部分林木种子撒落在不需要播种或立地条件不适宜的地方。为了使飞播造林经济上合理,并尽可能降低成本,播区内除有林地、耕地、牧地和建设用地等非宜播地外,宜播面积必须相对集中连片,其所占比例越大越好,一般不应低于70%,以使有限的种子尽可能多地撒在能够出苗的地方。当然,播区的宜播面积,在一定范围内是客观存在的。然而,通过设计人员的取舍,即作业设计的技术处理,可以相对地提高它在播区总面积中所占的比例。

根据多年的飞播实践,可以从以下两方面来提高播区的宜播面积。

一是在选择播区时,注意播区的方位和范围,即在详细踏查的基础上尽可能避开大片非林业用地和有林地(包括植被盖度大于50%的灌木林地)。在河南省部分山区,地形比较复杂,农林牧用地相互交错,林中有农,农中有林,林中有牧。当然,播区大,作业效率相应会比较高,但是由于上述因素的存在,就需因地制宜地把播区规划得小一点,或者在播区内设计成若干作业片,以避开非宜播地段,提高宜播面积的比例。由于飞机作业速度快,播区也不应区划得太小,同时也不能盲目扩大播种面积,要严把播区选择的质量关。一般使用运-5型飞机,播区面积不小于飞机一架次的作业面积。

二是在选择播区的过程中,实在难以避开非宜播地段时,一定要把非宜播地段在作业图上明显地标示出来,以便播种飞机进入这些地段时,飞行员采取关箱停播措施,减少种子消耗。为了节省种子,降低成本,用运-5型飞机作业,凡是长度在500 m以上的非宜播地段,都需采取关箱停播措施。

二、海拔

不同的海拔,有不同的气温和湿度。在山区,随着海拔增高,气温下降,相对湿度增大;海拔下降,气温上升,相对湿度减小。气温低,土壤温度又相应下降,林木的生长期随之缩短。因此,飞播区的气候条件,主要是温度和水分的配合,决定着树种的成带分布(水平地带性和垂直地带性)。同时,也直接关系到飞播成效。如伏牛山南坡中山地带以下,马尾松生长明显大于油松,马尾松3年生高30~93 cm,而油松只有15~60 cm。但海拔在700 m时,油松保存率则显著高于马尾松,而马尾松幼苗在这个海拔冻害严重,死亡率高。另外,从伏牛山北坡不同的海拔飞播油松成苗情况也可以看出,在海拔1 000~1 600 m有苗率较高,而在海拔1 000 m以下和1 600 m以上,虽然有苗,但由于超出了适生范围,其抗旱、抗寒能力就相应减弱,成苗率也相对较低(见表3-1)。

表3-1　不同海拔油松成苗情况

调查项目	海拔(m)				
	700~1 000	1 001~1 200	1 201~1 400	1 401~1 600	1 600以上
调查样方(个)	652	977	1 705	570	91
有苗样方(个)	183	348	971	219	26
有苗率(%)	28.0	35.6	39.3	38.4	28.5
有苗株数(株)	1 020	2 125	3 588	923	116

　　这里需要强调的是,在生产实践中,仅仅按照某一树种自然分布的海拔界限作为设计依据是不够的,还必须从实践中不断总结经验,摸索规律,取得真知。因为某一树种的自然分布海拔界限,是在长期的历史进程中,对立地条件的自然选择和一代一代逐渐适应的结果。因此,在飞播造林中某一树种适宜的海拔上限应低于自然分布的海拔,海拔下限则相反。如油松在伏牛山区自然分布幅度最高可达海拔 1 800 m,最低海拔在 600 m 左右。多年的实践证明,油松在这一地区海拔 800 ~ 1 400 m,飞播效果较好。

　　另一方面,即使海拔未超过某一树种的分布上限,但若超出这个树种的自然分布区域,同样也不能取得好的效果。如前所言,在伏牛山区油松的自然分布幅度最高可达海拔 1 800 m,最低海拔在 600 m 左右。而在伏牛山南坡,海拔 600 ~ 800 m 飞播油松,由于那里不是油松的自然分布区域,导致出苗率低,长势也十分衰弱。

　　综上所述,为使飞播造林获得良好的成效,应根据拟播树种的自然分布地带性(垂直地带性和水平地带性)以及该树种在当地的适生海拔范围和人工造林经验,慎重选择播区。

三、植被

　　植被类型和植被盖度对飞播造林的成效影响十分明显。这是因为不同的植被类型和覆盖度,反映了播区立地条件的差异,直接影响着种子能否触土发芽和成苗生长。实践证明,播区有适当的植被盖度,不仅可以使种子不易被雨水冲走,而且能起到减少鸟兽危害、庇荫和防寒作用,有利于种子发芽成苗。

　　植被盖度的大小影响到种子能否落地,因此也就影响到出苗。植被盖度在 30% 以下,虽然飞播种子撒落到地面有一定的惯性冲击力,使种子直接触土的能力比较强,但土壤水分含量少,种子发芽缓慢,发芽后常遭日灼、干旱致死,效果差。在植被盖度适中时,种子触土好,水热条件适宜,种子发芽快,苗木生长健壮,效果最好。但植被盖度过高过密,枯枝落叶层厚,则又影响种子触土和幼苗生长发育,最后被杂草压抑致死。如 1990 年调查沁阳市的云台播区,由于播区东端坡陡沟深,大部分地段杂灌丛生,植被盖度在 80%以上,所以几乎无法出苗,致使整个播区成效率仅达 34%。若在播区选择时去掉以残次林分和密灌为主的东端,播区成效会大大提高。因此,以羊胡子草、胡枝子等为主的草本植被盖度大于 70%、灌木盖度大于 50% 的地块和枯枝落叶层比较厚的地方应于播前 3 个月以至半年内,进行炼山、人工割灌或先割后炼等植被处理。不同植被盖度油松、马尾松出苗情况见表 3-2、表 3-3。

　　从表 3-2 可以看出,植被盖度在 30% 以下,有苗样方占 16.6%;大于 70% 时,有苗样方占 6.8%;植被盖度在 30% ~70% 时,有苗样方占 76.6%。所以,在选择播区时,植被盖度最好在 30% ~70%。

　　从表 3-3 中看出,植被盖度在 30% ~70% 时有苗样方占调查样方数的 65.7%,单位面积幼苗多,分布均匀。植被盖度在 70% 以上时,有苗样方比例比前者降低了许多。

　　不同的植被类型,其飞播造林的效果也是不同的(见表 3-4)。

表 3-2　不同植被盖度油松出苗情况

播区名称	总样方（个）	有苗样方						
		合计（个）	盖度30%以下		盖度30%～70%		盖度70%以上	
			数量（个）	占比例（%）	数量（个）	占比例（%）	数量（个）	占比例（%）
蚂蚁山	59	53	11	20.8	37	69.8	5	9.4
老虎岭	32	23	4	17.4	17	73.9	2	8.7
金牛寺	55	42	7	16.7	35	83.3	0	0.0
方山	149	57	7	12.3	45	78.9	5	8.8
合计	295	175	29	16.6	134	76.6	12	6.8

注：地点在豫北辉县市、卫辉市。

表 3-3　不同植被盖度马尾松出苗情况

播区名称	调查样方（个）	有苗样方（个）	盖度30%以下			盖度30%～70%			盖度70%以上		
			调查样方（个）	有苗样方（个）	有苗占比例（%）	调查样方（个）	有苗样方（个）	有苗占比例（%）	调查样方（个）	有苗样方（个）	有苗占比例（%）
上旗盘	50	24	4	4	100	14	11	78	32	9	28
孟良寨	50	17				23	14	61	27	3	11
金南	50	18	4	3	75	15	9	60	31	6	19
青头山	70	24				21	12	57	49	12	24
三洞盖	241	178	48	29	60	129	118	91	64	31	48
杀牛盘	70	26				23	16	69	47	10	21

注：地点在豫南商城。

表 3-4　不同植被类型油松飞播造林效果

植被类型	总样方（个）	有苗样方（个）	有苗株（株）	有苗面积成数（%）	有苗面积平均株（株/hm²）
草本型	112	86	358	77	10 410
灌丛类	84	61	207	73	8 490

注：草本型即羊胡子草、地枝等；灌丛类即黄栌、檀子木等。地点在济源市。

从以上调查数据可以明显看出，草本植被类型的飞播造林效果最好，有苗面积成数和有苗面积平均株分别为 77% 和 10 410 株/hm²，均高于灌丛类。因此，选择播区时宜选择以中矮草为主的草山草坡。

河南省飞播实践还表明，不同的植被叶型对出苗也有一定的影响。细叶型草本植被对种子触土和幼苗光照条件，与阔叶型草本植被相同盖度相比，影响程度低（见表 3-5）。

表 3-5　不同的植被叶型与出苗关系

植被叶型 项目 播区	细叶型									阔叶型								
	调查样方(个)	有苗样方(个)	有苗占调查(%)	盖度70%以下			盖度80%以上			调查样方(个)	有苗样方(个)	有苗占调查(%)	盖度70%以下			盖度80%以上		
				调查样方(个)	有苗样方(个)	有苗占调查(%)	调查样方(个)	有苗样方(个)	有苗占调查(%)				调查样方(个)	有苗样方(个)	有苗占调查(%)	调查样方(个)	有苗样方(个)	有苗占调查(%)
三洞盖	39	26	67	25	23	92	14	3	21	40	16	40	31	15	48	9	1	11
孤山	43	22	51	26	19	73	17	3	18	58	22	38	39	19	49	19	3	16

注:细叶型即茅草、羊胡子草等;阔叶型即盐肤木、枫香、野山楂等。地点在豫南商城县。

表 3-5 调查数据表明(以孤山播区为例),在相同盖度 70% 以下时,细叶型草本植被种子易触土,幼苗光照充足,有苗率占 73% 。而阔叶型植被种子不易触土,有苗率占 49% ,对出苗影响明显。在相同盖度 80% 以上时,细叶型草本植被有苗率占 18% ,阔叶型植被有苗率仅占 16% 。由此可见,在相同盖度的情况下,细叶型草本植被与阔叶型植被相比,影响程度低。而且在一些地形地位,细叶型草本植被还有利于种子发芽和苗木生长,起庇荫作用。

综上所述,单就植被因素考虑,应选择以草本植被为主,其覆盖度以 30% ~70% 为宜。但是,因各地的气候条件和植被状况有明显的差异,选择的树种也不一样。因此,需要进一步分析,综合考虑,因地制宜地掌握。从播种效果看,在播区内若是灌木丛生,杂草密集,既容易窝藏鼠类,又不利于种子发芽和幼苗生长,所以植被盖度大的播区,必须在飞播前对植被加以炼山或割灌处理,以改善造林地的环境条件。

四、坡向、坡度和坡位

在一定的气候条件下,由于地形的变化所引起的温度、湿度和土壤水分上的差异,对幼苗保存、林木生长均产生一定的影响。

在地形因素中,坡向对成苗的影响尤为明显。因为阳坡光照强烈,蒸发量大,土壤温度高,含水量低,不仅不利于种子发芽生长,而且在干旱低温的冬春季,还往往造成幼苗的大量死亡。反之,阴坡蒸发量小,土壤含水量高,植被较茂盛,土壤有机质含量高,所以苗木保存率明显高于阳坡(见表 3-6)。因此,在干燥少雨的地方,播区设置应以阴坡、半阴坡为主,所占比例应大于 50% 。

表3-6　不同坡向油松出苗情况

播区名称	总样方（个）	有苗样方								
		合计（个）	阴坡		半阴坡		半阳坡		阳坡	
			数量（个）	占比例（%）	数量（个）	占比例（%）	数量（个）	占比例（%）	数量（个）	占比例（%）
蚂蚁山	59	53	20	37.7	16	30.2	9	17.0	3	5.7
老虎岭	32	23	11	47.8	4	17.4	3	13.1	1	4.3
金牛寺	55	42	17	40.5	8	19.0	8	19.0	5	11.9
方山	149	57	26	45.6	17	29.8	13	22.8	1	1.8

注:地点在豫北辉县市、卫辉市。

从表3-6中可以看出,不同的坡向飞播出苗效果差异很大,从四个播区的平均水平看,阴坡有苗样方占42.3%,半阴坡占25.7%,半阳坡占18.9%,阳坡仅占5.7%。阴坡日照时间短,气温低,湿度大,土壤深厚肥沃,水分条件也较好。阳坡则相反。所以,在播区选择时,应尽量减少阳坡面积,确保飞播成效。

此外,坡度与坡位对飞播成苗和幼苗生长也产生一定的影响。实践证明,缓坡的飞播效果比陡坡好。这是因为坡度越陡,越容易引起地表径流,径流速度比较快,土壤排水好,易干燥,因而影响苗木生长,使苗木抵御冬春低温、干旱能力差,相应死亡率也就随之增加。相反,缓坡的水土流失较轻,土壤较湿润,利于苗木生长和保存。

不同的地形地位对土壤水分的影响很大。通常山坡上部缺乏积存水分的条件,较干燥,植被稀疏,土层薄,成苗效果也差;而在山坡下部,尽管有来自上坡径流的渗透,土壤较湿润,但植被种类多,覆盖度大,又影响了飞播幼苗的生长,因而其成效也往往较中坡差(见表3-7、表3-8)。

表3-7　不同坡位油松出苗情况

上坡			中坡			下坡		
调查样圆（个）	有苗样圆（个）	有苗率（%）	调查样圆（个）	有苗样圆（个）	有苗率（%）	调查样圆（个）	有苗样圆（个）	有苗率（%）
51	29	56.9	85	61	71.8	42	28	66.7

注:地点在豫北焦作市的中站区。

从表3-7中数据可以看出,在油松飞播区调查的178个宜播样圆中,山坡上部有51个,其中有苗样圆29个,有苗率56.9%;山坡中部有85个,其中有苗样圆61个,有苗率71.8%;山坡下部有42个,其中有苗样圆28个,有苗率66.7%。造成不同坡位出苗差异的主要原因是,坡面的上部虽然受航高的影响,落种数较多,但因光照强,气温高,植被盖度小,土层薄,出苗仍然较少;下部则相对光照弱,气温低,植被盖度大,出苗也不理想;中部光照适宜,土壤深厚,水分条件好,出苗较多。

表 3-8 不同坡位马尾松出苗情况

播区	上坡			中坡			下坡		
	总样方（个）	有苗样方（个）	有苗率（%）	总样方（个）	有苗样方（个）	有苗率（%）	总样方（个）	有苗样方（个）	有苗率（%）
孤山	22	5	23	44	28	64	35	19	54

注：地点在豫南商城县。

从表 3-8 调查马尾松播区的情况也可以看出，播区中部由于土厚湿润，植被适中，成苗效果好，有苗率占 64%；而播区下部则因植被盖度较大，种子不易着土，有苗率占 54%；上部土层薄，植被盖度较小，成苗效果低，有苗率仅占 23%。所以，在选择播区时，应注意播区部位的取舍，以求达到合理。

五、土壤

土壤是植物生长发育的基地。植物的生长发育需要土壤不断地供给一定数量的水分、养料和空气。在飞播造林中，土壤厚度及其理化性质直接影响着造林效果。同一播区，由于地形、母质、植被的综合作用，客观上存在着土壤条件的差异。不同的土壤（种类、厚度和侵蚀情况），飞播效果不同。一般来说，土层深厚肥沃、疏松湿润的地方，播下的种子发芽快而且整齐，成苗效果好，林木生长迅速。反之，则发芽差，成苗率低，生长弱，如表 3-9 所示。

表 3-9 不同土层厚度对成苗的影响

县别	30 cm 以下			30~60 cm			60 cm 以上		
	宜播样方（个）	有苗样方（个）	有苗率（%）	宜播样方（个）	有苗样方（个）	有苗率（%）	宜播样方（个）	有苗样方（个）	有苗率（%）
西峡县	666	113	17.0	402	88	21.9	13	9	69.2
内乡县	44	20	45.5	254	193	76.0	12	10	83.3
淅川县	101	56	55.4	31	16	51.6	1	1	100
合计	811	189	23.6	687	297	43.2	26	20	76.9

调查统计表明，土层越厚，成苗率越高。从表 3-9 可以看出，厚层（60 cm 以上）、中层（30~60 cm）、薄层（30 cm 以下）土壤的有苗率分别为 76.9%、43.2%、23.6%。所以，土层较薄、肥力较差的地方不宜选设播区。

河南省飞播造林的主要针、阔叶树种如油松、马尾松、侧柏、黄连木、臭椿、漆树等多为阳性树种，因各树种的生态、生物学特性存在差异，对土壤的厚度、肥力和适宜的酸碱度要求也不同。实践证明，在那些土壤非常瘠薄、排水不良的地方，如豫北低海拔石质山区，由于土壤保水能力差，飞播油松、侧柏，其种子常因水分不够而不能发芽，或发芽后干旱死亡，幼苗和林木生长难以达到令人满意的效果。但黄连木在石灰岩山地却有较强的适应能力、耐干旱、瘠薄能力强、生长速度快，成活率和保存率均很高，2002 年在新乡凤凰山飞播的黄连木，6 年后高度已达 1 m 以上，因其生长旺盛，成效显著，被认为是石质山区造林绿化的先锋树种。

总之，只有从实际出发，实事求是，对适宜飞播造林的自然条件进行全面分析，遵循自然规律，按照树种的生态、生物学特性，科学地发展生产，才能取得好的飞播成效。

第二节　适宜飞播造林的地形条件

飞播造林是通过现代化运输工具——飞机去实施的。用于播种的飞机，主要有运 - 5 型、运 - 12 型、伊尔 14、蜜蜂 - 3 型飞机等，由于机型结构和性能不同，对播区地形条件的要求也不同，为确保飞行安全和播种质量，应根据机型对地形条件的要求，慎重地选择机型。

运 - 5 型飞机具有飞行灵活、结构轻、起飞着陆距离短、滑翔性能好和在海拔 2 600 m 以下的地方均能作业等优点，因此河南省飞机播种造林都是采用运 - 5 型飞机来完成的。它对地形条件的要求详见表 3-10。

表 3-10　运 - 5 型飞机作业要求的地形条件

机型	航路和作业高程（m）	作业区地形高差（m）	净空条件		转弯半径（m）	机场与播区距离（km）	播区最小面积（hm²）
			播区两端（km）	播区两侧（km）			
运 - 5 型	2 600	300 以下	> 3	> 2	750	120 内为宜	133

根据运 - 5 型飞机每秒可飞行 44.4 m、爬高 1.2 m 的性能，在选择飞播区时，要注意以下几点：

（1）播区内起伏不能过大，在同一条播带上 10 km 长度内的高差一般不大于 300 m。其目的在于使播种飞机能按照适宜的作业高度飞行。若飞行过高，所播的种子受风力的影响，落种位置的准确性大大下降，给飞行安全和播种质量带来影响。

（2）播区应具备良好的净空条件。播区两侧 2 km、两端 3 km 的范围内不宜有突出的山峰、高大的建筑物和高压线等影响飞行安全的障碍物，如无法避开，应在作业图及设计说明书上加以标注。

（3）播区最好呈长方形，并要求长边与飞行作业航向平行，避免播带过短而使飞机作业调头转弯频繁。一般来说，一架次作业有三五次调头转弯是可以的。若转弯次数多，不仅增加飞行时间，而且也增加了飞行员的作业难度，对提高播种质量不利。

（4）为了便于保持适宜的航高作业飞行，航向要与主山脊平行，避免正东西向。如二者发生矛盾，仍应与主山脊平行设计播带（即航向）。因为飞机垂直于山脊作业，容易受阳坡上升气流、阴坡下降气流的影响而颠簸，既易使飞行员感到疲劳，又不利于保持所需航高驾机播种作业。另外，如若设计正东西方向的航向，晴天作业时，飞行员就要向阳驾机飞行，显然这样做会危及飞行安全。如地形条件限制，实在无法避开正东西方向时，可选择阴天或用调整作业时间的办法解决。

（5）播区与机场的距离越近越好。播区距离机场的远近，直接影响到飞播成本的高低。距离越远，空飞时间越多，飞行费用增大，且往往因天气变化而拖延作业时间，增加地面开支。

第三节　适宜飞播造林的社会经济条件

选择飞播区时除要考虑自然条件、地形条件外，还应从社会经济条件方面主要考虑下面三个问题：

一是当地的广大群众有开展飞播造林、积极发展林业生产的强烈要求。在飞播造林中，除国家投资外，各地都能积极采取措施，多渠道、多层次解决资金、种子和播后管护等方面的问题。

二是山权落实，地界清楚，林农、林牧矛盾小。落实山林权属，划清并标明各乡（镇）村的山地界限，是搞好飞播造林、搞好飞播林管护的重要前提和基础。

三是播区所在地的党政领导在指导思想上能自觉地把飞播造林列入重要的议事日程，切实加强领导和组织协调工作，重视护林防火工作，有严格的封山护林的乡规民约，使爱林、护林成为广大群众的自觉行动。

第四节　宜播地调查

一、踏查

根据下达的年度计划，各地应在省飞播主管部门的指导下，由市、县林业（农林）局抽调熟悉情况的技术人员，成立调查组，深入拟飞播区开展踏查工作。

踏查是选择播区的第一道工序，目的在于了解拟播区各地类比例、坡向、地形、植被、土壤、飞行、社会经济等情况，根据飞播区选择的原则，确定适宜的播区。

（一）踏查准备

踏查前首先要对抽调的技术人员进行短期培训，并做好资料准备、物品准备和踏查方案的制订工作。资料准备包括：收集该地区有关农林区划、规划和森林资源调查、土壤普查等文图资料；应准备的物品包括：1∶5万或更大比例尺的地形图（或航片），手持罗盘、海拔仪、望远镜、钢卷尺、铅笔、小刀、调查用表、记录表、工作包等；踏查方案制订：选择最佳线路，以达到了解拟播区全貌之目的。

（二）踏查方法

根据踏查方案和已有的适宜飞播造林的地类资料，首先确定踏查范围，然后深入现场调查了解。

（1）在拟飞播区内和附近选择若干个制高点，登高观察拟飞播区全貌以及播区周围的地形情况，目估宜播面积的比例。

（2）确定飞行作业航向。由于河南省过去采取地面人工导航的方式，播区需设置航标线。1996 年采用 GPS 导航飞播造林试验成功以来,一直采用 GPS 导航方式,只需确定飞行作业航向,无须设置航标线。所谓飞播作业航向是指飞机在播区播撒种子时飞行的方向。在山区应注意缩小飞行航向上的高差,尽量减少飞机爬高和下滑飞行作业。目前,河南省普遍采用运 - 5 型飞机作业,确定航向时要求播带长度在 10 km 内,地形高差不超过 300 m。

　　(3)在图纸上框划出播区范围。在对拟飞播区进行目估宜播面积比例和初步确定航向、航标线的基础上,大致框划出播区范围。其原则是:播区应尽量舍弃不适宜飞播的地段,包括宜播面积最大,使之成为在飞行作业航向上两条边平行的规则或不规则图形。

　　(4)社会经济情况调查。通过与播区干部和群众座谈,了解行政隶属、总人口、农业人口、劳动力和人均耕地面积,土地权属及农、林、牧、副业生产布局和规划,交通及农村能源消耗情况,放牧种、群的数量、习惯以及地点、方式,群众经济收入情况,国有和乡村林场数量及分布,播区内退耕还林面积,当地群众和政府对飞播造林的认识与要求以及附近可使用的机场等情况,填表 3-11,作为确定该拟播区范围和是否进行飞播造林的依据。

表 3-11　　××县播区社会经济情况调查表

播区编号	播区名称	所在乡镇	所辖村名	村民组数	自然村数	总户数	人口	劳力	牛	羊	交通情况	牧坡	
												面积(hm²)	小班号

调查者:　　　　　　　　　　　　　　年　　月　　日

　　(5)气象因子调查。主要了解播区或县气象站近 5 年的年平均降水量,各月、逐旬降水量的平均值及降水日数和年最大、最小降水量,连阴雨、伏旱出现的日数、季节和频率,播种季节的主要风向、平均风速、最大风速、特殊灾害,气温、蒸发量、植物生长期等气象要素,填表 3-12。

　　(三)踏查报告

　　踏查结束后,踏查人员应将踏查情况写成书面材料向县(市)林业部门领导汇报。

二、基本情况调查

　　基本情况调查是播区规划设计的基础。踏查初步确认的播区,还要进行详细的调查,其目的是弄清楚播区内各种地类面积、坡向比例、植被、地形、土壤、社会经济、飞行等情况,为规划设计提供可靠的数据。

表 3-12　气象调查表

_____县气象站　东经_____　北纬_____　海拔_____m

项目			月份												全年	资料年度
			1	2	3	4	5	6	7	8	9	10	11	12		
气温（℃）	逐月平均气温	上旬														
		中旬														
		下旬														
	极端最高气温（极值）															
	极端最低气温（极值）															
降水量及日数	逐旬日降水量（mm）	上旬														
		中旬														
		下旬														
	逐旬日降水量≥0.1 mm 日数	上旬														
		中旬														
		下旬														
	最长连续降水日数及其量（mm）	极值														
		起讫														
		降水														
		年份														
	最长连续无降水日数	极值														
		起讫														
		降水														
		年份														
蒸发量（mm）																
平均相对湿度（%）																
日照时数（h）																
风	平均风速（m/s）																
	累年各月各风向频率（%）	最多频率														
降雪日数及其初终期																
积雪日数及其初终期																
霜日数及其初终期																
日平均气温稳定通过 10 ℃的初终期及初终期间累积温度		初日_____　　　初终间日数_____														

调查者：　　　　　　　　　　　年　月　日

播区基本情况调查的方法有路线调查法和小班勾绘调查法两种。

(一)路线调查法

河南省前期飞播造林均采用此法对播区基本情况进行调查。该方法的优点是简单易操作,但往往由于人为因素的影响,调查结果与实际情况差别较大,且检查人员无法对调查质量进行有效的监督检查。因此,现已放弃使用,这里只作简单介绍。

采用该法调查应沿自然条件有规律变化的方向进行。路线可以是直线,也可以是折线。调查路线的总长度一般不应低于播区周长的1/3。路线两侧各 50 m 为调查范围。凡土壤、植被、地类、地形等因子发生变化时,应区划为不同的"段",在每段上设有代表性的标准地对各项因子进行调查并记载(同一段上应设标准地 3 ~ 5 个)。在图上标明不同地类和植被类型的变化界限,根据线段比例,求算各地类面积。

(二)小班勾绘调查法

该方法由河南省首先在播区基本情况调查中推广应用。由于采用该方法调查的结果更接近播区的实际情况,又便于对播区基本情况进行检查核实,避免了过去路线调查法由于种种原因,人为提高播区宜播面积率情况的发生,能够较准确地反映出播区的现状,为飞播区的合理区划、造林地的处理设计提供科学依据,从而带动了飞播造林成效的提高,得到了国家林业局有关领导和专家的好评,并要求在全国飞播造林地区推广应用。

1. 调查方法

深入播区,采用对坡或现场勾绘的方法,在地形图上勾绘出各地类及小班界线。要求最小勾绘面积为 0.067 hm²。

(1)勾绘地类。按有林地(含天然林、人工林、经济林、灌木林、竹林、未成林造林地和苗圃地)、宜播地(含荒山、荒地、疏林地、采伐迹地、火烧迹地等适宜飞播造林的林业用地)、非林业用地(农地、牧地、村庄、道路、河流等)等地类进行勾绘。当某一地类面积不足 0.067 hm² 时可划成复合地类,但要记载地类名称及面积(目估比例),以便统计。

(2)勾绘宜播地类小班界。为了准确反映所选择播区的质量,在宜播地类中,按影响飞播造林成效的主要因子——坡向、植被盖度的不同组合划分为 12 种宜播地类型(详见表3-13),并用代号"宜-1"、"宜-2"、…、"宜-12"表示。如:阴坡、植被盖度<30%,用代号"宜-1"表示;阳坡、植被盖度30%~70%,用代号"宜-11"表示。现地将划分出的各类型小班边界绘于地形图上。应注意:宜播地以外的其他地类不再细分,地类界即是小班界线。

(3)小班编号。以播区为单位,在地形图上从上到下、自左向右对划分的小班用阿拉伯数字依次编号。在野外调查时可先任意编号,待内业时进行统一编号调整,但要切记图表调整一致。为保证调整的正确性,在调整时可先在原号上打一斜杠,待最后检查无误时再将原号去掉。

表 3-13 宜播地类型及其代号

类 型		代 号
坡 向	植被盖度	
阴 坡	<30%	宜－1
	30%～70%	宜－2
	>70%	宜－3
半阴坡	<30%	宜－4
	30%～70%	宜－5
	>70%	宜－6
半阳坡	<30%	宜－7
	30%～70%	宜－8
	>70%	宜－9
阳 坡	<30%	宜－10
	30%～70%	宜－11
	>70%	宜－12

2. 调查内容

调查内容主要有土壤调查、植被调查、现有林木调查。

在小班内选择有代表性地段设标准地进行调查,填写表 3-14。标准地面积为灌木林(或灌丛)10 m²,草本群落 2 m²,有林地 100 m²。非林业用地小班只记载地类名称,不再调查。

(1)土壤调查。土壤是林木生长的基本条件,土壤质地、酸碱度等理化性质和土壤厚度、湿度都直接关系到种子发芽和幼苗生长。主要调查土壤种类、土层厚度、机械组成、土壤质地、湿度、pH 值等因子。另外,每个播区根据土壤种类(填到亚类)变化情况挖辅助土壤剖面 2～4 个,也可借助自然剖面调查。

(2)植被调查。调查了解不同植物群落的组成、外貌特征(高度、盖度)、根系盘结度(也可用植物根系分布情况代替)、分布状况以及对种子触土、幼苗生长的影响。

(3)现有林木调查。调查现有林木的生长状况、分布规律、更新特点以及人工林成活率和影响成活的原因。

在进行以上调查的同时,应和当地乡、村领导座谈,落实播前的准备、作业时的配合及播区的管护等工作,并签订责任协议书。

表 3-14　小班调查表

_____县　　_____播区　　小班号_____

（一）地类:名称_____　　　　　宜播地类型代号:宜 - _____

小班面积（hm²）	宜播面积(hm²)							非宜播面积(hm²)				
	合计	荒山荒地	采伐迹地	火烧迹地	退耕地	灌丛地	其他	合计	非林业用地	林业用地		
										小计	有林地	其他

（二）地形:部位_____　　坡向_____　　坡度_____　　海拔_____ m

（三）土壤:名称_____　　厚度_____ cm　成土母质_____

土壤层次		颜色	机械组成	结构	紧密度	石砾含量	湿度	pH 值	备注
代号	厚度								

（四）植被:死地被物厚度_____ cm

植被种类	平均高（cm）	覆盖度	分布情况	处理意见
灌木				
草木				
群落名称				

（五）其他及评价

调查者:　　　　　　　年　月　日

第五节　播区规划设计

飞播造林是加快国土绿化的一项重要措施。为使其技术上正确、经济上合理,最大限度地体现出它的优越性,播前必须对拟飞播区进行科学的规划设计,为飞播造林的实施提供可行的依据。实践证明:搞好飞播区规划设计是提高飞播成效、降低成本的重要措施。

河南省飞播造林播区规划设计一般在当年春季进行。规划设计内容涉及播区区划、技术设计与计算、统计汇总等。

一、播区区划

在播区踏查和基本情况调查的基础上进行播区区划,主要是确定播区范围、飞行作业航向等。

(一)播区范围

在划定播区范围时应注意以下几点:

(1)根据当地农、林、牧、副发展规划,留出一定数量的其他用地(如根据当地牲畜数量和习惯的放牧地点,留出放牧地等)。

(2)本着提高宜播面积比例的原则,根据播区调查资料对原定的播区范围进行调整,尽量避开农田、道路、水库、村镇、有林地等非宜播地段。

(3)对于播区内实在无法避开的非宜播地,若在作业方向上长度在 500 m 以上,应在图纸上标出界限,以便在作业时设置信号,关箱停播。

(4)播区形状为一组对边平行(或两组对边平行)的不规则(或规则)图形。播区长边原则上应与主山脊走向一致,两端一般以航标线为界,航标线以外若条件特别适宜飞播造林,也可以将播区端界适当外延。

(5)当播区的长度过长,一架次装种不能播完一条播带,或播区中部地势高亢,飞机爬高作业有困难时,可分为两个播区或作业片。

(二)飞行作业航向

飞行作业航向即飞机在播区作业时飞行的方向,用磁方位角表示,即磁方位角 = 坐标方位角 ± 方向改正角(磁子午线偏坐标纵线西侧,则加上方向改正角;磁子午线偏坐标纵线东侧,则减去方向改正角)。坐标方位角为坐标纵线与飞行航向的顺时针夹角,涉及Ⅰ、Ⅱ、Ⅲ、Ⅳ象限,基本情况详见图3-1。

在实际应用中,如飞行作业航向的坐标方位角为55°,磁子午线偏坐标纵线西侧2°30′,则飞行作业航向磁方位角为55°+2°30′=57°30′。

飞行作业航向选定是否合理,关系到作业效率、作业质量和飞行安全。在高差悬殊大、地形复杂的山区进行规划设计时,对飞行作业航向的选定更应十分慎重。

一般来说,山区飞播造林的飞行作业航向,主要根据地形情况来确定。基本原则是:飞行作业航向上的高差要小,飞机能够沿着基本相同的海拔飞行作业,尽量减少飞机爬高作业;航向应尽可能与播区主山梁平行,并与作业季节的主风向一致,尽量减少侧风影响,侧风角最大不能超过30°。同时应尽量避开正东正西方向作业,因为东西方向作业,阳光常常干扰飞行员的视线,既不利于安全飞行,又不易及时准确地找到信号位置,即使采用GPS导航作业,也要尽量避开正东正西方向作业。

飞行作业航向的确定是与播区范围的确定同步进行的,两者相互兼顾,既要有利于飞行作业,又要考虑提高宜播面积比例。当播区边界确定之后,飞行作业航向也随之而确定。

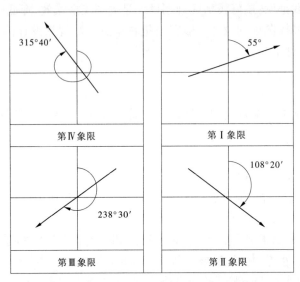

图 3-1　飞行作业航向的坐标方位角设计图

二、技术设计与计算

(一) 飞行作业方法设计

飞行作业方法,即飞机在播区进行播种作业时的飞行方法和顺序。正确选择作业方法,可以提高播种作业质量和效率,降低飞行费用,并有利于飞行安全。不同的飞行作业方法对播区的地形条件、播带的长度和每架次所播的带数要求不同。在进行播区规划设计时,应根据具体情况选择经济合理的飞行作业方法。

1. 单程式

单程式作业,即一架次所载种子正好播完一带的作业(见图 3-2)。对面积较大的播区可采用这种方式,多机作业。为了保证飞行安全,每架次起飞时间应严格掌握,间隔 10 ～ 15 min,往返作业区的航路高度相差 100 m。此种飞行方式适于播撒大粒(或大粒化)种子和播带较长的播区。

2. 复程式

复程式作业系一架次的载种量往返播完两条播带的作业(见图 3-3)。这种作业方式能够减少空飞时间,降低成本,适合于播区两端高差小和净空条件较好的播区。

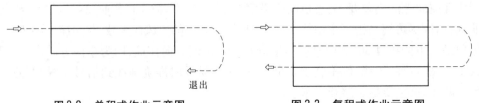

图 3-2　单程式作业示意图　　　　图 3-3　复程式作业示意图

3. 穿梭式

播区面积小、播带短或播小粒种子,一架次所载种子需播撒数带才能播完的,可采用穿梭式作业方式。即一架次所载种子,在几个往返中播完。这种作业方式的缺点是飞机转弯次数多,增加空飞时间。穿梭式作业可分为奇数穿梭和偶数穿梭两种,如图3-4所示,偶数穿梭可减少空飞时间。

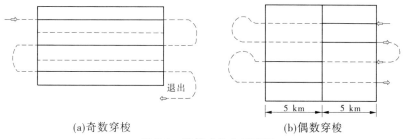

(a)奇数穿梭   (b)偶数穿梭

图3-4 穿梭式作业示意图

4. 重复喷撒作业

重复喷撒作业即两次播种法。其一,按用种量分成相等的两份,将整个播区播两遍。如某播区面积667 hm², 播带长6 670 m,设计播幅为50 m,共20条带;飞播油松,每公顷用种量为6 kg,4架次。先按3 kg/hm²的用种量,飞播2架次,从1带播到20带;然后按上述用种量从20带播到1带。其二,在同一播区拟飞播大小不同的种子,为达到均匀混播的目的,则可先用大粒种子,按设计每公顷用量在全播区播一遍,然后用小粒种子按设计每公顷用量再播一遍。其三,每公顷用种量、飞行架次不变,提高飞行作业高度,设计播幅宽度增加一倍(由50 m改为100 m),进行重复喷撒。采用重复喷撒作业法,可减少漏播,提高落种均匀度,增加有种面积,提高播种质量,宜广为采用。

5. 纵横棋盘式

作业区面积较大,长宽相差不大,可采用此法。具体安排是:如每公顷播种7.5 kg,第一次飞机由南向北每公顷播3.75 kg,第二次由东至西每公顷播3.75 kg,两次播种互相重叠,撒播均匀,减少重播、漏播。两次播种时间,既可以连续播,即南北向播完后,接着就在同一播区东西向播种作业,也可间隔数日播种,避开不良天气影响,提高种子发芽率,如图3-5所示。东西向播种,可在阴天或晴天上午10时至下午4时之间进行,可用固定信号导航。此法适合于采用固定地标导航的播区、流动沙地、半固定沙地及无主山脊、高差小的丘陵沟壑区。

6. 自由式

在未经规划或已规划而不按设计播带播种,仅在指定的范围与地段内,根据播种要求,由飞行人员自行掌握作业的方式。这种作业方式,不要专人导航,仅需事先在作业区四角插上信号旗标示范围即可。适用于面积小,或不宜规划设计的播区,或按设计面积已播完,为处理多余的种子而临时增加的作业。

7. 下滑式单向作业

在播区两端高差大或播区一端地势开阔、净空条件好,而另一端净空条件较差时,可采用这种作业方式。即飞机由高处一端进入播区,从低处出航。由于进航、出航固定,飞行员可根据播区的特殊地形或地标,及早发现地面信号,保持航向和航高压标作业。采用下滑式飞行作业时,要严格按规定表速飞行,方能达到计划用种量。

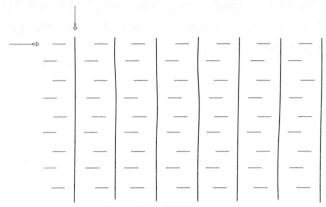

图3-5　纵横棋盘式作业示意图

8.串连式

在播区地形高差较小,有集中成片的荒山,面积小而分散的情况下,为便于安排作业,减少飞行费用,可以把两个或两个以上面积较小而又分散的播区串连起来作业,如图3-6所示。

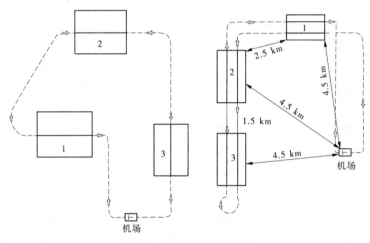

图3-6　串联式作业示意图

（二）导航方法设计

飞播造林与人工造林相比,其突出的不同之处是:飞播造林是通过空中与地面的密切配合来完成的。其中,导航方法设计与信号的出示直接关系到播种质量。

我国飞机播种造林使用的导航方法有:①人工地面信号导航(信号旗导航、烟雾导航、平面反光镜导航);②无人固定地标导航;③全球卫星定位系统导航(简称 GPS 导航)。

1.人工地面信号导航

在河南省飞播造林中,1995 年以前主要采用人工地面信号导航。具体做法是:信号人员预先站在测设的航标点位置,做好准备。当飞机到达播区前 2～3 min 时(一般掌握在看见飞机或听到飞机响声时),信号员就要面对飞机大幅度摆动信号旗或施放烟雾、摇晃反光镜,引导飞机提前摆正航向,对准信号进入播区压标飞行作业。这种方法简单易行,为河南省飞播造林作出了很大贡献。它适用于山势较缓,航标线上信号人员行走比较容易的播区。但使用这种方法,投入人力、物力、财力较多,体力劳动繁重,经费开支较大。再则,由于信号人员从住地到达指定的导航位置往往需要几个小时,而河南省的播种期一般在雨季,此时的天气变化无常,一天中往往会出现晴雨相间的天气。信号人员奔波几个小时到达了信号位置,而天气可能突然变化,导致不能飞行作业,贻误了宝贵的作业时间,增加了无谓的劳动。

2.无人固定地标导航

此种方法取消了航标桩的测设,不用人工信号导航,而是采用固定地标(明显山峰、断崖、河流、道路和村寨等)引导飞机进行播种作业。具体做法是:在播区四个角明显位置上,设置6 m×8 m×1 m的"L"形白色固定角标,根据播区宽度和设计播幅,在设计图上标出作业带数。播区不宜过宽,一般以2 km左右为宜,长度以6 km左右为好。每个播区面积以2~4架次为宜。若播区面积过大,可将播区按上述要求,划分成若干小区,分区作业。但每个小区同样应设置固定角标,以标示播区范围。

规划为固定地标导航的播区,其范围内必须有明显的地标供飞行人员判识和利用。因此,凡是比较明显的线状、块状和点状地物标,都应一一标注在作业设计图上。

作业前,飞行人员应根据林业技术人员的设计要求,认真熟悉进、出航位置和明显的地物、地标,然后进行空中视察,核实作业图上所标记的地物、地标。作业时,飞行人员应以四个角为范围,以地物、地标为依据进行播种。当飞机播种完一带后,飞行员要记住出航位置,并采用标准转弯法使飞机回到原来的出航位置,开始第二带播种。以后依次逐带移动播种。

采用固定地标导航时,最好设计为重复作业法进行播种,这样能减少漏播,增加落种均匀度,提高播种质量。

3.GPS导航

飞播导航技术,从人工地面导航、固定地标导航,发展到现在的GPS导航,这是我国飞播造林导航技术的重大进步。

GPS是20世纪90年代迅速发展起来的一项高科技成果,将GPS应用于飞播造林,是飞播造林的一次高科技革命,不仅增加了飞播造林的科技含量,而且使飞播造林技术有了新的突破,对于推动我国飞播造林技术进步和飞播事业的发展具有重大意义。1993年4月,四川省首先开始了将GPS应用于飞播造林导航工作的试验研究。经过两年的生产实践,试验研究取得了圆满成功,增加了飞播造林的科技含量。河南省在1996年飞播造林工作中,首次在8个县进行了GPS导航试验,这在我国北方省份飞播造林工作中尚属首次。从河南省飞播区播种质量检查情况来看,落种准确率在87%以上,超过了85%的国家标准。目前,河南省飞播造林中已广泛使用GPS导航这一飞播先进技术。

应用GPS导航的具体做法是:按照设计的播区位置和设计要素,设置好航线和航点,分播区精确计算出每条播带两端的经度和纬度,并输入GPS信号接收机,把已输入播区信息的GPS信号接收机安装在飞机上,使用航迹图或偏航角和偏航距等相关数据进行准确飞行导航作业。

通过几年来对GPS导航的应用,其显示出了相比于人工地面信号导航的优越性:

（1）落种情况真实。使用人工地面信号导航和 GPS 导航的落种准确率虽然都达到了国家规定的标准，但多年来的实践经验证明，采用人工地面信号导航的接种准确率，往往由于人为因素的影响而高于实际情况。因为在能看见人工地面信号的情况下，飞机一般都能压标飞行，但有的播区由于航标线间距过大或其他原因，飞机在离开一个航标而不能看到前方航标信号的情况下，只能靠航向大致控制飞机位置进行播种作业，待看见前方信号，发现偏航时，一般只能临时修正航向，以求得压标播种的结果。这样反映出来的航标位置上的接种准确率虽然很高，但播区内部分面积的播种质量却难以控制。因此，用它来代表整个播区的播种质量，必然与实际情况存在一定差距。而用 GPS 导航，由于没有人工地面标志的影响，反映出来的接种准确率则比较真实。并且随着飞行人员对 GPS 信号接收机操作的熟练和林业技术人员对 GPS 导航设计的进一步完善，应用 GPS 导航进行飞播的质量还会进一步提高。

（2）节约资金。采用 GPS 导航可以大大节约飞播地勤工作中使用的大量人力、财力、物力。它不需测设航标，不需要地面信号人员。播种期间播区只有气象、通信及数名质检人员即能工作。据栾川县的统计对比，应用 GPS 导航可节约地勤费用约 70% ，这在目前飞播经费有限、播区群众经济收入还很低的情况下，对于充分发挥资金的作用，加速河南省荒山绿化具有重大意义。

（3）播区选择灵活。以前应用人工地面信号导航的播区，必须具备可供出示导航信号的明显山梁，这样就限制了播区设置的范围及可调性，致使有些立地条件较好的地段不能飞播，而有些立地条件较差或非宜播地段，由于设置航标的需要又必须划入播区。应用 GPS 导航，克服了人工地面信号导航对播区设置的这一不利因素，扩大了可播范围，提高了播区宜播面积比例。

（三）树种设计

飞播树种的设计应根据立地条件、造林目的、种源供应情况和"适地适树"的原则进行。河南省太行山区、伏牛山区海拔在 600 m 的播区，应以飞播油松、黄连木为主；伏牛山南坡和大别山、桐柏山区飞播马尾松时，海拔不宜超过 700 m。

为提高飞播林防火、保持水土、抵抗病虫害的能力，要大力提倡针阔混交、多树种混交，培育高效能飞播林。多年来，河南省积极开展了扩大飞播阔叶树种的探索试验，如飞播漆树、臭椿、刺槐、黄连木等，也取得了一定的进展。近年来，结合国家生物质能源林建设，河南省加大了以黄连木为主的阔叶树种的飞播造林力度，截至目前，河南省的飞播树种已由过去油松 1 个树种扩大到马尾松、侧柏、臭椿、黄连木、漆树等 8 个树种。结合各地实际，拓展工作思路，河南省卓有成效地开展了多树种撒播、飞播试验，切实改变了飞播造林树种单一的局面。但如何进一步拓展飞播空间，扩大飞播树种，是摆在河南省飞播造林工作者及林业科研工作者面前的一项重要任务，有待于大家共同努力研究解决。

（四）播种量设计

播种量的设计应以经济合理为原则，即：力求用最少的种子满足播后成苗、成林的需要。通常以单位面积上预期成苗株数、种子品质（千粒重、纯度和发芽率）、种子损失率（主要指鸟兽危害）、出苗率和幼苗保存率等因子来计算合理的播种量。按照《飞机播种造林技术规程》（GB/T 15162—2005）中飞播树种可行播种量，马尾松纯播 2.25～2.625

kg/hm^2,侧柏混播 1.50~2.25 kg/hm^2,油松纯播 5.25~7.5 kg/hm^2,漆树混播 3.75 kg/hm^2。具体参照本书第四章第五节播种量计算公式。

（五）播种期设计

最佳的播种期应是：保证种子落地发芽所需的水分、温度和幼苗生长达到木质化。一般要求播前有底墒，播后有 4 天以上的连阴雨，其降水量不少于 50 mm，且使幼苗避开伏旱危害。河南省大部分地区，播期确定在 6~9 月份是比较适宜的。总之，各地要根据当地情况，与气象部门搞好协作，分析历年气象资料，结合当年天气趋势预报，选准播期，适时播种。

（六）航高及播幅设计

航高即飞行作业时，飞机距离地面的高度。播幅是指飞机在播区作业时的有效落种宽度（每平方米落种 4 粒以上的宽度）。航高在一定范围内与播幅宽度成正相关。航高增加，播幅增宽，同时还因机型、树种的不同而发生变化。为使飞播落种均匀，减少漏播，一般每条播带（幅）的两侧要各有 15% 左右的重叠；地形复杂或风向多变地区，每条播带（幅）两侧应各有 20% 的重叠。用运 -5 型飞机作业，飞播油松种子时，当航高在 80~120 m 时，播幅为 50 m。其他树种应根据种粒大小，相应增加航高、加大播幅宽度或降低航高、减小播幅宽度。其原则是：大粒种子播幅适当宽些，航高要相应增高；小粒种子则相反。

（七）植被处理设计

多年来的实践证明：播区植被盖度草本 30%~70%、灌木 50% 以下，出苗效果最佳。对草本盖度大于 70%、灌木盖度大于 50% 的地段要进行植被处理，为种子触土发芽、幼苗生长创造适宜的条件。植被处理的方法较多，可以采用炼山、人工割除或先割后炼、化学除草等方法。但因河南省飞播区多属于人烟稀少的山区，劳力不足，人工割草砍灌难以大面积进行，化学除草又耗资较大，所以多采用炼山处理。炼山时间以有利于恢复土壤结构、种子触土和新生植被庇护飞播幼苗为最佳，一般在播前 1~2 个月进行。炼山应与当地森林防火部门密切配合，制订出切实可行的炼山方案，组织好人员实施。对于水土流失严重和植被稀少的地方，应提前封育后再实施播种，以提高成效。

（八）作业架次组合设计

1. 面积计算（单位：hm^2）

（1）小班及各地类面积：求算小班面积及地类面积（保留一位小数）时，将外业手图上所区划的各种界线准确无误地转绘到比例尺为 1:5 万、1:2.5 万或更大比例尺的地形图上，利用网点板逐小班进行查算，求出小班面积；或者采用 Arcgis、Viewgis 地理信息系统等软件将转绘底图配准后，描绘小班边界，即可求出小班面积。并根据小班调查表的记载求得各地类面积，经平差后（以播带面积累计的播区面积为准进行平差），进行统计汇总，填表 3-15、表 3-16。

（2）播带面积（保留一位小数）= 带长（m）×播幅（m）×0.000 1。

（3）播区面积（取整数）= 各播带面积之和。

表 3-15　播区地类面积统计表　　　　　　　　（单位:hm²）

播区名称	权属	播区面积	宜播面积								非宜播面积				
			合计		荒山荒地	采伐迹地	火烧迹地	退耕地	灌丛地	其他	合计	非林业用地	林业用地		
			计	其中阳坡									小计	有林地	其他

表 3-16　播区宜播地类面积统计表　　　　　　　（单位:hm²）

地类			小班数	面积	成数	备注
	代号	植被盖度				
宜播地	宜 - 1	阴坡	<30%				
	宜 - 2		30% ~ 70%				
	宜 - 3		>70%				
	宜 - 4	半阴坡	<30%				
	宜 - 5		30% ~ 70%				
	宜 - 6		>70%				
	宜 - 7	半阳坡	<30%				
	宜 - 8		30% ~ 70%				
	宜 - 9		>70%				
	宜 - 10	阳坡	<30%				
	宜 - 11		30% ~ 70%				
	宜 - 12		>70%				
宜播地小计						
有林地(林)						
非林业用地(非)						
合计						

2.用种量计算(单位:kg,分树种计算,取整数)

(1)播区用种量 = 各播带用种量之和。

(2)播带用种量 = 播带面积×每公顷用种量(即播种量)。

3. 架次组合

作业架次按播带作业顺序进行组合。运 - 5 型飞机每架次最大载重量为:油松 800 kg,马尾松 900 kg,黄连木 700 kg,臭椿 650 kg。进行架次组合时,按照作业顺序,从第一播带起累加数带用种量,当达到或最接近规定的飞机载重量时(一般不要超载),即为第一架次。这几条播带的面积之和即为第一架次的作业面积,其用种量之和即为该架次的载种量,以此类推。当最后一架次的载种量过少时,可将倒数第二、三架次的载种量减少 1 ~ 2条播带的用种量,加到最后一个架次上;也可以去掉剩余的不足一个架次的播带面积。作业架次载种量表见表 3-17。

表 3-17　作业架次载种量表

架次序号	播带				架次	
	序号	长度（m）	面积（hm²）	用种量（kg）	面积（hm²）	载种量（kg）
合计						
备注	1. 飞播树种: 2. 播幅: 3. 播种量:					

(九)GPS 导航航点经纬度计算

1. 播区角点经纬度的计算

利用比例尺 1:1万 ~ 1:5万的地形图(以原始、新图为最好),将播区四角准确刺在地形图上,精确地量算出播区四角的经纬度,并经反复检查无误。也可利用 Arcgis 或 Viewgis 地理信息系统软件,将地形图配准成北京 1954 坐标系统,即可显示地形图中任意一点的经纬度,采用此种方法求算出的播区角点经纬度可参照地形图进行对比校正。

2. 航点经纬度的计算

航点是指播区各播种带的起止点,也是飞行作业导航的唯一依据,所以要求各导航点的经纬度一定要准确测量和计算。航点经纬度的计算一般采用内插法,依据播区设计的播带数及播区两端的经纬度的差值进行计算,经纬度数值精确到分,保留三位小数。也可利用河南省自行编制的飞播程序进行求算,将播区名称、播种量(kg/hm²)、播带数量、播区角点的经纬度依次输入软件后,即可准确地求算出播区每一播带航点的经纬度。经纬度输入方法:如北纬 34°02.405′、东经 111°05.489′,输入北纬 34~02.405,东经 111~05.489。经检查各项因子准确无误后,填入 GPS 卫星定位导航航点设计栏内,见表 3-18。

表 3-18　播区作业架次载种量及 GPS 卫星定位导航航点设计表

架次序号	播带			架次载种量				GPS 卫星定位导航航点设计			
								西端		东端	
	序号	长度（m）	面积（hm²）	用种量（kg）	面积（hm²）	合计（kg）	油松（kg）	侧柏（kg）	东经	北纬	东经	北纬
	1	3 850	19.25	101.06					111°42.765′	33°47.889′	111°45.000′	33°46.970′
	2									33°47.856′		33°46.937′
	3									33°47.824′		33°46.905′
	4				154	809	578	231		33°47.491′		33°46.872′
	5									33°47.759′		33°46.840′
	6									33°47.726′		33°46.802′
	7									33°47.694′		33°46.775′
	8									33°47.661′		33°46.742′
合计												

说明
1. 飞播树种：油松、侧柏；
2. 播幅：50 m；
3. 播种量：5.25 kg/hm²，其中油松 3.75 kg/hm²，侧柏 1.5 kg/hm²；
4. 飞播作业航向磁方位角：119°05′。

设计者：　　　　　　　检查者：

（十）飞行时间计算

其计算公式为

$$播区飞行作业时间 = 各架次飞行时间之和$$

$$架次飞行时间(min) = \frac{播区至机场的距离(km) \times 2 + 该架次播带总长(km)}{2.6} +$$

$$转弯次数 \times 2.5 + 起降时间(3 \sim 5\ min)$$

式中　2.6——运 - 5 型飞机的飞行作业速度，2.6 km/min；

　　　2.5——运 - 5 型飞机的标准转弯用时，2.5 min；

　　　3 ~ 5 min——飞机起落一次用时，若机场四周净空条件差或机场与播区的距离较近而高差过大，可适当增加起降时间。

（十一）播区管护设计

根据播区社会经济情况、土地权属和当地政府的意见，提出切实可行的管护形式和措施，巩固飞播成效。如固定专职护林员、兼职护林员，兴办乡（村）林场、股份制林场等，都是行之有效的管护措施。

（十二）投资概算及效益估测

1. 投资概算

投资概算的主要项目有种子费（包括调运费、药物处理费、仓贮费）、飞行费、调查设计费、施工费(包括机场作业、播区作业、植被处理等)、设备购置费、管护费、科研费和不可预见费等,并对资金来源提出意见。见表3-19。

表3-19　××县(市、区)飞播造林资金来源及使用情况概算表

(单位:万元、万工日、元)

资金来源						资金使用								每公顷费用	
合计	中央、省	地、县	乡、村、个人			合计	种子费	飞行费	设计费	施工费	运输费	购置费	管护费	其他费	按播种面积计	按宜播面积计
			投资	投工	投工折款											

注:"管护费"为当年播区管护费用;"投工折款"指投工数按当地水平折合资金数;"投资"为现金投入与投工折款之和。

2.效益估测

从生态效益、社会效益和经济效益三方面进行预测和评价,并尽可能用货币价值进行测算。

(1)生态效益:由涵养水源、固碳制氧、保育土壤、生物多样性保护、净化大气环境、森林游憩等方面构成,均可用货币价值加以测算。具体测算方法参考"河南省林业生态效益价值评估"(2007年11月)。

(2)社会效益:可从改善人类生存环境、增加就业人数、开发旅游业增加的森林景观效益价值等方面加以论述。

(3)经济效益:根据飞播成林的年生长量、森林蓄积量以及林产品的加工利用等方面,估测直接经济价值。

综合效益:三大效益的总价值(可量化部分)。

三、统计、汇总

各项技术设计和计算结束后,填写播区自然概况及设计情况一览表。见表3-20。

表3-20　××县播区自然概况及设计情况一览表

播区名称	作业面积(hm²)	宜播面积(hm²)	权属	自然概况							设计情况								
				海拔(m)	坡向	坡度	土壤		植被		树种	播量(kg)	用种量(kg)	航向方位角	航标线条数	播带数	架次数	预计飞行时间(min)	使用机场	备注
							名称	厚度(cm)	主要种类	盖度(%)										
1	2	3	4	5	6	7	8	9	10	11	12	13	14	15	16	17	18	19	20	21

注:表中5、9、11栏填写区间,6栏按播区的大坡向记载。

第六节　设计文件的编制

飞播造林规划设计资料是指导飞播造林施工的技术性文件,它包括文字资料和图纸资料两部分,即规划设计说明书、飞播区位置图和播区作业图。

一、规划设计说明书

(一)主要内容
规划设计说明书主要包括以下几项。

1.播区基本情况

主要包括播区位置、行政隶属、地形、土壤、植被、气候、净空条件、交通条件、土地权属、社会经济情况和木材薪材需求情况、历年开展飞播造林的情况和林业资源现状等。

2.播区设计

(1)自然条件:播区长、宽和走向,播区面积,重播播区名称,重播年限,重播面积,宜播面积及成数,海拔,阴坡、半阴坡、阳坡小班面积、数量和比例,植被盖度草本 70% 以上、灌木 50% 以上的面积等。

(2)设计情况:树种和播种量、用种量,航高与播幅、导航方式、飞行作业方式和方法、飞行作业航向和入航位置、使用机场、机型及数量、飞行架次、预计飞行时间,播种期及播区作业顺序,植被处理的小班数量、面积、时间、方法等。

3.飞播施工作业

1)飞播施工前的准备

(1)解决好部门协作问题。通过召开飞播专题会议等形式,着重解决林业、气象、航空、交通、公安等部门的协作事宜。

(2)成立飞播造林指挥部。阐述飞播造林指挥部成立机构组成、职责分工协作等情况。

(3)物品准备。施工作业所需物品、器具的数量及准备情况。

2)飞播施工要求

(1)对飞播作业的要求。飞播作业前对通信、飞行、导航等方面的要求。

(2)播种质量检查。

(3)通信畅通。

(4)准确预报天气。

4.播后管护

播后管理、培育林种意见和试验研究。

5.投资预算及效益估算

1)投资预算

主要项目有种子费、飞行费、作业费、设计费、效果调查及检查验收、种子处理费及其他费用,并注明资金来源。

2）效益估算

从生态效益、社会效益、经济效益三个方面进行预测和评价,能用货币价值表现的要加以测算。

6. 附表

（1）小班调查表（见表 3-14）;

（2）播区社会经济情况调查表（见表 3-11）;

（3）气象调查表（见表 3-12）;

（4）播区地类面积统计表（见表 3-15）;

（5）播区宜播地类面积统计表（见表 3-16）;

（6）播区自然概况及设计情况一览表（见表 3-20）;

（7）播区作业架次载种量及 GPS 卫星定位导航航点设计表（见表 3-18）;

（8）飞播造林资金来源及使用情况概算表（见表 3-19）。

（二）格式要求

有关规划设计说明书格式要求如下:

（1）规划设计说明书是飞播造林作业的文字依据,一般以县（市、区）为单位按年度编写,如:××县××××年飞播造林规划设计说明书。

（2）外封面:采用 A4 纸,规划设计说明书名称、落款和时间、字体、字号根据具体情况而定,外封面以整洁美观为佳。

（3）目录:用小三号宋体字,加粗。目录内容用四号宋体字,一般显示 2 级,最多 3 级。内容所标注页数与正文要一致。目录页码与正文区别开,如正文页码用"1,2,3,…",目录页码可用" - 1 - , - 2 - , - 3 - ,…"。

（4）正文纸张采用 A4 纸,要求四号宋体字,内容力求简明扼要,层次要分明。正文中涉及英文字母、阿拉伯数字用"Times New Roman"字体。

二、飞播区位置图

飞播区位置图主要为飞行部门上报计划及指挥人员合理安排调度飞机作业提供依据。一般以机场为单位,由省级飞播主管部门绘制。

飞播区位置图可采用 Arcgis 或 AutoCAD 等绘图软件进行编制,具体要求是:

（1）图框为外粗内细的两条实线,框内标出经纬度。

（2）图框外,上方标记图纸名称,如:河南省××××年××机场飞播区位置图。

（3）比例尺为 1:50 万或 1:80 万。

飞播区位置图的图面内容如下:

（1）各级行政界线、机场位置、河流、道路、水库等,按照每个播区的经纬度坐标,将播区位置准确地绘制到地形图上,并由北向南、从西向东用阿拉伯数字依次编号。

（2）在图下方附上飞播区名称及位置一览表（见表 3-21）。

（3）图例、线条、注记的规格按林业部 1982 年颁发的《林业地图图式》的规定绘制。

表 3-21　飞播区名称及位置一览表

序列号	县(市、区)	播区名称	东经	北纬	备注
					机场坐标： 东经＿＿＿＿＿ 北纬＿＿＿＿＿

三、播区作业图

作业图是飞行员飞行作业、机场装种和播区地面作业的主要依据,也是反映播区飞播造林条件的直观材料。作业图以播区为单位绘制。若几个播区相距较近且面积较小,能够容于一张图上,可合并绘制一幅作业图,并在各播区注记名称。

播区作业图可采用 Arcgis 或 AutoCAD 等绘图软件进行绘制,在小班及各地类面积求算中,已将小班界线绘制到地形图上,在此基础上,完成播区作业图的绘制,具体要求是:

(1)图框为外粗内细的两条实线,框内标出经纬度。

(2)图框外,上方标记作业区名称,如:××县(市)××年度××播区作业图;下方靠右标记绘图单位和时间。

(3)比例尺为 1∶2.5 万或 1∶1 万。

(4)图面范围视机型而定,河南省采用运 – 5 型飞机作业,播区两端不少于 3 km,两侧不少于 2 km。

播区作业图的图面内容如下:

(1)山脊线、山峰、村庄、河流、道路、水库、海拔、高压线、播区边界线、地类界、小班界、需要关闭种门的位置及面积、入航位置、固定地标位置、航标点位置及编号(即每隔 5 个航标点用阿拉伯数字标出点号,起止航标点号亦应标出),在播区两端入航线外 25 m 处标示成虚线,以示播区边界等。

(2)在图的上方一角标出飞行作业航向磁方位角。

(3)一般在作业图的下角绘制播区位置示意图,比例尺为 1∶10 万 ~ 1∶50 万。播区位置示意图是飞行员及飞行指挥人员了解播区方位、航路的重要依据,其图面内容有:播区位置、范围,机场位置(地理坐标)、播区至机场的距离和磁方位角,航路上的主要山峰及标高、村镇、河流、公路、高压输电线路以及对飞行有影响的障碍物。

(4)在图的一侧附上播区作业架次载种量表及 GPS 导航航点设计表(格式见表 3-18)。

(5)图例、线条、注记的规格按林业部 1982 年颁发的《林业地图图式》的规定绘制;小班内注记编号、面积和地类(宜播地类型代号),如:$1\frac{17}{林}$ 为 1 号小班,有林地 17 hm^2;$6\frac{15}{宜-1}$ 为 6 号小班,阴坡、植被盖度小于30%的宜播地 15 hm^2;$9\frac{13}{非}$ 为 9 号小班,非林业用地 13 hm^2。

(6)图下角标绘图例。

第四章　飞播造林用种

第一节　国内外选用飞播树种简况

一、国内简况

飞播造林有其自身的特殊性。第一,用于飞播造林的树种,要具有天然下种更新的能力。第二,飞播造林不像人工造林那样,对造林地可加以细致的区别,并通过人为的手段进行改良和利用。第三,飞播造林播前不整地,播后不覆土,种子播在地表后萌发成苗,较人工造林要更多地受自然环境条件的影响。多年的飞播实践和科学研究表明,在树(草)种的选择上,无论是在温暖多雨的南方山区,还是在干旱少雨的北方山地和黄土高原,以及陕北榆林、内蒙古鄂尔多斯的毛乌素沙地,均有适宜的树(草)种。由于飞播造林对树种有着特殊的要求,我国从事飞播造林的科技工作者,根据每一树种的生物学特性,从自然条件的适应性、技术条件的可行性和经济条件的合理性出发,做了选择树种的大量试验和探索。经反复筛选后,目前应用在飞播林上的树(草)种主要有以下 27 种:马尾松、云南松、思茅松、华山松、高山松、油松、侧柏、黄山松、台湾相思、木荷、漆树、柏木、枫香、旱冬瓜、乌桕、桤木、黄连木、紫穗槐、白沙蒿、柠条、花棒、踏郎、沙棘、荆条、坡柳(车桑子)、沙打旺、草木樨等。混播类型有:马尾松与台湾相思,马尾松与柏木,马尾松与木荷,马尾松与漆树,华山松与漆树,油松与云南松,油松与侧柏,油松与柠条,油松与沙棘,思茅松与台湾相思,花棒与踏郎,沙打旺与沙棘,等等。

二、国外简况

据资料介绍,苏联于 1932 年开始进行飞播造林,是世界上开展飞播造林最早的国家。从 20 世纪 50 年代开始,美国、加拿大、澳大利亚、新西兰、芬兰、印度尼西亚、英国、洪都拉斯、日本、菲律宾以及太平洋岛屿等国家和地区相继开展了飞播造林。比我国开展早的有美国、苏联和新西兰等国。新西兰早在 20 世纪 40 年代中期就飞播牧草。飞播面积较大的国家有加拿大、美国等。

上述国家和地区对树(草)种的选择十分重视,认为种子是飞播造林的先决条件,强调所选择的树(草)种,必须适应造林地的立地条件,要进行种源试验,挑选最适宜的树种进行飞播。目前,各国飞播的主要树种多为针叶树和桉树类,在局部地区,也选择能够天然更新的其他树种。美国主要有北美鹅掌楸、白云杉、湿地松、长叶松、美国黄松、北美赤松、刚松、火炬松、北美二针松、花旗松、刺槐等,加拿大主要有黄桦、黑云杉、班克松、扭叶松等,澳大利亚主要有赤桉、大桉、兰桉、野桉、亮果桉、巨桉、多枝桉、王桉、斜叶桉、德利格特桉等,新西兰主要有美国黑松、南欧黑松、中欧山松、美国黄松、辐射松等,印度尼西亚主要有旱叶相思树、朱樱花、木田菁、白头银合欢等,英国有美国鹅掌楸,洪都拉斯有胶皮糖香树,太平洋岛屿有白头银合欢等。从总的情况来看,国外飞播造林规模不大,时断时续,而且有减少的趋势,目前还没有全面系统的飞播造林方面的专著。

第二节　树种选择的原则和条件

飞播树种的选择必须依据造林目的、经营方向和适地适树的原则来确定。即所选择的树种,一要根据经济建设的需要,符合造林目的和经营方向,以获得最佳经济效益;二是树种的生物学特性要与播区的立地条件基本相适应,做到适地适树,充分利用自然力。

开展飞播造林多是在海拔较高、荒山集中连片、人烟稀少的边远山区,以及荒山面积大、人工造林困难、交通不便的地方进行。根据飞播造林的立地条件,选择飞播树种必须具备以下条件:

(1)优先选用天然飞籽更新能力强的乡土树种。

(2)种源丰富,能满足飞播造林对种子的大量需要。

(3)树种须具有择地粗放,耐干旱瘠薄,种子吸水能力强,发芽快,易成活,幼苗对自然环境中的不利因素有较强的适应能力等特性。

(4)选择生长快,材质优,有一定经济价值,能较快为国家建设和人民生产、生活提供用材、薪材、饲料、肥料和其他效益的树种。

(5)选择可与目的树种伴生的优良灌木和其他阔叶树种。

第三节　主要飞播树种介绍

根据飞播树种选择的原则和条件,河南省通过对油松、华山松、马尾松、侧柏、黑松、漆树、黄山松、臭椿、黄连木、刺槐、香椿、紫穗槐、荆条、沙棘等14种乔灌木树种小面积定点撒播试验、小面积飞播造林试验和大面积生产,筛选出了适宜河南省飞播造林的三个主要树种,即油松、马尾松、侧柏。油松在河南省太行山和伏牛山区高海拔地带适生,马尾松在大别山、桐柏山区和伏牛山南坡低山丘陵区分布广泛,侧柏在河南省低山区均有分布。这些树种具有耐干旱瘠薄、适应性强和天然更新能力强的特点,是河南省山区荒山造林的先锋树种。近几年,为了扩大可播范围,改变飞播针叶纯林结构,增强林分抗病、防火和抵御自然灾害的能力,降低飞播成本,提高林地生物产量,河南省在飞播疏林地和低山丘陵区开展了针阔混播和纯播阔叶树种试验研究,并获得了较好的效果。参试的树种主要有黄连木、臭椿、五角枫、漆树等。

一、油松(*Pinus tabulaeformis*)

油松是我国北方广大地区最主要的造林树种之一,是我国三大飞播树种之一。油松木材坚实,富含松脂,耐腐朽,是优良的建筑、电杆、枕木、矿柱等用材。它分布广,适应性强,根系发达,树姿雄伟,枝叶繁茂,有良好的保持水土和保护环境的效能。

(一)分布

油松属松科,是暖温带常绿乔木树种。它的自然分布范围很广,北至内蒙古的阴山;西至宁夏的贺兰山,青海的祁连山、大通河、湟水流域一带;南至川甘、川陕接壤地区;向东达陕西秦岭、黄龙山,河南伏牛山,山西太行山、吕梁山,河北燕山以至山东的泰山、蒙山。陕西、山西为其分布中心,有较大面积的纯林。油松的垂直分布因地而异,在辽宁,油松分布于海拔500 m以下;华北山区分布于海拔1 500(燕山)~1 900 m(吕梁山)以下,海拔2 000 m以上仅有个别散生树木;在青海,则可分布到海拔2 700 m左右。

华北山地天然油松林,多分布在海拔1 200~1 800 m;在1 500 m以上,油松常与白桦、辽东栎、蒙古栎等树种混交。适播范围:陕西黄龙山一带海拔900~1 700 m,陕南1 000~1 500 m,冀北、冀西山地800~1 200 m,川东、川北、鄂西山地2 000 m以下。河南省太行山、伏牛山区飞播油松的播区海拔在600 m以上。

(二)生态习性

油松是温带树种,抗寒能力较强,可耐-25 ℃的低温。在分布区内的高寒地带,如太行山海拔1 500 m以上,恒山1 800 m以上,油松生长不良。海拔过低或水平分布偏南的地区,高温及季节性干旱对油松生长也有不良影响。油松适应大陆性气候,在年降水量较多的地方生长良好,在年降水量仅有300 mm左右的地方也能正常生长。

油松是喜光树种,在全光条件下能天然更新,为荒山造林的先锋树种。1~2年生幼苗稍耐庇荫,在郁闭度0.3~0.4的林冠下天然更新幼苗较多,但4~5年生以上的幼树则要求充足的光照,过度庇荫常生长不良,甚至枯死。在混交林中,由于喜光,常处于第一林层。在山顶陡崖、裸露山脊、水土流失严重的砂砾岩层也能生长。

油松生长速度中等。幼年时生长较慢,一般2年生苗高20~30 cm,第三年开始长侧枝,从第四年或第五年起开始加速高生长,连年生长量可达40~70 cm,一直维持到30年生左右,以后高生长减缓。油松的径向生长高峰出现略迟,一般在15~20年后胸径生长加速,在良好条件下旺盛生长期可维持到50年左右,胸径连年生长量最大可达1~1.5 cm。

油松为深根性树种,主根明显,侧根伸展较广。根系发育有较大的可塑性,在深厚沙土及多裂隙母岩的山地土壤上形成深根系,主根可达3 m以下,但在少裂隙母岩的薄层土上则形成浅根系,主根伸入母质层后遇到机械阻力,迅速变细。吸收根群仅分布在地表30~40 cm的土层内,并吸收成土母质层内分解出来的养分。

油松对土壤要求不高,适生于森林棕壤、褐色土及黑垆土,在深厚肥沃的棕壤及淋溶褐土上生长最好。油松的根系发达,蒸腾强度较低,所以较耐干旱,在山顶陡崖上能正常生长。但土壤干旱,对幼树成活不利,生长缓慢。油松要求土壤通气状况良好,故在轻质土上生长较好;如土壤黏结,通气不良,油松生长不好,容易早期干梢。油松对土壤养分条件要求不高,从土壤中吸收氮素及灰分元素的数量较其他树种少,枝叶中氮素及灰分元素含量也少,故改良土壤的性能较低。油松根系能伸入岩石缝隙,利用成土母质层内分解出来的养分,因此母质层是否多裂隙而疏松对于油松生长是很重要的。在花岗岩、片麻岩、沙岩等母岩的深厚风化母质层上,即使上层土壤贫瘠,油松也能生长。油松幼年时对土壤养分差异的反应不灵敏,随着林龄增长而反应显著。油松在酸性、中性或石灰岩发育的钙质土上均能生长,土壤pH值在7.5以上即生长不良,故不耐盐碱。在石灰岩山地,如土层较深厚,有机质含量高,降水量较多,油松也能生长良好。

（三）飞播造林成苗过程

油松飞播造林,当年成苗率一般为40%~65%,第二年自然损失率为10%~20%,第三年幼苗数量基本稳定。成苗效果受植被盖度和坡向的影响,见表4-1、表4-2。

表4-1　伏牛山区植被盖度与油松成苗关系

项目	盖度			
	30%以下	30%~50%	50%~70%	70%以上
调查样方(个)	686	1 055	1 051	1 220
有苗样方(个)	396	506	416	275
有苗率(%)	57.7	48.0	39.6	22.5

表4-2　伏牛山区油松成苗与坡向关系

项目	坡向			
	阴	半阴	半阳	阳
调查样方(个)	2 866	4 987	4 170	2 436
有苗样方(个)	1 076	1 585	1 074	596
有苗率(%)	37.5	31.8	25.8	24.5

据河南省多年飞播造林试验,油松种子一般播后有连阴7 d左右、50~80 mm的降水才能发芽成苗。种子萌发过程:胚根首先突破种皮伸长,然后向下扎入土中形成主根,下胚轴向上伸展出现子叶,继而真叶、顶芽发出,形成幼苗(见图4-1)。

据河南省资料:当年油松苗高3~5 cm,根长可达10~20 cm,为苗高的2倍以上。3年生油松苗高20~30 cm,冠幅15~20 cm,地径0.4 cm,根长18~35 cm。油松有较强抗寒能力,幼苗只要有60 d的生长期便可安全越冬,其越冬死亡率一般不高于20%。

二、马尾松(*Pinus massoniana*)

马尾松是我国松类树种分布最广、数量最多的主要用材树种,也是我国用于飞播最早、播种面积和保存成林面积最大的树种。它生长快,造林容易,天然下种更新能力强,能适应干燥瘠薄的土壤,是荒山造林的重要先锋树种。马尾松木材轻软,可作建筑、矿柱、枕木、造纸等用材。它富含松脂,是我国主要产脂树种。在我国亚热带海拔800 m以下山地飞播效果很好。

（一）分布

马尾松产于我国南部,分布于淮河、伏牛山、秦岭以南至广东、广西的南部,东至东南沿海和台湾,西达贵州中部及四川大相岭以东,广泛分布于全国15个省(区)。其垂直分布,由北向南随气温逐渐升高而升高,由东向西随地势逐渐升高而升高。在湖北、四川、陕西,则可分布在海拔1 200 m以下的低山丘陵区;在福建省武夷山,分布在900 m以下;在

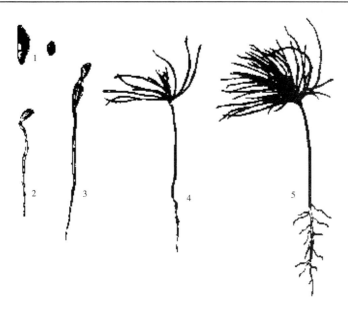

1—种子;2—下胚轴延伸;3—子叶出土;4—初生叶出现;5—幼苗形成

图 4-1 油松幼苗成长过程

浙江天目山,分布在 800 m 以下;在安徽省黄山,分布在 700 m 以下;在大别山分布在 600 m 以下;在贵州省其自然分布可达海拔 1 400 m。中亚热带的长江流域到南岭山地及南亚热带北部,海拔 300 ~ 800 m 为马尾松最适宜的生长区域。河南省伏牛山南坡和大别山、桐柏山区飞播马尾松时,海拔不宜超过 700 m。

（二）生态习性

马尾松是我国南方适应性强的主要造林树种。要求气候温暖湿润,在年平均温度 13 ~ 22 ℃、年降水量 800 mm 以上的地区才能生长良好。不耐过低温度,在冬季温度 – 13 ℃ 以下,幼苗即受冻害。马尾松对土壤要求不严,能耐干旱瘠薄。它在黏土、沙土、石砾土、山脊和阳坡薄土上以及岩石裸露的石缝里都能生长。喜酸性和微酸性土壤,pH 值 4.5 ~ 6.5 的山地生长最好。在钙质土和石灰岩风化的土壤上往往生长不良。马尾松树冠稀疏,郁闭后自然整枝迅速。幼年稍耐庇荫,能在杂草丛中苗壮生长,初期生长比较缓慢,3 ~ 5 年后即郁闭成林,所以群众说:"3 年不见树,5 年不见人。"

（三）飞播造林成苗过程

飞播的马尾松种子发芽与其他树种一样,主要依赖于水分和温度两大因子。如果播后有 50 ~ 80 mm 的降水和适宜的温度（19 ~ 25 ℃）,种子就能发芽。马尾松种粒小,平均直径 2.5 ~ 3.0 mm,种壳薄,吸水快,易发芽。播前有透雨,播后有连绵阴雨,一般 7 ~ 10 d,种子吸水可达到饱和状态,5 d 左右裂口。胚根首先突破种皮伸出,向下扎入土中,形成主根,接着下胚轴弯曲出土,子叶和胚芽伸直向上而成幼苗,1 个月后主根生长迅速,并长出二次侧根,2 个月后主根扎入深层土中,地上部分初生叶逐渐长出。幼苗成长过程见图 4-2。据河南省观察:当年飞播马尾松苗高 4 ~ 10 cm,根长可达 10 ~ 20 cm。飞播的马尾松幼苗,前 3 年由于受到自然环境因子的影响和鸟兽危害,自然损失率较高,一般幼苗经 3 年的低温、干旱的锻炼,基本稳定,死亡率随之降低。据贵州省观察:当年损失率为

30%～40%,第二年为10%～15%,第三年为3%～5%。

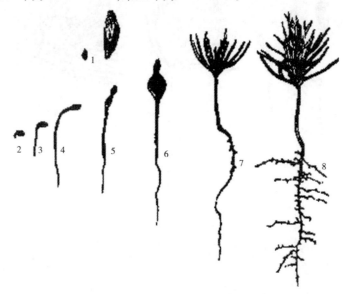

1—种子;2—幼根初露;3、4—子叶初露;5、6—子叶出土;7—初生叶出现;8—幼苗形成

图4-2 马尾松幼苗成长过程

三、侧柏(*Platycladus orientalis*)

侧柏是我国北方荒山造林的主要树种,耐干旱瘠薄,栽培历史悠久。目前我国各地区还保存有很多千年以上的古柏。

(一)分布

侧柏为常绿乔木,它在我国分布较广,全国各地都有栽培,黄河及淮河流域为集中分布地区。垂直分布因地区而异,在吉林分布于海拔250 m以下,华北可达海拔1 000～1 200 m,河南、陕西可达海拔1 500 m,云南中部及西北部可达海拔2 600 m。陕西省首先将侧柏用于飞播并获得成功。河南省1984年在卢氏县进行了飞播侧柏试验,通过调查,侧柏在阳坡、半阳坡成苗率为35.4%。

(二)生态习性

侧柏的适生范围很广,能适应干冷及暖湿的气候,在年降水量300～600 m、年平均气温8～16 ℃的气候下生长正常,能耐-35 ℃的低温。侧柏对土壤要求不严,在向阳干燥瘠薄的山坡和石缝中都能生长;对基岩和成土母质的适应性强,不择酸、碱性土壤,为喜钙树种。侧柏喜光,但幼苗和幼树耐庇荫,在郁闭度0.8以上的林地上,天然下种更新良好,幼树在油松、麻栎等树种的林冠下,生长良好。侧柏幼苗高生长,一年中有两次高峰,一般年高生长20～25 cm。侧柏是浅根性树种,侧根、须根发达,抗风力弱。

(三)飞播造林成苗过程

侧柏种子的种皮由厚壁石细胞构成,吸水速度慢,发芽时间长。播后一个月内有50～100 mm的雨量条件,再有7 d以上的阴雨天(中间降雨间隔不超过两天的连续降雨天数),15 d左右开始发芽出土,20～25 d为出苗盛期,35 d左右就可以完成种子发芽成苗过程(见图4-3)。侧柏有较强的抗寒能力,幼苗只要有60 d 的生长期便可安全越冬,越冬死亡率一般不高于20%。1 年生幼苗,一般高生长 3～5 cm,并具有发达的须根,保证幼苗所需水分和养分的供应。

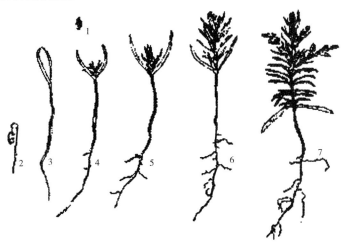

1—种子;2—下胚轴延伸;3—子叶出土;4～6—初生叶出现;7—幼苗形成

图4-3　侧柏幼苗成长过程

据资料介绍:太行山区阳坡土壤含水量曾低到 3.13%,已低于一般植物的凋萎系数(15%),使油松幼苗很难生存。侧柏比油松的蒸腾量(238 mg/(g·h))低 1/3,它的营养根系分布于 20～40 cm 土层中,根系重量比油松亦多 1/2,故对土壤干旱和大气干旱有极强的忍耐力。侧柏的这种生理生态学特性缓和了同自然条件的矛盾,在年降水量 300～400 mm 的石质山地薄层土上可以生长。在低海拔的阳坡生长稳定性超过油松且后期生长良好。在干旱的石质山地混播侧柏、油松,不仅能提高阳坡造林成效,而且能够提高林分生产率。所以,侧柏也是河南省的三大飞播造林树种之一。

四、漆树(*Rhus verniciflua*)

漆树是我国重要的经济林树种,也是一种优良的用材树种。生漆是优良的涂料,附着力、遮盖力、耐久力和防蚀性能都很强,故应用广泛。中国漆及工艺精美的漆器在国际上享有盛誉,是我国传统的出口商品。漆树果含有漆蜡及漆仁油,漆蜡可制肥皂,漆仁油为油漆工业原料,亦可食用。木材耐腐、耐湿,可作为家具及装饰用材。干漆及叶、花、果可入药。

漆树自1974 年在四川省用于飞播造林以来,相继在湖北、陕西、贵州、广东等省推广,并取得了较好的成效。该树种既适于纯播,也适于与油松、华山松等树种混播。

(一)分布

漆树属落叶乔木,在我国分布甚广,从辽宁以南到西藏及台湾省都有分布,地理范围在北纬21°～32°、东经90°～127°。主产陕西、川东、鄂西、贵州毕节及遵义、云南昭通等地。垂直分布多在海拔 600～1 500 m。据多年实践,漆树的适播范围是川东、鄂西、陕南海拔 2 000 m 以下,川西南 3 200 m 以下,贵州 1 000～1 800 m,广东中亚热带 800 m 以上地带。

(二)生态习性

漆树为亚热带北部及温带南部喜光树种,喜温暖湿润气候,适宜生长的地区年平均温度为 8 ~ 20 ℃,年降水量 600 mm 以上。漆树适应性强,能耐一定的低温。在背风向阳、疏松肥沃、湿润、排水良好的沙质土壤上,最适宜生长。漆树喜湿润,畏水淹,在黏重土壤上根系不能充分发育,在过于干燥瘠薄的土壤上不但生长不良,而且成苗率亦低。漆树是浅根性树种,主根不明显,侧根发达,萌蘖力强,易繁殖更新。

(三)飞播造林成苗过程

漆树种子外皮有一层蜡质,且甚坚硬,阻碍种子吸水膨胀,影响发芽,因而飞播用的漆树种子必须进行脱蜡处理。

漆树种子发芽率很低,据观察,山场发芽率一般只有 12% 左右。播后能否迅速发芽出苗,取决于降水时间和降水量。据鄂西土家族苗族自治州林业局介绍,播种后降水及时,雨量较多,温度适宜,漆籽 11 d 吸水可达饱和,开始膨胀萌动,之后 6 ~ 10 d 裂嘴吐白,再经 3 ~ 5 d 扎根,播后 32 ~ 38 d 出土成苗(见图 4-4)。当年生苗高 4 ~ 10 cm,根长 4 ~ 8 cm。如播后降水不及时,降水量不足或间断性降水,无持续的连阴雨天,则会使种子推迟发芽。所以,播后的降水条件是影响漆树飞播成效的主要因子。

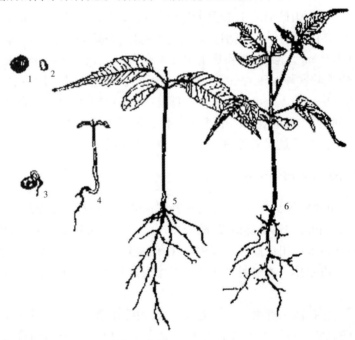

1—核果;2—种子;3—下胚轴延伸;4—子叶出土;5—初生叶对生;6—幼苗形成

图 4-4　漆树成苗过程

漆树飞播造林,当年有苗面积率为 20% ~ 30% 。由于漆树根系生长比地上部分慢,抵御干旱和低温的能力弱,自然死亡率高。但其成苗情况与油松、华山松等有显著不同,植被盖度大于0.9、小于0.4的地区成苗数量少。因此,采取播种前一年炼山、次年飞播的做法,对提高漆树成苗效果有显著作用。据陕西省镇巴荒草坪播区调查,炼山地段与未炼山地段相比,单位面积成苗株数前者为后者的3.8倍。

漆树幼苗经过干旱和低温的锻炼,增强了对不利环境因子的抵抗能力,适应了造林地环境。如鄂西土家族苗族自治州,1年生漆树苗高4~10 cm,根长4~8 cm,生有二台互生两对复叶,逐渐木质化进入越冬期。2年生漆树苗高6~16 cm,生有三台互生三对以上复叶,根径变粗,枝节、叶片都比1年生增长、增大,根长8~12 cm。3年生幼苗高10~26 cm,根径0.2 cm,根长12~14 cm,须根增多,枝节、叶片增长,树干变粗。随着幼苗年龄的增加,高、径生长的加快,幼苗开始趋向稳定,自然死亡率降低。

五、黄连木(*Pistacia chinensis*)

黄连木属漆树科黄连木属。中国仅有一种黄连木,即中国黄连木,为落叶乔木。黄连木为木本油料及用材树种。黄连木种子含油量35.05%,种仁含油量56.5%,是一种不干性油,可供工业用,也可食用。常食黄连油,可抗衰老、抗癌和防治高血压病。其木材质地坚硬,纹理细致,可作建筑、农具、家具和雕刻等用材。树冠开阔,叶繁茂而秀丽,入秋变鲜艳的深红色或橙黄色,又是"四旁"绿化树种。叶、果实、树皮可提制栲胶,根、枝、叶、皮可作农药,鲜叶、枝可提芳香油。黄连木是制取生物柴油的上佳原料,实验发现,用中国黄连木种子生产的生物柴油碳链长度集中在C17~C19,理化性质与普通柴油非常接近。黄连木是生态能源林建设和生物质柴油产业发展品种。

(一)分布

黄连木原产我国,分布很广。北自河北、山东,南至广东、广西,东到台湾,西南至四川、云南,都有野生和栽培,其中以河北、河南、山西、陕西等省最多。垂直分布,河北在海拔600 m以下,河南在海拔800 m以下,湖南、湖北见于海拔1 000 m以下,贵州可达海拔1 500 m,云南可分布到海拔2 700 m。

(二)生态习性

黄连木怕严寒,是喜光树种,适生于光照条件充足的地方,在阴坡或庇荫较大的情况下,往往生长不良,结实量也显著降低,但在幼时较耐阴。深根性,主根发达,萌芽力强,抗风力强。对土壤要求不严,耐干旱瘠薄,但生长缓慢。山东省泰山林场在阳坡中层砾质壤土上营造的黄连木人工林,18年生平均树高8.4 m,平均胸径10 cm。黄连木喜生于肥沃、湿润、排水良好的壤土中,在平原、低山、丘陵厚土地带和河沟附近,生长良好;对土壤酸碱度适应范围较广,在微酸性、中性、微碱性土壤上均能生长;对二氧化硫和烟的抗性较强,抗病力强。

黄连木生长缓慢,寿命长,能活300年以上。1年生苗高60~80 cm,种植10年后,高可达4 m,胸径5~6 cm。结实较早,一般8~10年生,即开始开花结实,产量较高。据陕西省资料,胸径15 cm的成年树,每株年产果实50~75 kg;胸径30 cm以上的大树,年产果实100~150 kg,最高达250 kg。

六、臭椿（*Ailanthus altissima*）

臭椿属苦木科,落叶乔木,生长较快,适应性强,繁殖容易,病虫害少,木材具有多种用途,是长江以北、黄土高原、石质山地的造林先锋树种。树姿美观,抗烟尘,耐盐碱,是城市工矿区绿化及盐碱地造林的重要树种。

（一）分布

臭椿原产我国北部和中部,现分布很广。水平分布北纬22°~43°,北至辽宁、河北,南到江西、福建,东起海滨,西至甘肃。其中以西北、华北分布最多。垂直分布西北到1 800 m,山西西部到1 500 m,河北西南部到1 200 m。在此范围内的平原、黄土高原丘陵、石质山地广有分布。

（二）生态习性

臭椿为深根性树种,主根明显,深达1 m以下;侧根发达,与主根构成庞大根系。很耐干旱瘠薄,当土壤水分不足时以落叶相适应,遇阴雨又能长出新叶。但不耐水湿,林地较长时期积水叶就会变黄,烂根死亡。能耐中度盐碱土。在河北省滨海盐碱地0~60 cm土层内,土壤含盐量0.3%（根际土在0.2%）的条件下,臭椿幼树能正常生长;在西北渭河滩上土壤含盐量0.6%左右的地方,造林成活率仍达80.4%,并能生长。

臭椿为最喜光树种,对气候条件要求不严,有一定的耐寒性。在我国,年平均气温7~18 ℃、年平均降水量400~1 400 mm的条件下都能生长,在西北能耐最高气温47.8 ℃和最低气温-35 ℃。

臭椿对微酸性、中性和石灰性土壤都能适应,是华北土石山地的主要造林树种之一。但在排水良好的沙壤土和中壤土上生长最好,沙土次之,重黏土及水湿地则生长不良。如山西省平陆县城关的沙滩地上,8年生树高10.2 m,胸径12.2 cm。

臭椿对病虫害的抗性较强,病虫害较少;对烟和二氧化硫抗性能力也较强。

臭椿生长速度中等。在深厚土壤和管理及时的条件下,年平均树高生长量0.7 m,胸径1.1 cm左右。树高生长前10年最快,20年后减弱;胸径生长也是10年左右生长较快。如河北省沙河县一株24年生臭椿,10年生时树高9.26 m,胸径15.4 cm;20年生时树高12.76 m,胸径23.8 cm;24年生时树高13.3 m,胸径26.3 cm。

七、五角枫（*Acer mono*）

（一）分布

五角枫,槭树科落叶乔木,高达20 m,广布于东北、华北及长江流域各省,是我国槭树科中分布最广的一种。多生于海拔800~1500 m的山坡或山谷疏林中,在西部可生于海拔2 600~3 000 m的高地。

（二）生态习性

五角枫系温带树种,弱度喜光,稍耐阴,喜温凉湿润气候,过于干冷及高温处均不见分布。对土壤要求不严,在中性、酸性及石灰性土上均能生长,但以土层深厚、肥沃及湿润之地生长最好,黄黏土上生长较差,多生长于阴坡山谷及溪沟两边。生长速度中等,深根性,抗风力强,对二氧化硫、氟化氢的抗性较强,吸附粉尘的能力亦较强。

八、白榆(*Ulmus pumila*)

(一)分布

白榆是我国分布比较广泛的阔叶树种之一。它广泛分布于我国东北、华北、西北、华东等地区,是平原地区"四旁"的主栽树种。垂直分布中,东北地区一般在海拔 1 000 m 以下,华北 1 500 m 以下,陕西秦岭可达 2 000 m 以上。

(二)生态习性

白榆是喜光性树种,幼龄时侧枝多向阳排列成行,壮龄时树枝向外伸展,形成庞大的树冠。耐寒性强,在冬季低温达 −40 (−48)℃ 的严寒地区(黑龙江省海拉尔)也能生长。白榆抗旱性强,在年降水量不足 200 mm、空气相对湿度 50% 以下的荒漠地区,也能正常生长。

榆树喜土壤湿润、深厚、肥沃,能生长在干旱瘠薄的固定沙丘和栗钙土上。耐盐碱性较强,在中度偏下的盐碱地上,如含 0.3% 的氯化物盐土和含 0.35% 的苏打盐土,pH 值达到 9 时能正常生长。根系发达,抗风力强。白榆不耐水湿和土壤黏重,地下水位过高或排水不良的洼地常引起主根腐烂。

白榆生长快,寿命长,一般 20 ~ 30 年成材。白榆随纬度和海拔的变异,从芽萌动开始到落叶为止,整个年生长期的长短不同,华北和西北地区比东北地区年生长期要长 30 ~ 40 d,因此生长量在华北和西北地区也比东北地区要大。

此外,白榆的抗逆性强,对干旱和烟尘的抵抗力强,特别是对氟化氢等有毒气体的抗性强。

九、沙棘(*Hippophae rhamnoides*)

沙棘属胡颓子科,为灌木或小乔木,是我国"三北"地区造林的重要树种之一。它适应性强,种源丰富,繁殖容易,经济价值高,除在华北、西北黄土丘陵和风沙地区已广泛用于荒山造林和保土固沙外,亦是北方水土流失地区飞播造林的先锋灌木树种。

(一)分布

沙棘分布很广,欧、亚两大洲的温带均有。我国主要分布于青海、西藏、山西、陕西、甘肃、宁夏、内蒙古、河北、新疆、四川、云南、贵州等省(区)。垂直分布在海拔 1 000 ~ 4 000 m。多野生于河谷漫滩、阶地、丘陵荒山、草原边缘和丘间低地。它在针、阔叶林内成为下木,在一些山麓地带也常组成优势灌丛或小乔木林。

(二)生态习性

沙棘是喜光树种,也能生于疏林下。对气候和土壤的适应性很强,耐寒,对土壤要求不严,耐水湿和盐碱,也耐干旱瘠薄,但不耐过于黏重的土壤。

沙棘生根较快,根系发达,主根浅,萌蘖性极强。通常 5 年生树高可达 2 m 以上。根系主要分布在 40 cm 深的土层内,根幅可达 10 m。3 年生开始产生根蘖苗,在丢荒地林缘每年可向外扩展 2 m 左右。枝叶稠密,萌芽力强,耐修剪,材质坚硬,可通过飞播建设水土保持林与薪炭林。根部有根瘤,枯枝落叶量多,改土作用强。7 ~ 8 年生的沙棘林,枯枝落叶层可达 2 ~ 3 cm,能增加土壤腐殖质,提高土壤氮、磷含量。

(三)飞播造林成苗过程

沙棘种皮较厚,革质坚韧,因此种子吸水、发芽速度稍慢。播后需连续阴雨 6 ~ 8 d,雨量50 ~ 60 mm 以上方能较好出苗。在降雨稍差的情况下,萌发过程较长;出苗后,由于幼苗生长期短,越冬保存率较低。在土壤疏松易覆土的地段出苗快。据陕西省资料,1977年王洼子播区当年平均每公顷有苗 11 910 株,第三年秋平均每公顷保存 3 465 株,成苗面积占飞播有效面积的 36.6%,主要分布于梁峁阴坡;1977 年许寨子播区当年平均每公顷有苗 8 910 ~ 11 205 株,越冬后平均每公顷保存 3 600 株,占飞播有效面积的 44%,主要分布于沟坡和梁峁阴坡。沙棘在荒山、荒沟生长健壮,成林迅速,3 年生沙棘株高 1 ~ 1.5 m,4 年生高可达 2 m,沟坡 5 年生高达 2.6 ~ 4 m。三四年后开始根蘖繁殖。

沙棘在荒山上飞播成苗率低,但根蘖力强,飞播第二年平均每公顷有苗 1 050 株(每 9 m² 一株)以上,即可成林。也可与沙打旺带状混播。据中国科学院西北水土保持研究所和吴旗县林业局关于飞播沙棘、沙打旺带状混交植被的资料:在黄土高原年降水量 38 mm以上的灌丛草原区和森林草原区飞播造林种草,实行沙棘与沙打旺带状混交比单纯飞播沙打旺更理想。这样既可发挥飞播沙打旺效果好、见效快的特点,又利用了沙棘根蘖繁殖好的特性,从而解决了沙打旺衰败后的植被接替问题。沙棘、沙打旺都是黄土高原适应性强、生长快、郁闭度大、生态和经济效益较高的树、草种。因此,在适宜地区飞播可采取沙棘、沙打旺带状混播。飞播时,草、灌带状混交比例,应根据播区立地条件和飞播的主要目的确定,如一带草、一带灌或两带草、一带灌等。设计播幅以 40 m 为宜,每公顷播种量,沙打旺 2 250 ~ 3 000 g,沙棘 4 500 ~ 6 000 g。除采用沙棘与沙打旺进行带状混播外,陕西延安地区在黄土丘陵沟壑区采用油松与沙棘大面积混播,也取得了良好成效。

十、紫穗槐(*Amorpha fruticosa*)

紫穗槐属蝶形花科,落叶丛生灌木,是一种优良的肥料、饲料、燃料及固沙保土的灌木树种。它生长快,繁殖力强,适应性广,耐盐碱、耐水湿、耐干旱瘠薄。根系发达,具有根瘤菌,能改良土壤;枝条可做编织材料,也是蜜源植物,种子可榨油。

(一)分布

紫穗槐原产北美,我国东北中部以南、华北、西北,南至长江流域海拔 1 000 m 以下的平原、丘陵山地多有栽培。

(二)生态习性

紫穗槐适应性很强,在年平均气温 10 ~ 16 ℃、年降水量 500 ~ 700 mm 的华北平原生长最好。在温带地区长期生长发育过程中,也形成一定的耐寒性;在 1 月最低平均气温－25.6 ℃的黑龙江省密山县尚能生长。耐干旱能力也较强,在年降水量 213 mm 的宁夏中卫,处在腾格里沙漠东部边缘地带,蒸发量比降水量大 15 倍,沙面最高温度达 74 ℃时,也能生长。同时,又具有耐湿特性,并且短期被水淹而不死,林地流水浸泡 1 个月左右也影响不大。

紫穗槐是喜光树种,在光照不足条件下,如在郁闭度 0.85 的白皮松林或 0.7 的毛白杨林下,虽能生长,但很少开花结果;在郁闭度 0.7 以上的刺槐林中,不能生长。对土壤要求不严,可作为混交的伴生树种,但以沙壤土生长较好,能耐盐碱,在土壤含盐量 0.3% ~

0.5%的条件下也能生长。在黄河故道的冲积沙丘上种植,根系被风沙吹出一部分时,仍能成活。

紫穗槐病虫害很少,并有一定的抗烟和抗污染的能力。

紫穗槐生长快,萌芽力强,枝叶茂密,侧根发达。在一般情况下,当年高生长1 m以上,次年就能开花结实。平茬后,当年高2 m左右,每丛20~30萌生条,丛幅达1.5 m,根系盘结在2 m²内深30 cm的表土层。每公顷收割紫穗槐枝条:1年生可割1 500 kg,2年生可割3 000 kg,3年生就能割7 500 kg以上,20年不衰。

十一、荆条(*Vitex negundo* var. *heterophyua*)

荆条属马鞭草科,多年生落叶灌木。荆条花富含蜜,花期长,花量大,是很好的蜜源植物。嫩枝绿叶是很好的绿肥原料。荆条的干、皮有油质,易燃烧,火力旺,烟少,灰分少,是农户的优质燃料。1~2年生新条,坚韧富有弹性,是优良的编织原料。荆条的根、茎、叶均可入药。茎、叶治久痢,叶子还可以熏蚊灭虫,茎皮可造纸及人造棉,种子为清凉性镇静、镇痛药,根可以驱蛲虫。荆油制成胶丸,可治疗慢性气管炎。

(一)分布

荆条生长分布在河北、山西、河南、陕西等省,垂直分布海拔1 200 m以下,多生于山坡、路旁、溪边及疏林小灌丛中,是北方石质山区飞播造林的混播树种之一。

(二)生态习性

荆条是瘠薄山地上的优势灌木,因立地土壤的贫瘠和土壤水分的不足,其生长速度较慢,但在土质较好的平地,其生长速度就大大加快。如在平地1年生的播种苗,当年高可达1 m以上,2年生高可达2 m以上;3年生根1年萌生的枝条,当年高生长可达2.5 m,地径粗2.2 cm。荆条为短期速生性灌木,短期速生性极为明显,不论好地坏地,均有相同表现,多年生老株砍伐后,依不同地力条件,当年生萌条高度可达1~3 m,1~2年即可回复到老株的原来高度。

荆条除具总生长高度不大、寿命长、生活力强等特性外,根茎发达是其一个很大特性。当植株单茎生长达到一定高度后,就从茎下部或根茎处萌生新条,使灌丛株数逐年增加,随之形成一个茎盘(疙瘩)。经砍伐,根茎的萌条增多,每个伐桩上能萌生萌条2~3根,砍伐次数增加,萌条株数增多,灌丛增大,根茎基盘(疙瘩)越来越大,明显地表现出越砍越旺、久砍不衰的特性。荆条是浅山丘陵、水土流失严重地区飞播造林的先锋灌木树种。

第四节 种子采集、调运及检验

种子是飞播造林的物质基础。种子质量的好坏和种源选择是否正确,是决定造林成效和经济效益高低的关键所在。所以,在种子采购、检验、调运、处理和贮藏等方面必须严格按照以下原则和方法进行。

一、选择最适种源,确定种子调拨范围和原则

名词解释:

种子区——生态条件和林木遗传特性基本类似的地域单元,也是用种的基本单位。

种子亚区——在一个种子区内部,为控制用种的需要所划分的次级单位。

(一)油松种子区

我国以油松天然分布区为区划范围共划分为 9 个种子区,22 个种子亚区(见图4-5)。

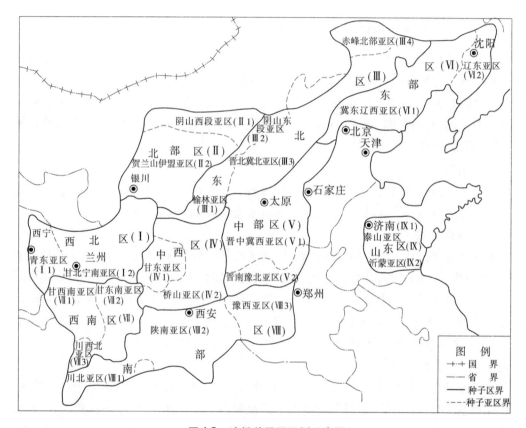

图4-5　油松种子区区划示意图

河南省的豫北地区属于中部区的晋南豫北亚区,洛阳市、三门峡市、平顶山市、南阳市属于南部区的豫西亚区。

飞播用种规定:①以种子区为基本用种单位,在某一种子区内造林,应当采用本种子区的种子。②优先采用同一亚区的种子。③跨区际调拨种子,按照区际调拨范围来进行:东北区的种子可调拨到北部区使用,北部区的种子可调拨到西北区使用,东部区的种子可调拨到中部区使用,中部区的种子可调拨到东部区、中西区、南部区和山东区使用,中西区的种子可调拨到西南区和南部区使用,西南区的种子可调拨到南部区使用。④种子区界两侧毗邻的县可互相用种。例如:河南省豫北地区所在的中部区,又分为晋中冀西亚区和晋南豫北亚区。豫北地区用种,首先可以在中部区范围内调进,即可以从山西的中部及南部地区、河北的西部地区调进种子。另外,东部区的种子可调拨到中部区使用。属于东

部区的地方有河北的东部、辽宁的西部和东部。

　　河南省的豫西、平顶山、南阳一带属于豫西亚区,本区所需种子,首先用本亚区种子,河南省不能满足要求时,可以从它本身所在的南部区的另两个亚区调进,一个是川北亚区(即四川北部),一个是陕南亚区(即陕西南部);另外也可以区际调拨,即从中部区(晋中冀西亚区、晋南豫北亚区)、中西区(甘东亚区、桥山亚区)、西南区(甘西南亚区、甘东南亚区、川西北亚区)调拨。

　　(二)马尾松种子区

　　我国以马尾松及其地理变种的天然分布区为区划范围,共划分为 9 个种子区,17 个种子亚区(见图 4-6)。

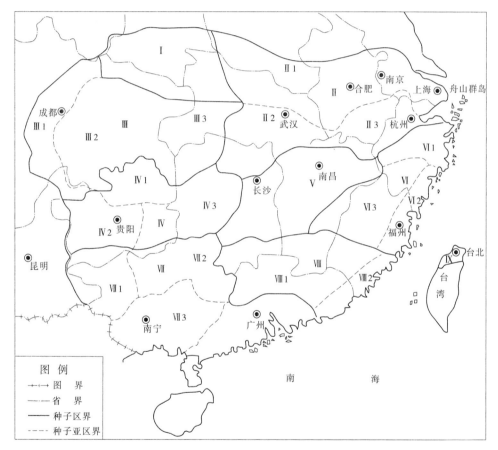

图 4-6　马尾松种子区区划示意图

　　河南省的确山县、泌阳县、南阳市、信阳市属于长江中下游丘陵山地区(Ⅱ)的江淮丘陵及大别山亚区(Ⅱ1)。

　　飞播用种规定:首先,使用本种子区的种子;其次,可选用三峡山地亚区(Ⅲ3)、武夷山中北部山地亚区(Ⅵ2)的种子;再次,种子区界两侧毗邻的县可以互相调用种子。

　　(三)侧柏种子区

　　我国以侧柏天然分布区为区划范围,共划分为 4 个种子区,7 个种子亚区(见图 4-7)。

河南省的洛阳市、三门峡市和济源市属于中部区的西部亚区；平顶山市、安阳市、新乡市、辉县市等，属于中部区的东部亚区；栾川县、确山县、泌阳县及南阳市属于南部区。

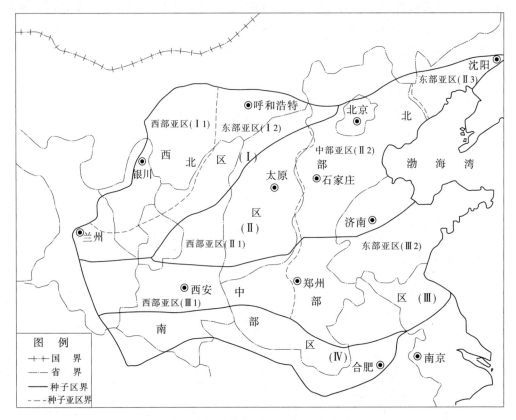

图 4-7 侧柏种子区区划示意图

飞播用种规定：①在种子区内飞播，应当采用本种子区的种子；②优先采用同一亚区的种子；③本种子区的种子不能满足造林需要时，可采用同一种子区内邻近本亚区的其他亚区的种子；④种子区界两侧毗邻的县可互相用种。

二、种子品质检验

种子品质优劣的鉴别，主要靠室内仪器测定，但种子的许多外部形态特征同内部性状有一定的相关性。

（一）种子性状和质量的评定

种子性状和质量的评定主要依靠感官：用眼看、手摸、牙咬、鼻闻、舌尝、耳听等，对种子外观、色泽、气味、硬度、夹杂物等进行综合考察，可以迅速确定种子质量的好坏。在进行种子品质检验和签订合同以前，首先应对整个种子堆进行粗略观察，对质量差的，应采取净种等措施；对基本合格的，再抽样检验。

1.种子的纯净程度

要求种子堆中没有沙、石、土块、树叶、果壳、鳞片等其他夹杂物掺杂。具体检查方法：用手插入种子堆，阻力很大，不易插入时，为含有泥、沙等比种子重的夹杂物，则夹杂物一一般在 5% 以上;用手在箩筐内搅拌种子,使中央凹陷时,瘪粒、空粒、种翅、树叶等比种子轻的夹杂物即上浮表面;为了检验比种子细小的泥沙、尘芥,可将手掌朝下,伸入种子堆内,然后手掌朝上,取出种子,轻轻筛动,可使泥沙落入掌心;用手摩擦种子,看手心和手指间是否粘上尘土;搅动种子堆,看是否有尘土飞扬。也可以随机抽取 300～2 000 粒种子,快速分出净种子和夹杂物两类,分别称重,计算出净度。

2.种子的干湿程度

凡干燥的种子,颜色较鲜亮,有光泽;用手搅动时,能听到清脆的沙沙声;用手插入种子堆时,感到种子光滑而硬,容易插入底层,夏日并有一股凉气之感;牙咬时压力较大,声音清脆,粒质坚硬,断面光滑。含水量较高的种子,用手搅动时,声音低闷,或没有声音;用手插入种子堆中较困难,并有热气和潮气之感,甚至拨出手时,有种子粘在手背上;紧握种子迅速松开时,种子散落很慢。

3.种子的色泽

一般成熟而干燥的种子颜色较深,新鲜,有光泽,未成熟的种子颜色较淡。受虫害、霉菌侵害的种子暗淡无光,呈青灰色或灰白色。种子在潮湿状况下贮藏的,颜色晦暗,有的呈白色。水浸种子、火烘种子、陈种、坏种颜色晦暗,无光泽。一般淡色种子愈多,品质愈低。

4.种子的气味

气味与种子质量有密切关系,种子质量发生变化,气味也随之变化。如新鲜种子具有清香气味,陈种子有仓库气味,生菌发霉的味酸,发热变霉的味苦,谷盗、壁虱为害的有霉味。气味检验时可将种子放在手中,用口呼气后闻嗅;或将少量种子放在杯中,注入 60～70 ℃ 的温水,加盖 2～3 min 倒掉水后闻嗅种子。

5.种子的质地

种子内含物的成分和含量的改变,会引起其物理性质也发生改变。含油、含水较多的种仁柔润,经干燥或贮藏后,水分、油分减少,种仁干枯、硬化,抗压力增大。如马尾松种仁,用手指能搓成条的是新鲜的,搓成粉的是陈种。

依靠感官鉴定种子质量,由于各种因素互相影响,因此必须综合各种性状,才能对种子质量作出正确评定。

(二)林木种子检验方法

1.抽样

抽样是种子品质检验的重要步骤。如果抽样不能代表全部种子的品质,即使在每个项目检验时很仔细,其结果也无法正确代表该批种子的品质情况,使全部检验工作失去意义。为了使抽样具有最大的代表性,必须正确掌握抽样技术,严格遵守抽样的有关规定。

(1)种子批:是指同一树种的种子,产地的立地条件、树龄、采种时间,种子的处理、贮藏方法等基本相同,并经初步观察外部形态一致,为“一个种子批”。为了使抽样能有充分代表性,当一批种子的数量超过规定种子批的最大限额时,应划成若干个种子批。油松、马尾松、侧柏属于小粒种子,其种子批的最大限额为 1 000 kg。

(2)抽样程序:正确的抽样程序是从一个种子批中随机分布的若干个点上抽取初次样品,将其充分混合,组成混合样品,从混合样品中随机抽取一部分为送检样品,从送检样品中抽取的样品,称测定样品。抽样程序见图4-8。

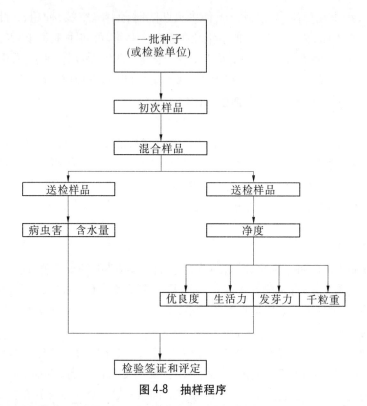

图 4-8　抽样程序

（3）抽样方法：①容器盛装种子的抽样，可用扦样器或徒手抽样。抽样件数为：5 个容器以下，每个容器都扦取，扦取初次样品的总数不得少于 5 个；6～30 个容器，每 3 个容器至少扦取 1 个，但总数不得少于 5 个；31 个容器以上，每 5 个容器至少扦取 1 个，但总数不得少于 10 个。②散装种子的抽样。在库房或围囤中大量散装的种子，可在堆顶的中心和四角（距边缘要有一定距离）设 5 个扦样点，每点按上、中、下三层扦样。也可与种子的风选、晾晒和出入库结合进行。

从混合样品中抽取送检样品或从送检样品中抽取测定样品可选用分样器法、四分法（对角线法）、棋盘式分样法。送检样品要填写送检申请表（见表 4-3）和送检样品登记表（见表 4-4），各树种种子送检样品、含水量送检样品的数量按表 4-5 规定的数量来抽取。

2. 飞播种子品质的检验

种子品质包括遗传品质和播种品质两个方面。其中，遗传品质是最基本的，但优良的遗传品质是通过良好的播种品质才能实现的。播种品质的检验包括净度、发芽率（或生活力）、含水量、千粒重、优良度等。

1）净度测定

净度就是纯净种子在测定样品总量中占有的重量百分数。

净度对生产影响很大。净度低，体积增大，不仅增加了包装材料，降低了仓库利用率，还降低种子的使用价值，使播种量增大。泥、沙、土块和树皮、枝、叶等无生命夹杂物，不仅增加了重量，提高了成本，严重时还会堵塞撒播器，造成空飞，经济损失严重；而且树皮、枝、叶等杂质物吸水性强，含水量也较高，往往成为运输、贮藏中引起种子发热、霉变的因素。所以,净度测定直接关系到种子质量和使用价值,也是种子分级的重要依据。

表4-3　送检申请表

第　　号

1. 树种名称:＿＿＿＿＿＿＿＿＿＿＿＿＿＿＿＿＿＿＿＿

2. 采种地点:＿＿＿＿＿＿＿＿＿＿＿＿＿＿＿＿＿＿＿＿

3. 采种时间:＿＿＿＿＿＿＿＿＿＿＿＿＿＿＿＿＿＿＿＿

4. 送检样品重:＿＿＿＿＿＿＿＿＿＿＿＿＿＿＿＿＿g

5. 本种批重:＿＿＿＿＿＿＿＿＿＿＿＿＿＿＿＿＿＿kg

6. 种子采收登记表编号:＿＿＿＿＿＿＿＿＿＿＿＿＿＿

7. 要求检验项目:＿＿＿＿＿＿＿＿＿＿＿＿＿＿＿＿＿

8. 种子质量检验证寄往

地点:＿＿＿＿＿＿＿＿＿＿＿＿＿＿＿＿＿＿

单位:＿＿＿＿＿＿＿＿＿＿＿＿＿＿＿＿＿＿

送检单位:(盖章)

抽样人:(签字)

年　　月　　日

表4-4　送检样品登记表

第　　号

1. 树种名称:		检验结果	
2. 收到日期:　　　　年　月　日		1. 净度:　　　　　　　　%	
3. 送检样品重:　　　　　　　g		2. 千粒重:　　　　　　　g	
4. 本种批重:　　　　　　　kg		3. 发芽率:　　　　　　　%	
5. 种子采收登记表编号:		4. 发芽势:　　　　　　　%	
6. 送检申请表编号:		5. 生活力:　　　　　　　%	
7. 要求检验项目:		6. 优良度:　　　　　　　%	
		7. 含水率:　　　　　　　%	
		8. 病害感染程度:	
8. 种子质量检验证寄往		9. 虫害感染程度:	
地点:			
单位:			
登记人:		检验员:	
年　月　日		年　月　日	

（1）分样:种子检验从净度测定开始,如果分取净度测定样品出现了偏差,不仅会影响净度测定结果,也势必影响到其他项目的测定。因此,净度测定时,必须按照规定技术从送检样品中仔细分取一定数量的、能真正代表送检样品的测定样品。用四分法或分样器进行分样。按表4-5规定的该树种净度测定所需重量来分样。

表 4-5　主要树种种子检验技术规定表

顺序号	树种	送检样品重 (g)	净度测定样品重 (g)	含水量测定样品重 (g)	发芽测定			说明
					温度 (℃)	发芽势 (d)	发芽率 (d)	
1	马尾松 Pinus massoniana	85	35	30	25	10	20	
2	油松 Pinus tabulaeformis	250	100	50	20/25*	8	16	每天光照 8 h
3	华山松 Pinus armandi	1 000	700	100	20/25	15	40	每天光照 8 h,用染色法测定生活力
4	黄山松 Pinus taiwanensis	85	35	30	25	7	21	
5	黑松 Pinus thunbergii	85	50	30	25	10	21	
6	侧柏 Platycladus orientalis	200	75	50	25	9	20	
7	刺槐 Robinia pseudoacacia	200	100	50	20/30	5	10	80 ℃水浸种,自然冷却 24 h,剩余硬粒再用 80 ℃水浸种并自然冷却 24 h;每天光照 8 h;用染色法测定生活力
8	紫穗槐 Amorpha fruticosa	85	50	30	25	7	15	始温 80 ℃水浸种 24 h,去掉种皮
9	臭椿 Ailanthus altissima	200	80	50	30	7	21	
10	黄连木 Pistacia chinensis	350	200	100	25	5	15	0～5 ℃层积 50 d,用染色法测定生活力
11	沙棘 Hippophae rhamnoides	85	35	30	20/30	5	14	0～5 ℃层积 60 d,每天光照 8 h;用染色法测定生活力
12	香椿 Toona sinensis	85	40	30	25	8	12	室温水浸种 24 h
13	漆树 Rhus verniciflua	250	150	50				
14	白榆 Ulmus pumila	60	35	30	20	4	7	

注:*20/25 指变温发芽,每天 8 h 25 ℃,16 h 20 ℃。

（2）测定方法：将测定样品倒在玻璃板上，把纯净种子、废种子和夹杂物分开。净度测定只做一次，不需重复。

纯净种子包括：完整的、没受伤害的、发育正常的种子；发育不完全的种子和不能识别出的空粒；虽已破口或发芽，但仍具有发芽能力的种子。

带翅的种子中，凡种子加工时种翅容易脱落的，其纯净种子是指除去种翅的种子；凡种子加工时种翅不易脱落的，则不必除去。但已脱离种子的种翅碎片，应算为夹杂物。

壳斗科种子，应把壳斗与种子分开，把壳斗算为夹杂物。

废种子包括：能明显识别的空粒、腐坏粒、已萌芽的显然丧失发芽能力的种子，严重损伤的种子和无种皮的裸粒种子。

夹杂物包括：不属于被检验的其他植物的种子，如叶子、鳞片、苞片、果片、种翅、种子碎片、土块和其他杂质，昆虫的卵块、成虫、幼虫和蛹。

（3）称量精度：净度测定称量的精度要求见表4-6。

表4-6　净度测定称量的精度要求

测定样品重（g）	称量至小数位数	测定样品重（g）	称量至小数位数
10 以下	3	100 ~ 999.9	1
10 ~ 99.99	2	1 000 以上	0

（4）误差容许范围：净度测定的误差，是指非抽样误差，即测定样品原来的重量，减去净度测定后纯净种子、废种子和夹杂物的重量总和，两个重量之间的误差应规定在一定范围之内，以防止在测定时发生其他不应有的差错。当其差数（距）不超过表4-7规定时，这种差异是随机误差引起的，说明测定结果正确，即可进行净度计算，否则应重做。

表4-7　净度测定时容许误差范围　　　　　　　　　　（单位：g）

测定样品重	容许误差不大于
5 以下	0.02
5 ~ 10	0.05
11 ~ 50	0.10
51 ~ 100	0.20
101 ~ 150	0.50
151 ~ 200	1.00
大于 200	1.50

（5）计算方法：

$$净度（\%）= \frac{纯净种子重}{纯净种子重 + 废种子重 + 夹杂物重} \times 100\%$$

$$废种子率（\%）= \frac{废种子重}{纯净种子重 + 废种子重 + 夹杂物重} \times 100\%$$

$$夹杂度(\%) = \frac{夹杂物重}{纯净种子重 + 废种子重 + 夹杂物重} \times 100\%$$

$$净度 + 废种子率 + 夹杂度 = 100\%$$

净度测定结果应计算至 2 位小数,填写时只记 1 位小数。净度测定记录表见表4-8。

表4-8　净度测定记录表

树种:　　　　　　　　　　　　　　　　　　　　　　　　样品号:

	测定样品重			g
	纯净种子重	g	净度	%
夹杂物*	废种子	g		%
	虫卵块	g		%
	成虫	g		%
	幼虫	g		%
	蛹	g		%
	其他夹杂物	g		%
	总　重			g
	误　差			g
备注				

注: *除已列在表中的夹杂物外的夹杂物种类、重量、含量可记入备注中。

(6)两次测定:进行复验或仲裁检验时,为了判断两次测定是否在允许差距之内,可计算两次测定的平均数。如果两次测定百分数的差数不超过表4-9的规定,则两次测定结果是符合的。

表4-9　净度测定允许误差　　　　　　　　　　　　　　　(%)

两次测定的平均数		容许误差
99.95 ~ 100.00	0.00 ~ 0.04	0.16
99.90 ~ 99.94	0.05 ~ 0.09	0.24
99.85 ~ 99.89	0.10 ~ 0.14	0.30
99.80 ~ 99.84	0.15 ~ 0.19	0.35
99.75 ~ 99.79	0.20 ~ 0.24	0.39
99.70 ~ 99.74	0.25 ~ 0.29	0.42
99.65 ~ 99.69	0.30 ~ 0.34	0.46
99.60 ~ 99.64	0.35 ~ 0.39	0.49
99.55 ~ 99.59	0.40 ~ 0.44	0.52
99.50 ~ 99.54	0.45 ~ 0.49	0.54
99.40 ~ 99.49	0.50 ~ 0.59	0.58

续表 4-9

两次测定的平均数		容许误差
99.30 ~ 99.39	0.60 ~ 0.69	0.63
99.20 ~ 99.29	0.70 ~ 0.79	0.67
99.10 ~ 99.19	0.80 ~ 0.89	0.71
99.00 ~ 99.09	0.90 ~ 0.99	0.75
98.75 ~ 98.99	1.00 ~ 1.24	0.81
98.50 ~ 98.74	1.25 ~ 1.49	0.89
98.25 ~ 98.49	1.50 ~ 1.74	0.97
98.00 ~ 98.24	1.75 ~ 1.99	1.04
97.75 ~ 97.99	2.00 ~ 2.24	1.09
97.50 ~ 97.74	2.25 ~ 2.49	1.15
97.25 ~ 97.49	2.50 ~ 2.74	1.20
97.00 ~ 97.24	2.75 ~ 2.99	1.26
96.50 ~ 96.99	3.00 ~ 3.49	1.33
96.00 ~ 96.49	3.50 ~ 3.99	1.41
95.50 ~ 95.99	4.00 ~ 4.49	1.50
95.00 ~ 95.49	4.50 ~ 4.99	1.57
94.00 ~ 94.99	5.00 ~ 5.99	1.68
93.00 ~ 93.99	6.00 ~ 6.99	1.81
92.00 ~ 92.99	7.00 ~ 7.99	1.93
91.00 ~ 91.99	8.00 ~ 8.99	2.05
90.00 ~ 90.99	9.00 ~ 9.99	2.15
88.00 ~ 89.99	10.00 ~ 11.99	2.30
86.00 ~ 87.99	12.00 ~ 13.99	2.47
84.00 ~ 85.99	14.00 ~ 15.99	2.62
82.00 ~ 83.99	16.00 ~ 17.99	2.76
80.00 ~ 81.99	18.00 ~ 19.99	2.88
78.00 ~ 79.99	20.00 ~ 21.99	2.99
76.00 ~ 77.99	22.00 ~ 23.99	3.09
74.00 ~ 75.99	24.00 ~ 25.99	3.18
72.00 ~ 73.99	26.00 ~ 27.99	3.26
70.00 ~ 71.99	28.00 ~ 29.99	3.33
65.00 ~ 69.99	30.00 ~ 34.99	3.44
60.00 ~ 64.99	35.00 ~ 39.99	3.55
50.00 ~ 59.99	40.00 ~ 49.99	3.65

2）种子千粒重测定

种子千粒重是指 1 000 粒纯净气干种子的重量，以克为单位。同一树种的种子，千粒重大的，说明种子饱满充实，贮藏的营养物质多，播种以后出苗整齐健壮。千粒重也是计算播种量的一项重要指标。

同一树种的千粒重因地理位置、立地条件、海拔、母树年龄、母树的生长发育状况、各年的开花结实条件以及采种时期等因子而变化。

千粒重测定方法有百粒法、千粒法、全量法等。多数种子应用百粒法。百粒法在国际上也被广泛应用。从净度测定所得的纯净种子中，随机取 100 粒为一组，共取 8 组，即为 8 个重复。计算 8 组的平均重量、标准差及变异系数，公式如下：

平均重量 $$\bar{X} = \frac{\sum X}{n}$$

标准差 $$S = \sqrt{\frac{n(\sum X^2) - (\sum X)^2}{n(n-1)}}$$

式中 X——各重复重量，g；

n——重复次数；

$\sum$——总和。

$$变异系数 = \frac{S}{\bar{X}}$$

种粒大小悬殊的种子，变异系数不超过 6.0，一般种子的变异系数不超过 4.0，即可按 8 个重复的平均数计算，否则要重做。如仍超过，可计算 16 个重复的平均数，凡与平均数之差超过两倍标准差的各重复略去不计。最后计算 1 000 粒种子的平均重量（即 $10 \times \bar{X}$）。将计算结果填入表 4-10。

表 4-10　种子千粒重测定记录表（百粒法）

组号	1	2	3	4	5	6	7	8	9	10	11	12	13	14	15	16
$X(g)$																
X^2																
$\sum X^2$													备注			
$\sum X$																
$(\sum X)^2$																
标准差(S)																
$\bar{X}$																
变异系数																
千粒重$(10 \times \bar{X})(g)$																

检验员：　　　　　　　　测定日期：　　　　　　　　年　月　日

3）发芽测定

发芽测定就是充分满足所需的外界条件而测定种子的发芽能力。生产上对发芽能力的要求包括两个方面：一是总的发芽率要高，二是发芽要尽可能迅速。

（1）种子发芽所需的环境条件：种子发芽需要的基本条件是水分、氧气和温度。光照等其他因素有时也会影响发芽。

a. 水：发芽床要保持湿润，但不能使种子四周出现水膜。发芽测定所用的水最好是不含杂质的蒸馏水（pH 值为 6.5 ~ 7.0）。

b. 温度：发芽测定所需的温度见表 4-5。

c. 通气：要使种子有通气的条件，但不能使种子周围的空气干燥而影响发芽。

d. 光照：有些树种发芽需要光照。光的强度为 750 ~ 1 250 lx。油松每天光照 8 h，侧柏、马尾松不需要光照。

（2）发芽器具：发芽测定可用培养箱或光照发芽器。目前河南省使用的是恒温光照发芽箱。种粒不大的，一般用滤纸作发芽床，滤纸下可加垫纱布、脱脂棉；种粒大的可用细砂或蛭石作发芽床。培养器、砂、蛭石及衬垫材料均应洗涤灭菌。

（3）抽取测定样品：从净度测定后的纯净种子中随机抽取 100 粒种子，共取 4 个重复。

（4）消毒灭菌：为了预防霉菌感染，必须对检验用具消毒。发芽器、纱布、镊子洗净，用沸水煮 5 ~ 10 min，或用 0.45% 的福尔马林溶液消毒 15 ~ 30 min，或用 0.5% 的高锰酸钾溶液消毒 2 h。用 0.15% 的福尔马林溶液对发芽箱喷后密封两三天，然后使用。

（5）种子消毒：用 0.3% 的高锰酸钾或 0.15% 的福尔马林溶液浸没种子，20 min 后倒出，用清水冲洗即可。

（6）浸种：种子经消毒后，用始温为 45 ℃的水浸种 24 h。

（7）置床：将经过消毒、浸种的种子均匀地放置在发芽床上。在发芽器上写明树种、重复号、置床日期等。然后放入发芽箱内。

（8）观察记载：为了更好地掌握发芽测定的全过程，要求每天做一次观察记载，发芽期间发现有感染霉菌的种子，及时取出消毒后，再放回原处。发霉严重时，整个发芽床都要更换，并做记载。

正常发芽粒——长出正常胚根，小粒和特小粒种子的幼根长度大于该种粒的长度。

异状发芽粒——胚根短，生长迟滞，并且异常瘦弱，胚根腐坏，胚根出自珠孔以外的部位，胚根呈负向地性，胚根蜷曲，子叶生出，双胚联结等。

腐烂粒——内含物腐烂的种粒。

发芽测定持续的天数见表 4-5。发芽测定的天数自置床之日算起，记录填入表 4-11。

（9）发芽结果计算：发芽测定的结果，用发芽势和发芽率表示。发芽势是发芽种子数达到高峰时，正常发芽粒数占供测种子总数的百分率。对飞播造林来说，发芽势是个很重要的指标，发芽势高的种子，品质好，播种后发芽比较迅速整齐。在发芽率相同的两个种批中，可根据发芽势评价各批种子的品质。

发芽率就是在规定的条件下，在测定的时间内，正常发芽粒数占供试种子总数的百分率。先分别计算各个重复的发芽率，并用表 4-12 检查各重复间的差异是否为随机误差，如果各重复发芽率的最大值与最小值的差距没有超过该表所容许的范围，则该测定有效，可用各重复的平均数作为该次测定的发芽率。发芽率用整数表示。

表 4-11　发芽测定记录表

树种		预处理方法	预处理日期		样品编号		温度	
		其他记载	开始发芽日期		置床日期		光照	
项目		组号						
		1	2		3		4	
逐日发芽粒数	1 2 3 4 5 6 7 8 9 10 11 12 13 14 15 16 17 18 19 20 21 22 23 24 25 26 27 28 29 30							
发芽势	天数 %							
发芽率	天数 %							
未发芽粒	腐坏 异状 新鲜 空粒 硬粒 小计 %							
发霉日期及换垫日期								
平均发芽势								
平均发芽率								
附注								

如果测定的发芽率有下列情况之一,就应进行第二次测定:

a.各重复间的差距超过容许范围;

b.预处理的方法不当或测定条件不当,未能得出正确结果;

c.发芽粒的鉴别错误,或记载错误,无法核对;

d.霉菌或其他因素严重干扰测定结果。

表 4-12　发芽率测定容许误差　　　　　　　　（%）

平均发芽率		最大容许误差
99	2	5
98	3	6
97	4	7
96	5	8
95	6	9
93 ~ 94	7 ~ 8	10
91 ~ 92	9 ~ 10	11
89 ~ 90	11 ~ 12	12
87 ~ 88	13 ~ 14	13
84 ~ 86	15 ~ 17	14
81 ~ 83	18 ~ 20	15
78 ~ 80	21 ~ 23	16
73 ~ 77	24 ~ 28	17
67 ~ 72	29 ~ 34	18
56 ~ 66	35 ~ 45	19
51 ~ 55	46 ~ 50	20

如果两次测定间的差距不超过表 4-13 的容许误差,就以两次测定的平均数作为发芽率填报。如果超出了表 4-13 的容许误差,则至少应再做一次测定,也用表 4-13 来检验。

表 4-13　发芽率两次测定间的容许误差　　　　　　　　（%）

两次测定的平均发芽率		最大容许误差	两次测定的平均发芽率		最大容许误差
98 ~ 99	2 ~ 3	2	77 ~ 84	17 ~ 24	6
95 ~ 97	4 ~ 6	3	60 ~ 76	25 ~ 41	7
91 ~ 94	7 ~ 10	4	51 ~ 59	42 ~ 50	8
85 ~ 90	11 ~ 16	5			

4）生活力测定

种子潜在的发芽能力称为种子的生活力。用化学试剂使种子染色的方法,可以测定种子潜在的发芽能力,在短时间内评定种子质量。目前,最常用的是化学试剂染色法,所用的试剂有碘－碘化钾、靛兰、四唑等。氯化(或溴化)三苯基四唑是白色粉末,有毒,使用时,用蒸馏水溶解,其质量分数为 0.1% ～1%。它的水溶液无色,但在种子的活组织中,四唑被脱氧酶还原生成稳定的、不溶于水的红色物质——甲蜡,坏死的组织则不显现这种颜色。判断时主要依据的是种胚和胚乳染色的部位与占面积的大小,而不是染色的深浅。

生活力测定方法步骤如下:

(1)抽取测定样品:从纯净种子中随机抽取 4 组,每组 50 粒,可以适当多一些,作为备用。

(2)浸种:用始温 45 ℃温水,浸 2 ～3 d。

(3)取胚:松属种子剥去外种皮和内种皮,尽量不使胚乳受到损伤,如遇空粒、腐坏和有病虫害的种粒,应随时记入表4-14。

表 4-14　种子生活力测定记录表

树种:　　　　　样品号:　　　　　染色剂:　　　　　测定日期:

组号	测定种子数	种子解剖结果			进行染色粒数	染色结果				生活力(%)	备注
		腐坏粒	病虫害粒	空粒		无生活力		有生活力			
						粒数	%	粒数	%		
1											
2											
3											
4											
合计											
平均											

测定方法:

　　　　　　　　　　　　　　　检验员:　　　　　　　年　　月　　日

(4)配制四唑溶液:用蒸馏水溶解,质量分数为 0.1% ～1%,一般用 0.5%,质量分数高,染色时间短。

(5)染色:4 组种子重复分别浸入四唑溶液中,放在黑暗处保持温度 25 ～30 ℃。染色时间因树种而异,至少 3 h。

(6)观察记载(以松属、杉木为例):

有生活力者,如图 4-9 中①～④。①胚乳及胚全部染色;②胚乳少量未染色(少于胚乳 1/4),胚全染色;③胚乳全染色,胚根尖端少许未染色或胚茎少许未染色;④胚乳及胚均少许未染色。

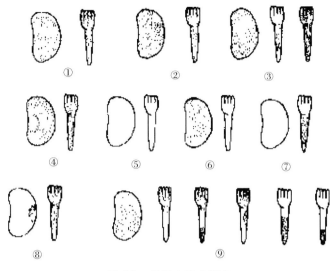

图4-9　种子生活力测定

（7）结果计算：染色结束后，立即用清水清洗。将检验结果按表4-14登记。分别统计各组重复中有生活力种子的百分率，并计算4组重复的平均数。按表4-12检查几个重复间的差距是否在容许范围，若没有超过容许范围，就用各个重复的平均数作为测定的生活力。

5）优良度测定

优良度测定是根据种子的外观和内部状况来鉴定其质量。它具有方法简便，不需要复杂仪器设备，速度快，能在短时间内得出结果的优点。优良度大体可以说明发芽的概率，但是由于种子在发芽过程中还受其他因素影响，具备发芽能力的种子，并非全部都可以正常发芽。因此，优良度测定的结果常常高于实际发芽率。优良度测定方法很多，有解剖法、挤压法、压油法、透明法、比重法、爆炸法、膨胀法、软 X 射线法等，较常用的是解剖法。具体做法如下：

（1）抽取测定样品：从纯净种子中随机抽取 100 粒，共抽取 4 次重复。

（2）浸种：为了使种子容易解剖和内部状况表现得更加明显，一般浸种 2 ~ 4 d。种子吸水膨胀即可。

（3）观察判断：分组逐粒纵切，仔细观察种胚、胚乳的大小、色泽、气味以及有无病虫害等。

一般原则，凡内含物充实饱满、色泽新鲜、无病虫害或受害极轻的都属于优良种子。凡是病虫害较重或受害虽然不重但在要害部位的、空粒的、无胚的以及发育不全的都属于低劣种子。具体参照表4-15。

（4）计算结果：分别统计各次重复中优良种子的百分率，并计算 4 次重复的平均数，计算到整数。按表4-12检查各重复中最大值与最小值的差距是否超过表中容许范围。用各个重复的平均数作为该批种子的优良度，填表4-16。

表 4-15　飞播主要树种优良种子鉴别

顺序号	树种	优良种子
1	马尾松 Pinus massoniana	种皮黑褐、灰褐、灰棕或黄白色;温水浸种 20～24 h,胚乳白色,胚黄或红色
2	油松 Pinus tabulaeformis	种皮黑褐、灰褐色,有光泽;种仁饱满,胚乳白色,胚白色,其靠根部具微浅黄色,有松枝香;浸种后种仁膨胀,质硬脆,胚乳、胚鲜白色,胚靠根尖部呈鲜淡黄色或鲜淡黄绿色
3	侧柏 Platycladus orientalis	种粒饱满,种皮棕褐色,有光泽;胚白色,胚乳乳白色或黄白色;浸种后种仁膨胀,色鲜,质硬脆
4	五角枫 Acer mono	翅果褐色,饱满;种仁嫩绿,饱满,有弹性
5	臭椿 Ailanthus altissima	翅果褐色,饱满;种皮黄白色,种仁浅黄色
6	紫穗槐 Amorpha fruticosa	荚赤褐色;种皮棕色或浅灰绿色;种仁鲜黄绿色,子叶和胚根均为淡黄色
7	沙棘 Hippophae rhamnoides	胚根浅黄色,子叶乳白色,饱满,有弹性
8	黄连木 Pistacia chinensis	子叶淡黄色或淡黄绿色,胚根白色

表 4-16　种子优良度测定记录表

树种:　　　　　　　　　　　　　　　　样品号:

组号	测定粒数	优良种子粒数	低劣种子粒数			优良度（%）
			空粒	腐坏粒	涩粒	
1						
2						
3						
4						
合计						
平均						

测定方法:

　　　　　　　　　　　　　　　检验员:　　　　　　　　年　月　日

　6)种子含水量的测定

　　测定种子含水量的常用方法有:105 ℃恒重法、130 ℃高温快速法、甲苯蒸馏法等。目前,各种电子水分测定仪也广泛应用于林木种子含水量的快速测定。

　　105 ℃恒重法是测定种子水分的标准法,适用于所有的林木种子含水量的测定。其他方法的正确与否都要与标准法进行比较。

　　105 ℃恒重法测定方法:从含水量送检样品中随机取 2 份测定样品,放在预先烘干并已知重量、编有号码的铝盒或称量瓶内,记下盒号,连同带盖的称量盒(瓶)及其中的种子一起称重,记下读数,放入干燥箱中,打开盒(瓶)盖,放在盒(瓶)旁,烘至恒重。一般先用 80 ℃烘 2~3 h,然后用 105 ℃±2 ℃烘 5~6 h 后取出,盖上盒(瓶)盖,移入有干燥剂的干燥器内,冷却 20~30 min 后称重。按种子含水量计算公式计算,结果保留一位小数,2 次重复间的差距不得超过 0.5%,否则需要重做。测定结果填入表 4-17 中。含水量的表示方法有两种:一种是相对含水量,或称湿基含水量,以种子中所含水分的重量占种子原重量的百分率表示;另一种是绝对含水量或称干基含水量,以种子中所含水分的重量占种子干重量的百分率表示。

表 4-17 含水量测定记录表

树种: 样品号:

称瓶号				
瓶重(g)				
瓶样重(g)				
烘至恒重(g)				
水分重(g)				
测定样品重(g)				
含水量(%)				
平 均				
容许差距(%)		实际差距(%)		
测定方法:				

检验员: 年 月 日

$$种子相对含水量 = \frac{样品烘干前重量 - 样品烘干后重量}{样品烘干前重量} \times 100\%$$

$$种子绝对含水量 = \frac{样品烘干前重量 - 样品烘干后重量}{样品烘干后重量} \times 100\%$$

种子检验工作全部结束后,签发林木种子质量检验证,见表 4-18。

根据河南省地方标准 DB 41/T 504—2007,按净度、发芽率(或生活力、优良度)两项指标将各树种种子质量划分为三个等级,若两项指标不属于同一级,以单项指标低的定等级。质量分级详见表 4-19。有检疫对象和种子品质低于Ⅱ级的种子,在飞播造林上不得使用。对检验不合格的种子,根据具体情况,提出处理意见。

表 4-18　林木种子质量检验证

(一)树种：＿＿＿＿＿＿＿＿＿＿	本种批重：＿＿＿＿＿＿＿＿＿kg
(二)送检样品重：＿＿＿＿＿＿＿	收到日期：＿＿＿年＿＿＿月＿＿＿日

(三)种子采收登记表编号：＿＿＿＿＿＿

(四)送检申请表编号：＿＿＿＿＿＿＿＿

(五)检验结果：

项　目		备　注
1.净度：	%	
2.千粒重：	g	
3.发芽率：	%	
4.发芽势：	%	
5.生活力：	%	
6.优良度：	%	
7.含水量：	%	
8.病害感染程度：	%	
9.虫害感染程度：	%	

(六)种子质量等级：＿＿＿＿＿＿级(等)

(七)检验证有效期：＿＿＿＿＿＿

检验单位：(盖章)

检验员：(签字)

年　　月　　日

三、种子运输和贮藏

(一)种子的运输

种子运输过程中,环境条件难以控制,应当妥善包装,防止种子受到暴晒、雨淋、受潮、受冻、受压、发霉。运输应该尽量缩短时间,运输途中要经常检查。运到目的地以后要及时贮藏在适宜的环境条件中。

(二)种子的贮藏

贮藏种子常用的方法有干藏和湿藏两类。飞播用的针叶树种适用普通干藏法,将经过充分干燥的种子装入麻袋中,置于低温、干燥、通风的库内贮藏。种子干藏时应注意如下事宜:

(1)种子入库前要净种、干燥。

(2)库内必须清扫和消毒。

(3)入库种子分批放置,附以标签,做好登记。

(4)库房由专人保管,定期检查,发现问题及时处理。

表 4-19 河南省主要造林树种的种子质量分级指标

顺序号	树种	I 级				II 级				III 级				各级种子含水量不高于（%）
		净度不低于	发芽率不低于	生活力不低于	优良度不低于	净度不低于	发芽率不低于	生活力不低于	优良度不低于	净度不低于	发芽率不低于	生活力不低于	优良度不低于	
1	马尾松 Pinus massoniana	96	75			93	60			90	45			10
2	油松 Pinus tabulaeformis	95	85			95	75			90	65			10
3	华山松 Pinus armandi	97	75			95	70			95	60			10
4	黄山松 Pinus taiwanensis	98	70			93	60			90	50			12
5	黑松 Pinus thunbergii	98	80			95	70			95	60			10
6	侧柏 Platycladus orientalis	95	60			93	45			90	35			10
7	刺槐 Robinia pseudoacacia	95	80			90	70			90	60			10
8	紫穗槐 Amorpha fruticosa	95	70			90	60			85	50			10
9	臭椿 Ailanthus altissima	95	65			90	55			90	45			10
10	黄连木 Pistacia chinensis	95	75	80		95	55	60		90	40	45		10
11	沙棘 Hippophae rhamnoides	90	80			85	70			85	60			9
12	香椿 Toona sinensis	98	96			93	85			90	70			10
13	漆树 Rhus verniciflua	98			80	98			70					10～12
14	白榆 Ulmus pumila	90	85			85	75			80	65			8

第五节　播种量的确定

一、确定播种量的原则

（1）按照不同树种，保证在单位面积内有预期的苗木株数，既要有利于林木生长，又要最大限度地节省种子和资金。

（2）能充分发挥林地生产潜力和获得最大综合效益。

依照上述原则，播种量应根据自然条件、拟播树种的生物学特性和经营目的来确定。

二、影响确定播种量的因素

飞播造林受外界环境影响很大。确定用种量时，除考虑预期成苗数外，还要考虑影响成苗的有关因素。

（一）鸟兽危害

鸟兽危害是影响播种量确定的最主要因素。据在河南省陕县调查，每平方米有鼠洞3～4个，多的达12个。种子播后如不能及时降雨，鼠类盗食种子相当严重。据观察，种子播后半月内损失率达50%。

（二）种子品质

种子品质是确定播种量的重要依据。为了获得理想的苗木株数，必须根据种子的纯度、千粒重和发芽率来确定用种量。河南省飞播造林主要树种种子品质见表4-20。

表4-20　河南省飞播造林主要树种种子品质一览表

树种	纯度（%）		千粒重（g）		每千克粒数（万粒）		技术发芽率（%）	
	平均	一般	平均	一般	平均	一般	平均	一般
马尾松	80	75～95	10.5	8.5～13.4	8.6	7.6～9.0	80	70～95
油松	92	85～98	38.5	28～49	2.8	2.04～3.56	75	65～85
黑松	95	93～97	15	10～20	6	5～7	85	80～90
侧柏	93		22.8		4.46		85	

例如：1981年，栾川县的白崖尖和椴树播区、卢氏县的石磊山和何家沟播区，在自然条件相似、播后降雨情况基本相同的条件下，因种子发芽率不同导致成苗效果差异显著，见表4-21。这就表明：为了保证一定的成苗率，种子发芽率的高低就决定了播种数量。

表 4-21　不同种子质量成苗情况

县名	播区	种子发芽率(%)	播量(kg/hm^2)	成苗率(%)
栾川县	白崖尖	80	6	31.98
	椴树	40	8.25	3.9
卢氏县	石磊山	70	6	37.98
	何家沟	30	13.5	19.56

(三)成苗率

成苗率是种子发芽后可以成苗数量的标志,是确定用种量的根据之一。由出苗到幼苗稳定是一个复杂的过程。干旱、草灌竞争、人畜破坏、鼠虫危害等均影响成苗率。雨量充沛、自然条件好的地区,成苗率高;反之,成苗率低。

(四)落种均匀度

由于我国的播种设备系冲压空气扩散器,导致落种中间密两侧稀。因此,实际播量应比理论计算的播量适当增加一些。

三、播种量计算

播种量计算通常是根据单位面积上预期成苗株数、种子品质(千粒重、纯度和山场出苗率)、种子损失(主要指鸟兽危害)率、出苗率和幼苗保存率等因子来计算合理的播种量。公式如下

$$S = \frac{NW}{ER(1 - A)G \times 1\,000 \times 1\,000}$$

式中　S——单位面积播种量,kg/hm^2;

　　　N——单位面积计划出苗数,株/hm^2,河南省预计当年成苗株数一般为 10 005 株/hm^2;

　　　E——种子发芽率;

　　　R——种子纯度;

　　　A——飞播种子损失(鸟兽危害)率;

　　　G——飞播种子山场出苗率;

　　　W——种子千粒重;

　　　1 000——常数,千粒种子。

据河南省试验:油松种子山场发芽率和种子品质之间存在下列关系

$$Y = 0.3A + 0.5B + 0.37C - 10$$

式中　Y——油松种子山场发芽率;

　　　C——室内发芽率;

　　　B——发芽势;

　　　A——纯度。

总结河南省各地经验,现将河南省飞播造林主要树种播种量列于表 4-22。

表 4-22　河南省飞播造林主要树种播种量　　　　（单位：kg/hm²）

类型区号	类型区名称	涉及县(市)	油松	马尾松	侧柏	黄山松	黄连木
I	豫北太行中山油松区	林州、辉县、济源、修武	4.5~6				7.5
II	豫北太行低山丘陵侧柏油松区	林州、辉县、修武、博爱、卫辉、淇县、焦作市市郊	6		7.5		7.5
III	豫西黄土覆盖石质山地侧柏油松区	灵宝、陕县、洛宁、嵩县、渑池、新安、偃师、登封	6~7.5		7.5		7.5
IV	豫西伏牛山北坡低山油松侧柏区	嵩县、鲁山、汝阳、洛宁	4.5~6		7.5		7.5
V	豫西伏牛山北坡中山油松区	栾川、卢氏、嵩县、洛宁、灵宝、汝阳、鲁山	4.5~6				7.5
VI	豫西伏牛山南坡中山油松区	内乡、西峡、南召、镇平	4.5~6				
VII	豫西伏牛山南坡低山丘陵马尾松侧柏区	西峡、内乡、淅川、南召、镇平、方城、泌阳		3	6~7.5		
VIII	豫南大别、桐柏低山丘陵马尾松区	新县、商城、固始、罗山、信阳、桐柏、确山、泌阳		3			

第六节　种子处理

一、种子筛选

种子应提前调运到基地，并由种子筛选组负责筛选处理。清除碎石、泥土、木棍、绳索、空粒等杂质，然后用种子专用袋，按 15 kg 或 25 kg 装包，并按不同树种和产地分开堆放于阴凉、干燥通风处，供播种之用。

二、需要特殊处理的种子

飞播种子经过脱蜡、大粒化以及药物拌种处理,能够缩短种子发芽时间,提高种子发芽率,减少鸟鼠危害。

(一)脱蜡处理

例如漆树、黄连木种子表面有一层蜡质,为了使种子能迅速吸水膨胀、发芽出土,播前需进行处理。漆树种子的脱蜡处理方法是:用石碾先打去外果壳,再处理种子表面的蜡质。四川、陕西等省采取将种子掺和等体积的谷壳,用碾米机打2~3次,漆树种子即由灰白色变为黄色,然后筛去谷壳播种。经过脱蜡处理的漆树种子,当年出苗率可达30%~50%。

(二)大粒化处理

大粒化处理种子具有双重作用,既可以提高发芽率,又可以防止鸟鼠危害。例如:1982年6月中国民航局科研所和内蒙古科左后旗草原站,对豆科植物沙打旺种子进行接种根瘤菌试验。结果表明,接种根瘤菌促进了当年的幼苗生长,平均株高接菌比对照增加80%,每公顷多产干草2 325 kg。经丸衣化处理的种子,比原种子增重,落种均匀,提高了飞播成苗率。

辽宁省北票市林科所,用89-1号外生菌根菌固体复合菌剂处理油松种子,减少飞播用种量20%,用菌根菌包衣处理过的油松苗高、地径分别比对照苗木增加12%~52%、15%~83%,菌根浸染率72%~83%,提高有苗面积率1.58倍。

(三)种子脱壳处理

例如草木樨种子包在荚果内不易吸水,影响萌发出苗。处理方法:用电动碾米机脱壳处理。脱壳后,种子萌发快,显著提高发芽率及成苗率,当年就能成苗、打草。

(四)ABT生根粉处理

ABT生根粉是中国林科院研制的一种高效、广谱型植物生根促进剂。1989年和1990年,河南省的栾川、汝阳两县将ABT生根粉用于油松飞播造林。方法:用ABT 1号20×10^{-6}液,浸泡油松种子18 h,经试验,发芽势为对照的5.3~7.7倍,发芽率提高6.2%~73.1%,成苗率提高5.8%~17.9%,有苗面积比率提高20%~30%;幼苗主根长度提高11.8%~42%,苗高提高7.7%~18.5%,地径提高12.7%。

(五)^{60}Coγ射线处理

据国内外资料,用^{60}Coγ射线处理种子,有提高种子发芽率和促进生长的作用。中国科学院西北水土保持研究所于1976~1982年,用^{60}Coγ射线对飞播树种油松、侧柏、沙棘种子进行了照射处理。不同剂量的^{60}Coγ射线对不同树种种子的发芽、出苗所起的促进和抑制作用是不同的。对于油松,剂量在0.1万~0.3万Gy时,有促进作用,0.3万Gy以上则有抑制作用;对于侧柏,剂量在0.1万~0.7万Gy时,有促进作用,0.7万Gy以上有抑制作用;对于沙棘,剂量在0.1万~1.0万Gy时,有促进作用,1.0万Gy以上则有抑制作用。经一定剂量的^{60}Coγ射线照射后,不仅能提高油松、侧柏、沙棘等的出苗率和保苗率,而且能促进幼苗的生长并增强其抗性。

(六)多效复合剂

多效复合剂是辽宁省北票市林科所研制成功的。它是在多元素多效能药物选优的基础上合成的高效低毒、无污染、具有综合性能的新型复合剂。对鸟鼠驱避率高,种子保水性能好,幼苗抗逆性强,不仅解决了鸟鼠对种子的危害,同时又解决了保苗、壮苗、抗旱、保水问题,从而增强了幼苗的抗逆性,提高了保苗率,起到了一剂多效的作用。1993年,河南省在栾川县、辉县市、卫辉市,采用多效复合剂拌种处理,经调查表明:多效复合剂拌种与不拌种对照存在一定差异,在每公顷播种量分别减少225~375 g的情况下,有苗率反而比对照区高8.2%。据栾川县设置固定样方观察,用多效复合剂处理飞播种子能显著提高当年幼苗高生长,同时,苗木的地径、鲜重与对照也有显著差异,从而提高了苗木的抗逆性。

(七)直流电场处理

西安电子科技大学采用直流电场处理林木种子,飞播结果表明,经直流电场处理过的油松种子,可提前1~2 d发芽,发芽率提高10%~25%。采用该方法处理种子具有处理过程简单、处理种子数量多、成本低、对人体无副作用等优点。

另外,利用超声波、激光、X射线处理林木种子,经室内试验,都具有缩短种子发芽时间,提高种子发芽率的作用。

第五章　播种期的确定

第一节　确定播种期的意义

飞播造林有很强的季节性。选择适宜的播种期,是提高飞播造林成效的重要环节。播种期适当,种子就能得到充足的水分和适宜的温度条件而迅速发芽出苗,缩短种子在地表的停留时间,减轻鸟兽虫危害,减小种子损失率。同时,可保证幼苗在当年有较长的生长期,增加幼苗的抗逆性,从而提高幼苗的保存率。播种过早,往往因水分不足,或温度不够,使种子发芽时间延长,易遭受鸟兽虫害,造成种子大量损失,而影响成苗效果。播种太晚,幼苗生长期短,木质化不够,抗逆性差,越冬困难。飞播实践证明,播期准确与否,是飞播造林成败的关键。河南省30年的飞播造林成苗调查结果统计分析表明:适宜播期的条件是播前有雨,墒情好,播后降雨充分,有4 d以上的连阴雨,降水量不低于60 mm,有满足种子发芽的光照和热量,有幼苗达到木质化或半木质化的生长期(一般60 d左右)。所以,播种期的选择就在于有效地利用自然条件中的有利因素,避开不利因素,以达到造林绿化的目的。

第二节　主要影响因素

确定播种期,要根据播区水分、气温条件、播后苗木生长期的长短和有利于飞行作业等因素来考虑。

一、充足的水分是种子发芽和幼苗成活的首要条件

适宜的水分,是种子发芽的重要条件。飞播种子撒在地表后,萌发所需的水分主要依靠天然降雨,而降雨的强度又影响着飞播效果。据河南省多年飞播试验:油松、马尾松飞播,播前有雨,播后有4 d以上、降雨量60 mm以上的连阴雨天气,最有利于种子的发芽。飞播后若遇暴雨,雨水冲刷种子,产生位移,造成大量缺苗;若是断续降雨,则使种子吸水膨胀后又干缩,发芽率下降,易产生"闪芽"而死亡;若是连阴雨,可使种子和土壤紧密接触,或呈覆土半覆土状态,发芽成苗效果好。

按年均降水量的多少,河南省的飞播区分属下列两种类型:

(1)年均降水量800～1 000 mm的伏牛山、淮河以南,伏牛山南坡、大别山、桐柏山山

地丘陵区,属于北亚热带湿润区。马尾松、黄山松、漆树、五角枫、臭椿、合欢、荆条等树种飞播相继获得成功。播后幼苗保存面积一般可占飞播有效面积的40%以上。

(2)年均降水量500～800 mm的伏牛山、淮河以北,伏牛山北坡、太行山山地丘陵区,属于暖温带半湿润半干旱区。油松、侧柏、黄连木、臭椿、白榆、沙棘、荆条等树种飞播先后获得成功。本区飞播面积最大,油松飞播造林最成功。播后幼苗保存面积一般可占飞播有效面积的25%～40%。

河南省飞播区不仅雨季有早迟,而且降水年际变化大,有旱年和雨年之分。如豫北的林州市,多雨年的降水量曾达到1 081 mm,而少雨年的降水量只有319.4 mm,相差2.4倍;7月份的最大降水量为461.5 mm,最小降水量仅有50 mm,相差8.2倍;8月份的最大降水量为599.9 mm,最小降水量仅有44.9 mm,相差12.4倍。所以,飞播造林一定要掌握雨情变化规律,做到雨季早来早播,雨季迟来晚播,多雨年多播,干旱年少播或不播。

二、适宜的温度是种子发芽和幼苗生长的必要因素

适宜的温度,可以加速种子的生理生化活动,促进种子迅速发芽生长。而温度过低或过高,都不利于种子发芽成苗。对于大多数林木种子来说,最适宜发芽的温度为20～25 ℃。从气候上分析,高温是影响播种期的重要因素之一。

三、播后当年幼苗有有效的生长期,是确定播种期不可忽视的必要因素

飞播种子发芽出苗,并不等于成苗。高温、早霜(霜冻)、干旱等都影响和损伤幼苗。如果幼苗没有一个较长的生长期,根系发育差,幼苗不能木质化,耐旱御寒能力弱,容易死亡。因此,选择播种期,一定要根据当地的气候特点,抢在雨季到来之前进行播种。根据河南省飞播营造林管理站的试验:油松、马尾松和侧柏幼苗只要有60 d的生长期便可安全越冬,其越冬死亡率一般不高于20%。所以,河南省播种期至少应在7月底以前。

四、选择有利于飞行作业的天气,也是确定播种期的重要因素

飞播作业要在晴天、无风的天气进行。大风、雷雨、浓积云和冰雹是影响飞行安全的不利天气。为在短时间内完成大面积造林任务,有飞播任务的地、市、县,必须根据当地的气象预报,选择晴日多的有利时机抓紧飞行作业,要随时注意观测,确保飞行安全。

第三节　各地适宜的飞播期

确定合理播种期、适时播种是飞播造林的重要技术环节。河南省飞播造林分布范围在东经110°21′～116°40′、北纬31°23′～36°22′。位于北亚热带向暖温带的过渡地带,有

降水年际变率大(16% ~22%)、季节分配不均、各地差异显著的特点。根据这些特点,河南省飞播营造林管理站在太行山、伏牛山、桐柏山、大别山四大山地丘陵区进行了不同时期的试验,总结出确定飞播年和播种期的标准。

一、确定飞播年

根据各地历年降水资料,计算出年降水量的标准差(S)和年均降水量(M),根据 S 和 M 确定划分旱涝年的标准:

大旱年:年降水量小于 $M-2S$;

旱年:年降水量小于 $M-S$,大于 $M-2S$;

常年:年降水量小于 $M+S$,大于 $M-S$;

涝年:年降水量小于 $M+2S$,大于 $M+S$;

大涝年:年降水量大于 $M+2S$。

根据本地当年的长期气象预报,评定适宜飞播的程度。原则是:涝年多播,常年少播,旱年不播。

二、选择播种期

适宜的播种期应能满足种子发芽、幼苗生长所需要的水分,极端最高温和最低温在苗木忍耐限以内,苗木有达到木质化的生长期。河南水热资源南北差异很大,依各地水热条件差异和飞播造林特点,将全省划分为三个播种期(见图5-1),即春播期、夏播期、秋播期。

(一)春播期

本区位于河南省南部大别山,包括新县、商城、固始、罗山、平桥、浉河等县(区),海拔200~800 m,属于北亚热带湿润地区。其特点是春雨多,雨日也多(见图5-2、图5-3)。

从图5-2、图5-3知,罗山县雨量集中在4~8月份,从6月下旬降水量递增,特别是7月份降雨量最大,7月份后雨量显著下降,6~9月平均气温较高,高温天气出现在7月。经1983年、1984年两年试验,播期选在3月底。据对出苗过程观察,春季气温偏低,发芽时间较长,即使雨水充足,发芽过程仍需一个多月,在发芽期间,正是鸟鼠缺食季节,种子损失严重。据新县观察,一个月种子损失率达90%。

从多年的飞播效果看,最适宜的播种期应选在4月至5月底,此时播下的种子,种子损失率低,有适宜的水热条件,发芽出苗迅速,经过6~8月三个月的苗期生长,根系发育好,扎根深,生长健壮,进入旱季和冬季时,幼苗有较强的抗旱和耐寒能力,当年成苗率较高。

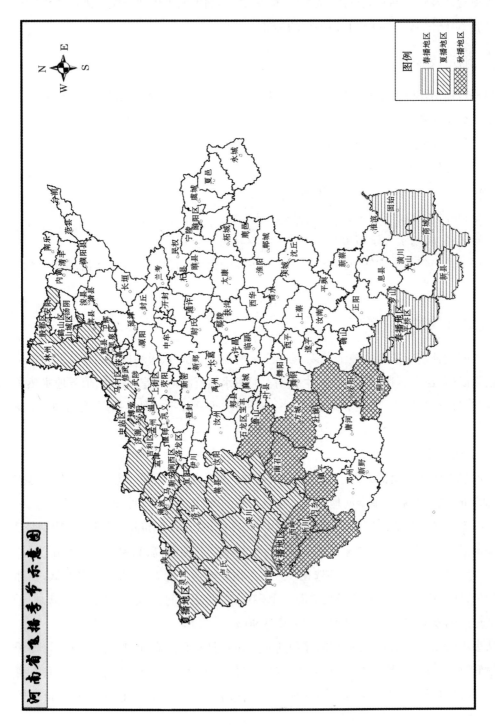

图 5-1　河南省飞播季节示意图

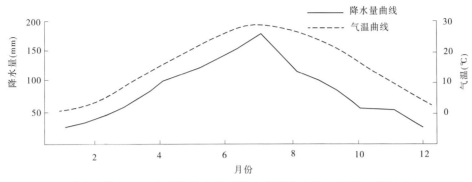

图5-2 罗山县30年平均降水量、平均气温月分布图 （1979～2008年）

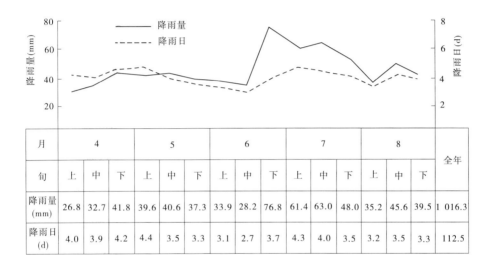

月	4			5			6			7			8			全年
旬	上	中	下	上	中	下	上	中	下	上	中	下	上	中	下	
降雨量 (mm)	26.8	32.7	41.8	39.6	40.6	37.3	33.9	28.2	76.8	61.4	63.0	48.0	35.2	45.6	39.5	1 016.3
降雨日 (d)	4.0	3.9	4.2	4.4	3.5	3.3	3.1	2.7	3.7	4.3	4.0	3.5	3.2	3.5	3.3	112.5

图5-3 罗山县4～8月各旬降雨量、降雨日分布图 （1979～2008年）

(二)夏播期

1. 豫北太行中山区

本区包括林州市、辉县市、济源市、修武县,海拔800 m以上。

(1)确定飞播年:根据林州市20年降水分析,由图5-4可看出,年降水量变幅较大,最多达1 030 mm,比平均值多334 mm,而最少年份只有320 mm,比平均值少376 mm。且20年中有4年降水量在500 mm以下。经验证明,年降水量500 mm以下的年份飞播效果较差。因此,在分析历年气象资料的基础上,结合长期预报,年降水量大于500 mm的年份可确定为飞播年,反之不用播种。

(2)确定播种期:由图5-5可以看出,7月份降雨量最多,月平均气温最高,是种子发芽的有利时期。由图5-6可知,7月下旬降雨量较大,降雨日数最多,播种期以选在7月为宜。

根据历年的观察,油松幼苗有两个月的生长期就可基本木质化,越冬死亡率低于20%。该区初霜期一般在10月20日左右,如7月中旬播种,8月上旬结束出苗过程,至初霜期还有两个多月,满足了幼苗越冬所需的生长时间,说明7月上旬播种是适宜的。

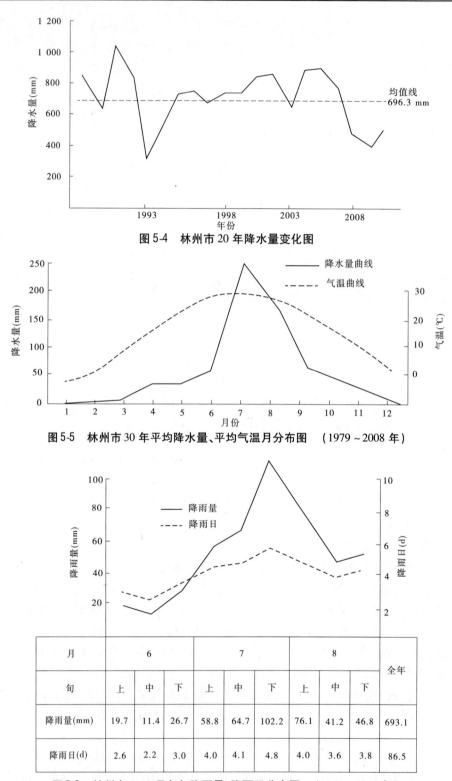

图 5-4　林州市 20 年降水量变化图

图 5-5　林州市 30 年平均降水量、平均气温月分布图　（1979～2008 年）

月	6			7			8			全年
旬	上	中	下	上	中	下	上	中	下	
降雨量(mm)	19.7	11.4	26.7	58.8	64.7	102.2	76.1	41.2	46.8	693.1
降雨日(d)	2.6	2.2	3.0	4.0	4.1	4.8	4.0	3.6	3.8	86.5

图 5-6　林州市 6～8 月各旬降雨量、降雨日分布图　（1979～2008 年）

综上所述,在正常情况下,该区的播种期应定在 7 月上中旬。

2. 豫北太行低山丘陵区

本区位于太行山中山地带的外缘,包括安阳县、淇县、淇滨区、博爱县、卫辉市、焦作市郊区(中站区、马村区等)全部播区和林州市、辉县市、修武县的部分播区,海拔多在 400 ~ 800 m。

该区除年降水量、雨季降水量较豫北太行中山区少外,其他情况相同,从有关县气象资料分析(见图 5-7),不但降水年际变率较大,20 年中降水量少于 500 mm 的年份有 6 年,更说明确定播种年的重要。由图 5-8 ~ 图 5-10 知,该区 7 月份降雨较多,但 7 月中旬降雨量偏少,往往出现伏旱,如果利用 7 月上旬的降雨,幼苗出土后遇到干旱高温,极易死亡。另外,7 月初往往出现空汛。因此,在 7 月中下旬播种比较合适。多年来的实践也证明了这一点,例如 2003 年 6 月播种,播种后 38 d 内虽有 13 个降雨过程,但总降雨量只有 28.4 mm,直到 7 月 30 日才降透雨,出现连阴天,一个多月种子损失率达 70%;而 2004 年 7 月中旬播种,播后 7 d 就降透雨,连续阴天 10 d 之多,出苗效果很好。因此,该区的播种期以定在 7 月中下旬为宜。

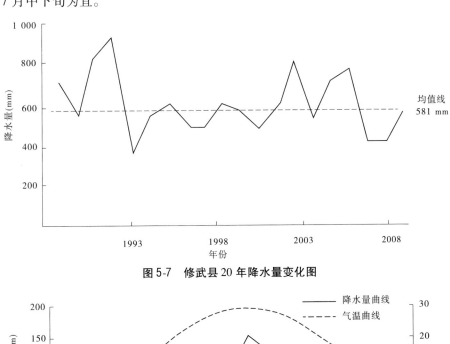

图 5-7　修武县 20 年降水量变化图

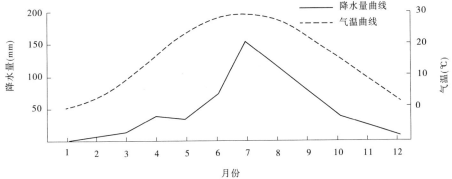

图 5-8　修武县 30 年平均降水量、平均气温月分布图　(1979 ~ 2008 年)

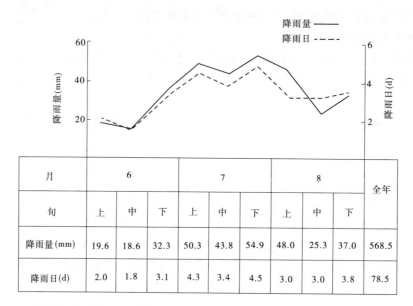

月	6			7			8			全年
旬	上	中	下	上	中	下	上	中	下	
降雨量(mm)	19.6	18.6	32.3	50.3	43.8	54.9	48.0	25.3	37.0	568.5
降雨日(d)	2.0	1.8	3.1	4.3	3.4	4.5	3.0	3.0	3.8	78.5

图5-9　修武县6~8月各旬降雨量、降雨日分布图　（1979~2008年）

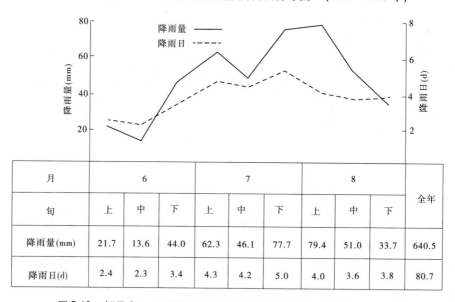

月	6			7			8			全年
旬	上	中	下	上	中	下	上	中	下	
降雨量(mm)	21.7	13.6	44.0	62.3	46.1	77.7	79.4	51.0	33.7	640.5
降雨日(d)	2.4	2.3	3.4	4.3	4.2	5.0	4.0	3.6	3.8	80.7

图5-10　辉县市6~8月各旬降雨量、降雨日分布图　（1979~2008年）

3. 豫西黄土覆盖石质山地区

本区位于河南省西部,西与陕西省相连,南接伏牛山北坡山地,北至黄河,东接豫东平原,播区分布在灵宝市、陕县、洛宁县、嵩县、渑池县、新安县、偃师市、新密市、登封市,海拔500~1 000 m。

(1)确定飞播年:由图5-11知道,陕县的年降水量平均只有544 mm,且年际变率较大。20年中少于500 mm的年份有5年,占1/4,所以该区应首先在分析研究气象情况的基础上,确定年降水量在500 mm以上的年份为飞播年。由图5-11可以看出,平均3年或4年之中有一年降水量较大,然后降水量明显减少,所以在降水量较大年后的一两年内实施飞播,要慎重分析雨情。

（2）确定播种期:根据该区的月降水规律、连阴天出现频率确定播种期。由图5-12可知,7月降水量最大,超过120 mm。又由图5-13～图5-15可以看出,3个县降雨量较大时间为7月中旬,所以一般情况下以7月上旬播种为宜。

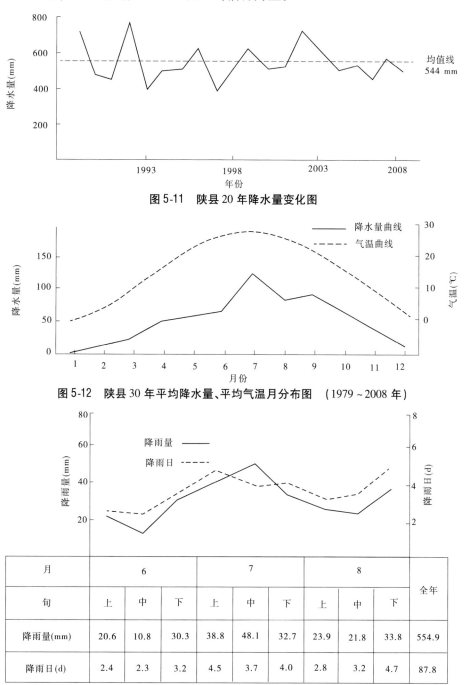

图5-11 陕县20年降水量变化图

图5-12 陕县30年平均降水量、平均气温月分布图 （1979～2008年）

月	6			7			8			全年
旬	上	中	下	上	中	下	上	中	下	
降雨量(mm)	20.6	10.8	30.3	38.8	48.1	32.7	23.9	21.8	33.8	554.9
降雨日(d)	2.4	2.3	3.2	4.5	3.7	4.0	2.8	3.2	4.7	87.8

图5-13 陕县6～8月各旬降雨量、降雨日分布图 （1979～2008年）

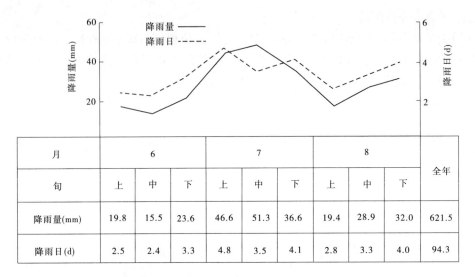

月	6			7			8			全年
旬	上	中	下	上	中	下	上	中	下	
降雨量(mm)	19.8	15.5	23.6	46.6	51.3	36.6	19.4	28.9	32.0	621.5
降雨日(d)	2.5	2.4	3.3	4.8	3.5	4.1	2.8	3.3	4.0	94.3

图5-14　灵宝市6~8月各旬降雨量、降雨日分布图　(1979~2008年)

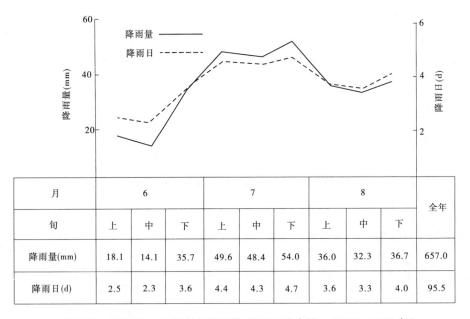

月	6			7			8			全年
旬	上	中	下	上	中	下	上	中	下	
降雨量(mm)	18.1	14.1	35.7	49.6	48.4	54.0	36.0	32.3	36.7	657.0
降雨日(d)	2.5	2.3	3.6	4.4	4.3	4.7	3.6	3.3	4.0	95.5

图5-15　渑池县6~8月各旬降雨量、降雨日分布图　(1979~2008年)

4. 豫西伏牛山北坡低山区

本区是伏牛山北坡的低山地带,包括嵩县、洛宁县、汝阳县、鲁山县四县,海拔400~800 m。

根据图5-16~图5-18嵩县气象资料分析,年均降水量678 mm,7月上旬和下旬降雨量较大,持续时间较长,而7月中旬降雨量稍偏少,播前有透雨,播后有连阴雨,故以7月中旬播种为宜。

5. 豫西伏牛山北坡中山区

本区是伏牛山北坡中山地带,包括卢氏、栾川两县的全部播区和嵩县、洛宁县、灵宝

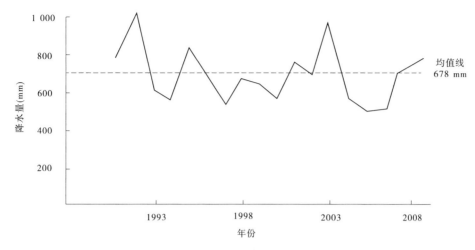

图 5-16　嵩县 17 年降水量变化图

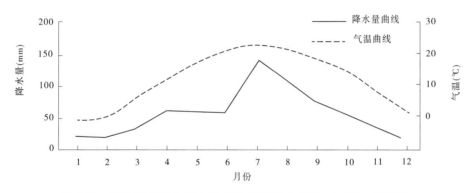

图 5-17　嵩县 30 年平均降水量、平均气温月分布图　　（1979～2008 年）

市、汝阳县、鲁山县的部分播区,海拔在 800～1 800 m。

本区年降水量较大,降水日数较多(栾川县可达 120.7 d),对飞播造林十分有利。据栾川县的气象资料分析,如图 5-19～图 5-21 所示,播期以 6 月下旬为宜。

6.豫西伏牛山南坡中山区

本区位于伏牛山南坡,包括西峡县、内乡县、南召县、镇平县等县的部分中山地带,海拔 800～1 500 m。

本区年降水量较多,据西峡县 1980 年以来 30 多年的资料统计,最少年份也在 500 mm 以上,所以不存在确定飞播年的问题。根据图 5-22、图 5-23,该区的适宜播种期应在 6 月下旬至 7 月中旬。

(三)秋播期

本区位于伏牛山南坡低山丘陵地带以及桐柏山的北坡,包括西峡、内乡、镇平、淅川、南召、方城、鲁山、桐柏、泌阳等县,海拔 300～800 m。

图 5-24～图 5-26 是淅川县的降水资料。根据图 5-24,年降水量大都在 600 mm 以上,基本不存在飞播年的问题。由图 5-25、图 5-26 可知,6 月上旬、7 月上中旬、8 月上旬降雨

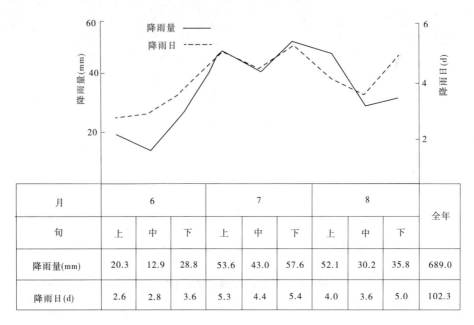

月	6			7			8			全年
旬	上	中	下	上	中	下	上	中	下	
降雨量(mm)	20.3	12.9	28.8	53.6	43.0	57.6	52.1	30.2	35.8	689.0
降雨日(d)	2.6	2.8	3.6	5.3	4.4	5.4	4.0	3.6	5.0	102.3

图 5-18　嵩县 6～8 月各旬降雨量、降雨日分布图　（1979～2008 年）

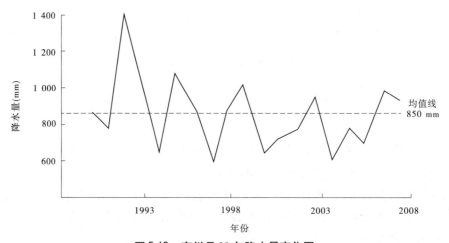

图 5-19　栾川县 20 年降水量变化图

量大,7 月上中旬温度最高。为了避开伏旱,还要做到播前、播后有雨,因此播期以 8 月中下旬为宜。

三、经验与教训

在正常情况下,影响飞播造林效果的因素是多方面的,比如播区的选择、种子质量、飞播作业技术等,这些因素可以通过人为控制。而播期的选择,就是人们要利用所掌握的气候规律,抓住有利的天气条件,做到因地制宜,适时播种,达到造林的目的,这也是飞播造林的特点。实践证明,凡是适时地进行飞播造林的地区,效果显著;否则,效果甚微,乃至失败。

如在特大干旱的 1986 年,汛期降雨量大幅度减少,秋季农作物减产 5～8 成(全省减

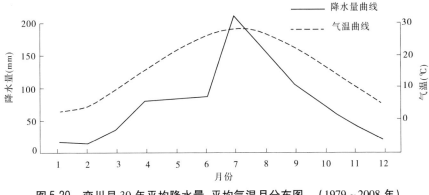

图 5-20　栾川县 30 年平均降水量、平均气温月分布图　（1979～2008 年）

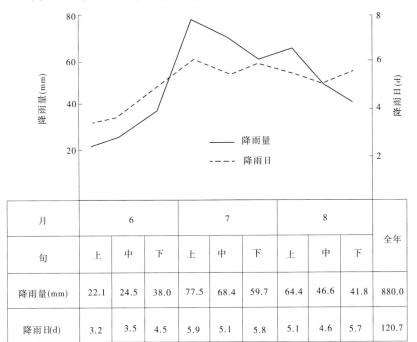

月	6			7			8			全年
旬	上	中	下	上	中	下	上	中	下	
降雨量(mm)	22.1	24.5	38.0	77.5	68.4	59.7	64.4	46.6	41.8	880.0
降雨日(d)	3.2	3.5	4.5	5.9	5.1	5.8	5.1	4.6	5.7	120.7

图 5-21　栾川县 6～8 月各旬降雨量、降雨日分布图　（1979～2008 年）

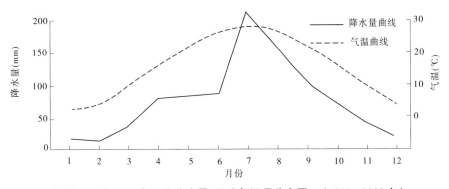

图 5-22　西峡县 30 年平均降水量、平均气温月分布图　（1979～2008 年）

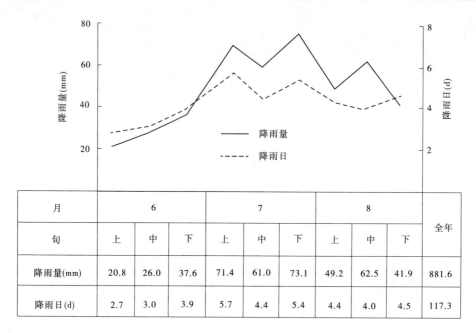

月	6			7			8			全年
旬	上	中	下	上	中	下	上	中	下	
降雨量(mm)	20.8	26.0	37.6	71.4	61.0	73.1	49.2	62.5	41.9	881.6
降雨日(d)	2.7	3.0	3.9	5.7	4.4	5.4	4.4	4.0	4.5	117.3

图 5-23　西峡县 6~8 月各旬降雨量、降雨日分布图　（1979~2008 年）

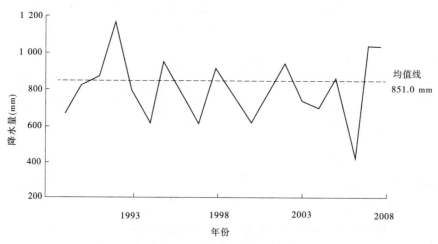

图 5-24　淅川县 20 年降水量变化图

产粮食 30 多亿 kg）。在这样干旱的情况下，根据雨季中短期降水预测，全面分析了雨季降雨情况，及时调整了播种时期，由往年的 6 月上旬推迟到 6 月 25 日，使大部分播区达到播前有墒，播后有较多降雨的效果。经对全省 14 100 hm² 播区的抽样调查，有苗面积占播种面积的 41.3%，有苗地每公顷有苗 15 360 株，收到了较好的成效。

　　1991 年，是河南省 50 年未遇的干旱年，根据 1990 年 12 月气象会商情况，1991 年豫西地区 7~9 月三个月降雨明显偏少，决定 1991 年不安排洛阳、三门峡飞播任务，避免了飞播失败。而安排飞播的其他地市的 37 个播区，播种后 20 d 内降雨量和持续降雨天数不能满足种子发芽出苗的需求，据出苗调查，仅有 7 个播区成苗在 30% 以上，其他播区均遭失败。

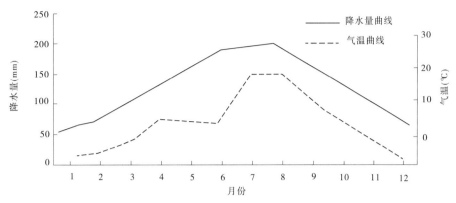

图 5-25 淅川县 30 年平均降水量、平均气温月分布图 （1979～2008 年）

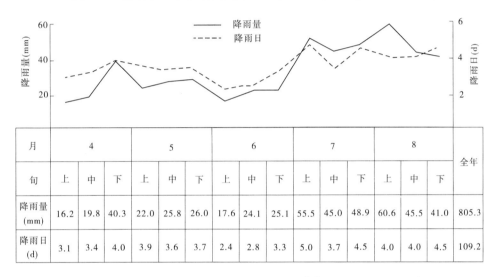

月	4			5			6			7			8			全年
旬	上	中	下	上	中	下	上	中	下	上	中	下	上	中	下	
降雨量 (mm)	16.2	19.8	40.3	22.0	25.8	26.0	17.6	24.1	25.1	55.5	45.0	48.9	60.6	45.5	41.0	805.3
降雨日 (d)	3.1	3.4	4.0	3.9	3.6	3.7	2.4	2.8	3.3	5.0	3.7	4.5	4.0	4.0	4.5	109.2

图 5-26 淅川县 4～8 月各旬降雨量、降雨日分布图 （1979～2008 年）

2006 年 6～8 月份,河南省飞播区降雨普遍多于常年同期 2～5 成,全省 35 个播区播种后 30 d 内的降雨量和持续 16 d 的降雨天数使种子迅速发芽和顺利生长,当年出苗调查表明,32 个播区成苗在 30% 以上,成苗效果显著。

第六章　播前准备

播前准备是组织实施飞播造林的基础工作,必须一件一件地认真做好,方能确保完成任务,达到预期目的。准备工作主要包括:计划申报、作业设计审批、签订合同、种子准备、播区植被处理、建立飞播组织、物资准备及人员培训、机场租用、临时机场的修建和维修等。

第一节　计划申报和作业设计审批

一、计划申报

飞播计划以县为单位,在飞播作业前一年,以飞播计划申请报告的形式逐级上报省林业厅审批。飞播计划申请报告内容包括当地飞播的自然条件、社会经济条件、拟播树种、拟播面积、播后营林管护措施、使用机场、作业架次、作业时间等。飞播计划经省辖市林业局审核同意后,上报省林业厅飞播造林主管部门审批。飞播作业前,省林业厅飞播造林主管部门组织有关县市林业局及飞播规划设计单位等相关部门进行审查和批准。飞播计划同意后,省林业厅及时下达文件,以利于有关部门及早做好各项准备工作。

二、作业设计审批

飞播造林规划设计应在当年4月底前完成(如果春季播种,则应在调机前1~2个月完成),由省林业主管部门组织飞播造林技术人员,首先对播区情况进行实地检查核实,确定播区选择是否科学,若播区选择不合理,应重新选择播区,若播区选择正确,再对设计材料进行审查。审查的主要内容有:播区基本情况是否属实,设计(包括播种时间、树种选择、种子处理、播种量、播带方向、每架次的播带等)是否合理,数据(面积、用种量、飞行架次、飞行时间、GPS导航经纬度、经费预算等)是否准确,资料是否齐全等。整个审批过程中,规划设计主要人员及县(市、区)林业部门主要领导要始终参加,以便清楚地介绍播区基本情况及设计情况,及时准确地回答审批人员提出的问题,记录审批人员提出的意见。经过审批的设计,即是施工的依据,不经省主管部门同意,不准随意更改。没有设计或未经审批的设计,不准施工。

审批结束后,县(市、区)林业部门要根据审批人员提出的修改意见,对设计资料进行修改后尽快报有关部门,供施工、存档等使用。报送部门及数量见表6-1。

表6-1　设计材料报送部门和数量

报送单位	省飞播营造林管理站	飞行部门	省辖市林业局	播区指挥部	机场指挥部	县(市、区)林业局存档	有关单位	技术负责人员	合计
说明书	1	1	1	1	1	1	1	1	8
作业图(份)	1	1	1	1	1	1	1	1	8
位置图(份)	1	1	1	1	1	1	1	1	8

第二节　签订合同

一、与飞行管理部门签订合同

飞播造林计划落实后,林业主管部门应于作业前3~6个月与飞行管理部门签订合同,以利于双方进行作业准备。合同的主要内容如下。

(一)任务

主要包括:播区数量及其行政隶属关系、播种面积、飞行架次、作业时间、作业基地(机场)、机型、调机架数和调机日期等。

(二)双方责任人

林业主管部门(可简称甲方)主要责任是:

(1)播前成立飞播指挥部(飞行部门派人参加),领导飞播期间的各项工作。

(2)提供1:1万或1:5万的规划设计图及小比例尺的播区位置图、说明书和架次表,一式两份。

(3)使用原有临时机场时,应负责维修好;如建新的临时机场,应按规定修建并在调机前完成,保证按时作业。

(4)做好临时机场及作业区通信联络和保卫工作。

(5)负责地面电台及人员到作业区的往返接送工作。

飞行管理部门(可简称乙方)主要责任是:

(1)根据商定的调机日期和调机数量,及时提供飞机,并于作业前完成航油等各项准备工作。

(2)严格按照设计进行作业,如因当时气候、作业区和机场条件限制影响作业,双方共同研究解决。

(3)作业飞行中严格执行专业飞行条例,在地形条件允许、保证飞行安全的前提下,努力提高播种质量,调整好播种器的出口,使每架次的种子均匀地落在播带内,并尽量避免出现种子堵塞返航事件。保证规定的作业高度(具体作业高度在播区试航后,双方商量作出规定,一般作业航高80~150 m)。

(4)飞机进入播区前应提早摆正航向压标作业,当侧风风速超过5 m/s时,应停止作业。

(5)与甲方密切配合搞好科学实验,并为此提供方便和有关数据。

(6)解决作业区和基地的通信设备、GPS导航接收机以及临时机场所用风向袋、边界旗、"T"字布等。

(三)收费办法

(1)作业收费时间和收费标准,按飞行管理部门规定执行。

(2)因甲方原因造成飞机返航,按实际飞行时间收费;因乙方原因造成返航不收飞行费。

(3)播种结束三个月内,由甲乙双方财务部门结算费用。

(四)其他

合同经双方盖章后生效。执行中如遇未尽事宜,双方共同协商解决。

二、与受益各方签订权益合同

飞播造林是开发利用大面积荒山、有益当代、造福子孙后代的事业。为取得良好的效果,应首先在管护上下工夫。飞播前,县林业部门即应与受益单位签订合同,受益单位再与管护人员签订管护承包合同,合同要明确各自的责任和义务以及奖惩办法。飞播造林及飞播林的经营形式或权益分配方式有多种多样,如国有、集体、个人、合资、合作、股份、承包租赁等,究竟采用哪种经营形式,可根据当地具体情况而定。在国有荒山上飞播后,可纳入各级相应的公益林经营保护范围,主伐时的林木收益可按1:1:1:7分成,即国家1成,乡政府1成,村集体1成,承包管护人员7成。在集体荒山飞播后,结合集体林权制度改革,可进行林权拍卖。

播区各级政府要切实加强领导,搞好爱林护林和法制教育,发动群众,制定爱林护林制度和乡规民约,做到奖惩分明,建立和设置必要的防火设施,持之以恒,一抓到底,使飞播造林卓有成效。

三、与气象部门签订气象保障合同

良好的飞行天气是安全飞行作业的重要条件,飞播造林的时间,往往临近雨季或雨季初期,天气复杂多变,准确地预测预报气象因素则是保障飞机安全飞行的关键。因此,播前林业部门要与气象部门共同协商订立施工期间的气象保障合同。一般以县(市、区)为单位签订,若机场所在地没有飞播造林任务应单独签订合同。合同主要内容如下。

(一)明确双方责任

林业部门(甲方)主要责任是:

(1)提供播区规划设计资料。

(2)提供作业日期、作业飞机架数信息,介绍播区及航路上的基本情况。

(3)提供气象人员必需的生活、工作条件。

(4)施工作业结束后,及时付清服务费。

气象部门(乙方)的主要责任是:

(1)选派1~3名有实践经验的预测预报人员,密切配合甲方工作。

（2）认真熟悉甲方提供的数据资料。

（3）备齐气象服务所需的工具、仪器等。

（4）施工期间,气象人员应按照规定时间认真进行能见度、云高、云量、风向、风速、气温、雷雨和积雨云的测报工作,做好记录,并积极与附近气象台(站)联系,注意了解、收看有关气象台(站)的天气预报,掌握天气发展趋势,做好天气预报工作,为指挥部提供可行的意见。

（二）收取服务费

收费标准双方协商确定,施工结束后一个月内双方财务部门结清。

（三）其他

合同由甲乙双方代表签字,加盖单位公章后生效。执行过程中遇未尽事宜,双方协商解决。

四、与机场部门签订机场使用合同

如果施工使用的机场非林业部门所有,如军用机场、民航机场等,播前还要同机场部门签订机场使用合同。合同主要内容包括:用途,预计调机日期、数量,作业架次,作业时间,所需要提供的服务保障,调度指挥以及收费标准和付费办法等。双方代表签字盖章生效。

第三节　种子准备

种子是飞播造林的物质基础。种子质量的优劣和种源选择是否合理,是决定造林成效和经济效益高低的关键之一。据河南省飞播营造林管理站进行的油松种源试验,用山西种子培育的油松林分20年生树高14.3 m,胸径13 cm,每公顷蓄积219.0 m³;用辽宁种子培育的20年生油松林分,树高10.3 m,胸径10.7 cm,每公顷蓄积103.5 m³;本地同龄对照林分,树高12.5 m,胸径12.4 cm,每公顷蓄积123.0 m³。可见,飞播造林用种,必须正确选择种源,重视种子的采集、检验、调运、处理和贮藏等工作,按设计树种、数量备足优良种子,做到适地适树适种源。

一、种子标准

采收的种子经过采集、处理、检验后,在产地对种子进行品质检验,由当地林木种子管理部门出具林木种子品质检验单,种子质量不能低于《林木种子质量分级》(GB 7908—1999)规定的二级种子标准。河南省飞播造林的主要树种种子质量标准见表6-2。由于河南省飞播用油松、马尾松种子基本上靠从外省调进,种源的选择也绝不能忽视,一定要按照国家标准GB/T 8822.1～GB/T 8822.13所规定的用种调拨范围,组织调进种子。

二、种子检疫

飞播用种调运前,应进行产地检疫,调运途中应进行复检。经营飞播种子的单位或个人,在调运前向当地森林植物检疫机构申请产地检疫,经森检员现场检疫,合格者发给产地检疫合格证;不合格的发给检疫处理通知单,然后按规定进行除害处理,除害合格后再

表6-2　河南省飞播造林主要树种的种子质量指标表　　　　　（%）

顺序号	树种	Ⅰ级				Ⅱ级				各级种子含水量不高于
		净度不低于	发芽率不低于	生活力不低于	优良度不低于	净度不低于	发芽率不低于	生活力不低于	优良度不低于	
1	马尾松 *Pinus massoniana*	96	75			93	60			10
2	油松 *Pinus tabulaeformis*	95	85			95	75			10
3	侧柏 *Platycladus orientalis*	95	60			93	45			10
4	漆树 *Rhus verniciflua*	98			80	98			70	10~12
5	黄连木 *Pistacia chinensis*	95	75	80		95	55	60		10
6	臭椿 *Ailanthus altissima*	95	65			90	55			10
7	五角枫 *Acer mono*	95			80	90			60	10
8	白榆 *Ulmus pumila*	90	85			85	75			8
9	沙棘 *Hippophae rhamnoides*	90	80			85	70			9
10	紫穗槐 *Amorpha fruticosa*	95	70			90	60			10
11	荆条 *Vitex negundo* var. *heterophylla*	95		80		90		65		10

发给植物检疫证书;对无法进行除害处理的,应停止调运,责令改变用途,控制使用或就地销毁。河南省飞播种子主要检疫对象、除害处理方法见表6-3。

表6-3　河南省飞播种子主要检疫对象、除害处理方法一览表

病虫名称	检疫方法	除害处理方法	调运检疫合格标准
日本松干蚧 *Matsucoccus matsumurae* （Kuwana）	直观检验、制片检验	禁止疫区种子调往非疫区	带虫株率0
松突圆蚧 *Hemiberlesia pitysophila* Takagi	直观检验、制片检验	禁止疫区种子调往非疫区	带虫株率0
美国白蛾 *Hyphantria cunea*（Drury）	直观检验	人工捕杀成虫;用硫酰氟、溴甲烷每立方米20～30 g熏蒸48 h	带虫株率0
紫穗槐豆象 *Acanthoscelides* *pallidipennis* Motschulsky	直观、过筛、剖粒、比重、染色、软 X 光检验	用硫酰氟、溴甲烷每立方米30～35 g,磷化铝每立方米9～12 g,氯化苦每立方米30～140 mL（50～65 g）,熏蒸72～96 h	种子带虫率0.1%以下
黄连种子小蜂 *Eurytoma plotnikovi* Nikolskaya	直观、剖粒、比重、染色、软 X 光检验	用硫酰氟每立方米60 g熏蒸72 h	种子带虫率0.1%以下

三、筛选、贮藏

经检验、检疫合格的飞播用种应提前调运到基地,并由种子筛选工人负责筛选处理。清除碎石、泥土、木棍、绳索、空籽等杂质,然后用种子专用袋,按15 kg或25 kg装包,并分别不同树种和产地堆放于阴凉、干燥、通风处,经常检查,防止霉烂变质。

四、种子复检

经过贮藏,种子出库装机前,还要进行品质复检。种子复检的内容同种子品种检验基本一致,包括种子净度、千粒重、含水量、发芽率、生活力、优良度等。复检结果与原林木种子品质检验单比较,若纯度下降5%以上,发芽率下降10%～15%,则播种时应按下降比率相应增加播种量。

五、需要特殊处理的种子

(一)脱蜡处理

漆树种子表面有一层蜡质,阻碍吸水发芽,播前需要脱蜡处理。处理方法是:用石碾先打去外果壳,再处理种子表面蜡质。将种子掺和等体积的谷壳,用碾米机打 2~3 次,漆树种子即由灰白色变为黄色,然后筛去谷壳播种。也可用碱水处理,即先将沸水倒入缸内,每 100 kg 加碱 3~4 kg,再将种子倒入罐内,然后搅拌揉搓,最后用清水冲洗,晒干播种。经过脱蜡处理的漆树种子当年出苗率可达 30%~50%。

(二)脱脂处理

黄连木种子表面有一层油质,同样阻碍吸水发芽,播前需要脱脂处理。处理方法与漆树脱蜡处理相似,先用石碾碾去外果皮,再用碱水浸泡揉搓处理,后清水漂洗,晒干播种。试验证明,用脱脂黄连木种子播种与未脱脂的种子相比,当年出苗率高 10%~15%。

(三)脱翅处理

五角枫、臭椿、白榆种子带翅,一是飞播时空中飘移距离远,影响播种质量;二是容易堵塞播种器出口,造成飞机返航,误工误时。这类种子需要脱翅处理,处理方法是:人工揉搓或打谷机粉碎,然后用细筛过滤种翅和杂物。

第四节　播区植被处理

为了保证种子着地,有利于萌发、扎根和幼苗生长,以进一步提高成苗效果,在有条件的地方,可根据实际情况,进行植被处理,或对播区采取适当的整地措施。

一、植被处理

植被处理的目的是让种子接触土壤,给种子发芽和生长创造一个有利环境,以提高飞播造林的出苗率。植被处理的方法有人工割草、砍灌、化学除草以及炼山等。一般来讲,河南省播区或植被盖度较小,或山高坡陡、地形复杂,容易发生水土流失,因此不宜进行炼山。在割灌时不是将灌木连根除掉,而是要保留灌木根部,同时,对经济价值较高的灌木应注意保留。植被处理时间一般在飞播前 1~2 个月进行。

二、播前整地

河南省属半干旱和干湿季节明显的地区,年降水量变化率大,在雨季中常出现短期干旱。为了提高土壤保水能力,减少"闪苗"损失,可根据播区自然条件(地形、地势、土壤类型、土层厚度、植被等)和社会经济条件,充分发挥机械、畜力和人力优势,采取全面整地、部分整地、带状整地、修梯坡、挖鱼鳞坑、挖竹节壕等多种整地形式,使有机质下垫面加速分解,土壤无机质外露,增强土壤保水能力,为种子发芽及幼苗生长创造有利条件,提高播种效果。

第五节 建立组织

一、建立飞播组织

飞播造林速度快、季节性强、涉及面广。为切实搞好地空配合,确保飞行安全,提高播种质量,按期完成播种计划,在整个飞播造林过程中,必须有统一的组织指挥和多部门的密切协作。

(一)成立飞播造林指挥部

飞播作业前1个月左右,有关县(市、区)要在政府的领导下,成立飞播造林指挥部,指挥长由主抓林业的副市长、副县长、副区长担任。指挥部成员由林业、气象、通信、供电、卫生、公安、航空等部门负责同志组成,统筹安排各项工作,协调解决有关问题。若播区属于一个县,指挥部同时承担机场指挥和作业区指挥;否则应成立机场指挥部和各市(县、区)的指挥部。

机场指挥部由有关领导、机场负责人、机组及林业技术干部组成,下设办公室(后勤组)、业务组、飞行组、装种组、保卫组等。各组分工如下:

(1)办公室:负责工作人员的食宿及交通工具等事务的安排。

(2)业务组:负责机场与播区之间的联系,及时向机组介绍播区设计及地形情况,根据气象预报和天气实况以及飞行的时间、距离安排作业计划和作业装种,了解作业质量和进度,解决有关技术问题。

(3)飞行组:安排作业计划和按设计的航高、播种量进行作业,在安全飞行的基础上,提高飞播作业质量。

(4)装种组:按每架飞机组织身强力壮民工7~10人,由技术人员负责,按设计的装种量尽快装种。装袋前,要对种子进行风选和过筛。装种时,严禁装载工具擦碰机身和触摸天线。

(5)保卫组:抽调武装保安人员,负责维持机场秩序、保卫飞机安全和跑道清理等。

(二)成立播区指挥部

播区指挥部由县政府组织林业、气象等有关部门组成,负责安排播区作业期间的各项工作。指挥部下设业务、导航、检质、后勤等四个组。各组分工如下:

(1)业务组:负责技术培训、通信联络、气象测报、检质情况的整理通报等工作。

(2)导航组:负责播区导航信号及时、准确、明显地出示。

(3)检质组:负责作业时落种质量的检查。

(4)后勤组:负责工作人员的食宿及交通车辆的安排等。

飞播作业期间,所有参加施工的单位和人员,应建立岗位责任制或经济技术承包责任制,明确职责,严明奖罚。飞播作业前,指挥部成员应召开联席会议,统一认识,统一行动,团结协作,尽职尽责。

二、人员培训

飞播作业前,要对参加播种质量检查、气象工作等的有关人员进行短期培训,使其了解飞播作业程序及相互关系,掌握各自的业务技术、操作方法,明确职责,以利于圆满地完成飞播任务。

(一)播种质量检查培训

在飞播作业中,播种质量检查是一项必不可少的工作。只有坚持质量检查,才能了解落种是否符合设计要求,并根据出现的问题及时提出改进意见,保证播种质量。播种质量检查内容、方法和质量评定标准见本书第八章第六节“播种质量检查”。质量检查员的培训,由林业部门指派熟悉业务的技术人员负责进行。

(二)气象人员培训

基地和播区的气象员,由飞播指挥部抽调有测报天气实况经验的气象员担任。按本书第八章第二节的内容,统一测定和编报方法。要求气象员勤于观察,按时测报,特别要注意避免气象因子测报失误而造成载种返航。

第六节　物资准备

物资准备包括机场物资准备和播区物资准备两部分。

一、机场物资准备

(一)机场场地物资

(1)通信电台(包括有关附件)、加油车由飞行部门配备;使用固定机场时,应与飞行场站协商借用储油设备及其使用时间。

(2)当种子仓库距离机场较远时,应在机场架搭临时种子堆放库(须防水、防湿、通风良好),以便加种。

(3)使用临时机场时,应由指挥部架设临时指挥塔台。塔台应高出地面,以便通览机场及两端净空,以利于调度指挥飞机。

(4)埋设临时机场飞行用油的储油罐时,由飞行部门进行指导,飞播指挥部安排人员组织实施。

(5)指挥部办公室和塔台之间应架设专用电话线。临时机场还应配备扩音设备。

(6)机场人员的食宿,应区分空勤和地勤,备足生活物资。

(7)当空勤、地勤人员的住宿地点离机场较远时,飞播指挥部应配备交通车接送,以利于作业。

(二)机场装种物资

(1)装种车:一般两架飞机配备装种车一辆或配备架子车两辆。

(2)其他物资:装种袋(以装种 25 kg 大小为宜,每架飞机需备 70 个左右)、三角木、漏斗、装种梯(或跳板)、扫把、簸箕、剪刀等。

(三)种子筛选物资

(1)飞播种子仓库及筛选场地:应尽量利用现有的种子仓库、粮食晒场或可作仓库晒场的房屋场地。

(2)筛种工具:风车、筛子、磅秤等。

(3)其他物资:种子防雨帆布、毛巾、肥皂、口罩等劳保用品。

二、播区物资准备

(一)通信、气象仪器设备

播区指挥部、机场指挥塔、机场装种现场和航线上应配备对讲机(或电台),数量视作业方案而定,另加 1~2 部(台)备用。每个播区临时配备两部移动电话。气象人员要带风向风速仪、秒表等仪器设备。

(二)质量检查器具

应准备接种布(1 m×1 m)若干块、讲义夹、铅笔、小刀、记录表、计算器、工作包等。试验播区需根据试验要求准备相应的物资。

(三)生活物品

要备足备齐交通工具、粮菜、野外饮水、防晒防雨工具、防暑伤痛用药等。

第七章　机型、设备与机场

　　飞播造林是利用飞机(固定翼飞机或直升机)及其机上播种设备,将种子播到人们预先规划设计好的地块上的一种造林方式。因此,飞机及其所配备的播种设备是飞播造林最重要的生产工具。不同的机型,由于性能和构造的不同,它所适宜飞播作业的范围、对播区地形条件和机场的要求也不同。所以,一种机型的操纵性能是否良好,播种设备是否定量准确、易于调节和维护,通信设备能否正常工作,直接关系到播种的质量、效率和成本的高低。为此,应熟悉播种作业飞机的性能和播种设备的结构,以便正确选择机型、机场(或修建简易临时机场),规划设计利于飞行作业的播区和按公顷用种量调节好定量装置,组织好机场装种和通信联络,密切地空配合。

第一节　机　　型

　　随着航空工业和农业现代化的日益发展,飞机在林业上的运用越来越广泛。不但飞机型号多,数量增长快,而且作业项目亦由单一的灭虫发展到飞播造林、施肥、化学除草、森林调查、林业遥感、护林防火、航空摄影等多种作业项目。

　　目前,世界上用于播种造林的飞机,分为固定翼飞机和直升机两类。固定翼飞机造价较低,载重量大,造林成本低。如美国的 PA - 36"印地安勇士"、"农业卡车"型飞机,苏联的安 - 2 型飞机;波兰和苏联联合制造的喷气式农业飞机 M - 15,澳大利亚的 PL - 12"空中卡车"以及瑞士生产的 PC - 6"涡轮 - 搬运工"等都是性能好、得到广泛运用的农业飞机。据报道,苏联已将安 - 2 飞机改进成安 - 3 飞机。该机增大了涡轮螺旋桨发动机的功率(用煤油),与运 - 5 型飞机相比,爬升率增大 1 倍(6 m/s),载重量增加 500 kg。该机适合大面积作业,备有自动装药的农药桶设备;着陆时能顺桨,可将着陆距离缩短到几十米;其生产效率比运 - 5 飞机约高 50%,成本降低 29% ~ 37%;飞机由一名驾驶员操纵。我国在国外考察、市场调查的基础上,通过分析国内外农业飞机的生产、使用和发展趋势之后,已拟定将运 - 5 型飞机换装涡桨发动机和更新机载电子设备。这种改进的农业专用飞机,不久即可用于我国飞播造林。

　　直升机比固定翼飞机机动性强,受地形限制较小,播撒种子效果好。播种时可任意选择高度,改变航速;同时可以在空中悬停,根据地面信号前进或后退;适合在地形复杂的小块土地上、在不规则地块的边缘角落和陡峭山坡上播种。另外,直升机可以在现场降落,缩短了空飞时间,装种速度快。但直升机造价高,耗油量大,播种成本较高。

　　此外,超轻型飞机近年来在国外发展也很快,我国近年来自行研制的蜜蜂三号、蜜蜂四号超轻型飞机在造林种草中尚处于试用阶段,但其发展前景值得人们重视和关注。

　　在我国飞播造林的 40 年时间里,一直使用固定翼飞机,曾在我国西南川滇黔三省高原地区使用的伊尔 - 14 型飞机,累计飞播造林 333.333 多万 hm^2,于 1970 年因性能老化而退役;运－5型飞机是我国飞播造林的最主要机型,据《中国民用飞机手册》一书中介绍,40年来在24个省、直辖市、自治区,100个地区,600多个县飞播面积已达0.14亿hm²,目前因性能老化大批退役。

进入20世纪80年代以来,我国用于飞播造林的机型除运－5型飞机外,还增加了运－5B型、运－12型、农－5型飞机。1989年9月首次在四川绵阳成功地举办了中国直升机播种造林试验。现将主要机型介绍如下。

(一)运－5型飞机

运－5型飞机是我国为农林业制造的单发活塞式双翼轻型多用途飞机。机长12.735 m,机高(停机状态)4.13 m,上翼展18.176 m,最大平飞时速(海拔1700 m)245 km/h,最大航程870 km。机场海拔1500 m以下时,载重量为1000 kg;海拔超过1500 m时,每升高300 m,载重量减少100 kg。

起飞重:5000 kg,基本重:3600 kg;

发动机(台数×kW):1×735;

汽油消耗量:140~160 kg/h;

每架次载重量:800~1000 kg;

作业速度:160 km/h;

作业航高:80~150 m;

起飞滑跑距离:150~180 m,下降滑跑距离:150 m。

运－5型飞机有下列特点:

(1)有较大的翼面积,有两套操纵系统和固定起落架,安全性能好,能作超低空飞行。

(2)能在高原、高温和寒带地区作业,适应性能较好。

(3)起飞降落距离短,要求机场条件不高,根据需要和地形条件可选建临时机场。

(4)机上装有完善的农业喷撒(洒)设备,能喷洒(撒)液剂(常量、低量和超低量)、粉剂、颗粒剂和种子。

由于运－5型飞机具有上述特点,因而在农林生产中普遍使用。除用于播种造林外,还用于化学除草、施肥、防治病虫、护林防火、播种水稻和牧草及人工降雨、探矿、空运鱼苗等方面。

飞机的性能决定其播种作业的使用范围。运－5型飞机发动机功率为735 kW,作业时航速一般为160 km/h,飞机爬升率一般为1~2 m/s,最大4 m/s,转弯半径为750 m。考虑到作业时的标准转弯呈烟斗形,净空要求增大一倍以上,加上风速和气流的影响,要求播区净空条件,两端不小于3 km,两侧不小于2 km,播区10 km范围内地形高差不宜超过300 m。

(二)运－5B型飞机

该机型是运－5型飞机的改进型,是由石家庄飞机制造厂研制的农林专用飞机。它是在保持运－5型飞机总体、气动布局和动力装置基本不变的基础上,对飞机内部结构和设备进行改进设计而成的,主要在以下三个方面进行了改进:

(1)为减轻农药对飞行员身体的危害,提高了驾驶舱的密封性,舱门由单蒙皮改为双蒙皮结构,舱内装有空调设备和加温装置,驾驶舱顶通风处加装了活性炭过滤装置。"微环境控制/个体冷却空调系统"可供选择。

（2）飞机的无线电设备和仪表进行了型号更新：无线电设备选用美国本迪克斯公司的产品，机上通信设备有短波单边带电台、超短波电台，导航设备有信标接收机和音频控制中心、无线电罗盘和无线电高度表。

（3）全新设计的播撒设备有一个容积为 1 637 L 的玻璃钢料箱。作业时除在地面按设计播量调节出种门开度外，还可在空中根据播种情况及时调节播量的大小。

运 - 5B 型飞机性能如下：

起飞重：5 250 kg，基本重：3 369 kg；

发动机（台数 × 马力）：1 × 1 000（1 马力 = 0.735 kW，后同）；

汽油消耗量：150 kg/h；

每架次载重量：1 000 ~ 1 500 kg；

作业速度：160 km/h；

作业航高：30 ~ 150 m；

起飞滑跑距离：172 m，下降滑跑距离：160 m。

（三）运 - 12 型飞机

运 - 12 型飞机为哈尔滨飞机制造公司自行设计的轻型、多用途飞机，该机为金属结构，采用双发、上单翼、单垂尾、固定式前三点起落架的总体布局，装有两台加拿大制造的 PT6A - 11 涡桨式发动机，螺旋桨可以变距和顺桨。运 - 12 型飞机分 I 型与 II 型，但其构造系统和装置均相同，主要区别是安装的发动机功率不同。运 - 12 型飞机为双人驾驶舱，机舱内增装了多普勒雷达以及其他高精度领航设备，对机场的要求与运 - 5 型飞机基本相同。1988 年 11 月民航第十七飞行大队从哈尔滨飞机工厂购置了 4 架运 - 12 型飞机，之后转让给贵州双阳通用航空公司，作为我国西南地区的通用航空使用。由于该机型实用升限大于 7 000 m，货舱容积增大了，经中国西南航空公司计划处、四川省营林调查队、民航西南管理局企业管理处、民航重庆飞行大队、四川省茂县林业局等单位共同协作开展了运 - 12 型飞机高原地区播种造林作业技术研究，试验取得了成功，并于 1989 年 11 月 29 日通过专家鉴定。试验结果表明，运 - 12 型飞机在海拔 3 700 m 以下地区飞播作业是可行的，可以保证飞行安全和播种质量。在高原地区选用运 - 12 型飞机播种造林获得成功，填补了我国川滇黔高原地区飞播造林的空白，对加快川滇黔等省高原地区大面积的荒山绿化步伐具有重大的现实意义，运 - 12 型飞机现已成为我国西南地区飞播造林的主力机型。

（四）农林 5A 型飞机

农林 5A 型飞机（N5A）是一种单发、下单翼、有固定式起落架的农林专用飞机，装有美国迈仪·莱康明公司的 P - 720 - DJB 型 294 kW（400 马力）发动机。

农林 5A 型可带播撒颗粒物料或粉剂和喷洒液体的两种农业设备，进行播种、施肥、森林防火防病、灭虫及除草等作业。

据南昌飞机制造公司提供的资料，1992 年 5 月使用农林 5A 型飞机在江西瑞金进行飞播马尾松试验作业，航速 170 km/h，高度 80 m 时，测得播幅为 40 m，横向均匀度变异系数为 37%，达到民航规定的不大于 70% 的要求；高度 25 m 时，测得播幅为 24 m。紧接着又在瑞金进行了防治松毛虫试验性作业,飞行高度 15 m,喷幅 35 m,灭虫效果达 97%。

依据农林 5A 型飞机的性能和我国北方地区选建临时简易机场较为方便的情况,该机型在今后开展的飞播造林种草治理沙漠,更新改造退化、沙化草场中具有良好的应用前景。

农林 5A 型飞机主要技术数据如下:

翼展:13.41 m,机长:10.48 m,机高:3.73 m;

空机重:1 328 kg,最大起重量:2 250 kg;

商载:750 kg,最大商载:960 kg;

作业载油量:85 kg,最大载油量(转场):233 kg;

作业速度:170 km/h,爬升率(带农业设备):4.29 m/s;

实用升限(带农业设备):3 750 m;

起飞滑跑距离:303 m,着陆滑跑距离:246 m;

续航时间(带农业设备):1.8 h;

航程(带农业设备):250 km。

(五)贝尔 206BⅢ型直升机

贝尔 206BⅢ型飞机是美国贝尔公司生产的一种单发动机的多用途飞机,装有一台 420 轴马力的艾利莱 250 - C20B 涡轮轴发动机。燃油容量为 288 L,滑油容量为 5.2 L。它能垂直起降、空中悬停和定点转弯,还能在空中前进、左右横行和倒退。该机轻便灵活,国外用于撒播种子、农药等,1988 年 9 月 15 ~ 19 日在四川省绵阳市,由四川省林业勘察设计院与日本三德航空电装株式会社合作进行了直升机播种造林试验,这在我国尚属首次,试验取得了成功。它给人们展现了使用直升机飞播造林的诸多优点:直升机飞播造林机动灵活,在空中能进、能退、能悬停,特别适用于播区面积小、地类插花的地段,播种针对性强;对场地要求不高,除利用现有机场外,还可在作业区设置临时起降点,就地作业,既节省了固定翼飞机由机场至作业区的往返时间,提高了作业效率,有利于抢时间抓季节,不误农时,又降低了飞行成本。我国已能制造多种直升机,又有日本赠与的播种设备,今后应组织专门队伍,立项开展直升机生产性试验,改进乃至研制新型直升机播种设备,使直升机与固定翼飞机播种造林比翼双飞,把我国飞播造林技术水平再提高到一个新的高度。

贝尔 206BⅢ型直升机主要技术数据如下:

机高:2.91 m,机长:11.93 m,旋翼直径:10.16 m;

标准结构重:1 452.80 kg;

一般载重量:250 kg;

燃油容量:344.5 L;

巡航速度:214 km/h,作业速度:160 km/h;

实用升限:4 115 m;

航程(最大燃油,最大有效载荷,海平面,无余油):549 km。

(六)蜜蜂三号超轻型飞机

蜜蜂三号超轻型飞机是国内第一种自行设计的在国民经济中有使用价值的超轻型飞

机,该机于1982年设计,1984年通过航空部技术鉴定。该机翼展10 m,机长6.15 m,机高2.72 m,空重145 kg,总重300 kg,最大起飞重330 kg,发动机功率30马力,最大平飞速度77 km/h,失速速度44 km/h,爬升率1.54 m/s,最小盘旋半径45 m,起飞滑跑距离72 m,着陆滑跑距离70 m,实用升限2 350 m,航程206 km。蜜蜂三号超轻型飞机得以广泛应用,已在全国半数以上省、市、区飞行,用于农业灭虫和施肥、飞播造林种草、森林防护、空中摄影、飞行训练、空中浏览等方面。蜜蜂三号不但在国内受到欢迎,在国外也享有盛誉。目前该机已研制出单座、双座、三座等一系列型号的机种,并已投入批量生产。

第二节　设　备

飞播造林的设备通常包括喷撒设备、通信导航设备以及机场的地面装种设备等。为确保按计划完成飞播任务,播前应把上述设备准备齐全,作业时严格按照技术要求认真操作。对设备存在的问题,应组织有关人员研究改进,并研制或引进先进设备。

一、播种设备

播种设备即喷撒设备。通常由种子桶(或种子箱)、定量装置、种子传送器和扩散器(或旋转盘)等组成。目前,世界上的播种设备,按构造和性能可分为旋转式撒播器、冲压空气撒播器和行播式撒播器。旋转式撒播器是由发动机驱动鼓风机将种子喷撒出去,由小型电动机改变旋转门的速度和可调滑门的开度控制种子流量。其优点是飞行阻力小,撒播时有足够的动力,能产生宽的均匀播幅。冲压空气撒播器是利用固定翼飞机螺旋桨产生的高速气流(以161 km/h的速度飞行,可得到240 km/h的高速气流),将种子喷撒出去。冲压空气撒播器结构简单,造价较低,但由于悬挂在机身下面,增加了飞行阻力,撒播动力也较小。国外原为直升机研制的旋转式撒播器已在部分固定翼飞机上安装。而行播式撒播器,系由美国研制成功的,作业时能同时播三行种子。这种撒播设备有一个半径10.16 cm的旋转盘,能够以不同的速度旋转,圆盘周围是钻了孔的种子室,由气流向进种部位提供吸力,向排种喷嘴提供压力(每分钟可喷射种子7 500粒),可用提高种子盘的旋转速度和增加种子室的数量来增大播种量。此种喷撒设备,可节约种子,降低公顷用量及成本;播种后所形成的行状林地,价值高,林木也易于机械采伐。

目前,我国飞播造林中使用的飞机均为固定翼式,播种设备为冲压空气撒播器。其中,伊尔-14型飞机的播种设备,系由我国自行设计研制的,经历了由"土"到"洋"、从人工机上倒种到电动操纵的过程。自1963年定型生产以来,一直使用至今。运-5型飞机的播种设备也经过了多次改进。实践表明,播种设备每改进一次,播种质量和效率均有不同程度的提高。下面介绍两种主要的播撒设备。

(一)运-5型飞机FB-85型播撒器

运-5型飞机FB-85型播撒器系由民航吉林省局、吉林工业大学和民航第十二飞行大队共同协作研制,于1988年12月正式通过专家鉴定。鉴定后,1989年生产FB-85型播撒器17台,在生产中推广应用,荣获1989年民航总局科技进步一等奖。

该播撒器由排种箱、扩散器和播量调节机构三部分组成,见图7-1。

与苏式裤衩型播撒器相比,FB-85型播撒器在设计与结构上有以下不同:一是将原

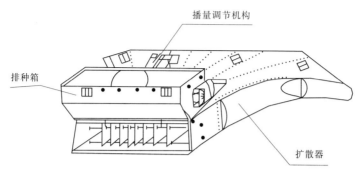

图7-1 运-5型飞机FB-85型播撒器简图

来的圆柱形下料口改为矩形下料口,减少了种子的堵塞;二是播撒器的进气道由两条增加到九条,改善了落种"中间密,两边稀"的状况,提高了均匀度;三是排种箱内设有电机操纵的螺旋输送器,既避免了种子堵塞,又利于播撒带芒的种子;四是该播撒器出种门开度变手工调节为电动调节,经播种作业证明,比苏式播撒器调量准确、方便;五是由于增加了护种活舌,使种子的地面流量与空中流量趋于一致。

另外,FB-85型播撒器还具有如下优点:播撒密度和落种均匀度等质量指标显著地高于苏式播撒器;维护容易,拆装方便;安装该播撒器后飞行阻力小,比安装苏式播撒器可提高时速5~6 km/h,并设有应急投放装置,对保证飞行作业安全具有重要作用。

(二)运-5B型飞机冲压式多流道播撒器

运-5B型播撒器为全新设计的一种冲压式多流道类型的播撒器,主要由料箱、门盒、扩散器、风动搅拌机构、种门开关与定量控制机构五大部分组成(见图7-2)。

扩散器分为两段,即喉口段和扩散段。喉口段为不锈钢焊接件,扩散段为铝合金铆接件。门盒主体为不锈钢板铆接结构,出种门和应急门主体采用铸铝合金,风动搅拌机构由风车、涡轮杆减速器和搅拌器三部分组成。该设备具有如下特点:

(1)播撒器采用多流道结构(进气口用导流板分为11条流道),提高了落种均匀度;

(2)种子的定量控制装置安装在飞机驾驶舱里,既可在地面又可在空中调节用量,方便迅速,空中流量与地面流量基本趋于一致,便于较准确地调节所需播量;

(3)有料位指示装置及观察口,飞行员在驾驶舱内可随时掌握喷撒情况;

(4)设有应急投放装置,所载物料能在几秒钟内释放完毕,增加了飞机的安全性;

(5)料箱容积由原来的1.2 m³增加到1.67 m³,且由金属结构改为玻璃钢结构,防腐防漏,该播撒设备已在生产上推广应用多年;

(6)播撒器安装与拆卸方便迅速,拆卸只需3~4 min。

总之,上述两种播撒设备的技术性能已达到20世纪80年代末期国际先进水平。

二、通信联络和导航设备

飞播造林是通过空中与地面的密切配合来完成的。随着电子技术、微电子技术的飞跃发展,人们已步入信息社会,因此机场与作业区、空中机组与地面飞播人员的联络,比之过去大为改观,各种型号的对讲机、步话机构成了通信网络,保证了飞播作业的顺利实施,尤其是移动电话的广泛使用,为飞播造林增添了"千里眼、顺风耳",通信联络更为迅速、

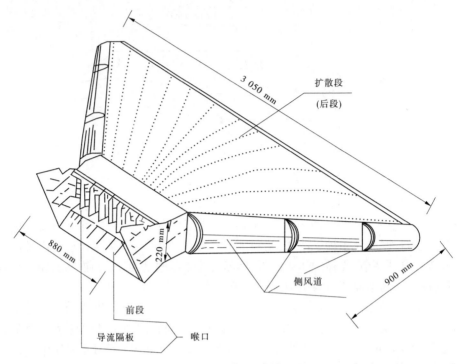

图7-2 运−5B型飞机播撒器

准确、畅通无阻,提高了飞播效率。

在通信联络工具不断更新,获得快速发展的同时,GPS定位导航这一高新技术在飞播造林中应用试验获得成功,又作为重大成果在生产中推广应用,标志着先进的飞机作业与落后的导航之间的矛盾得以彻底解决,迎来了飞播造林技术上的一场革命,它必将促进我国飞播造林朝着高速度、高质量、高效率的方向发展。目前,我国飞播造林中试验成功并在有关省、自治区推广应用的有以下两种类型。

(一)CGP−981导航飞播系统

四川省林业勘察设计院与中国人民解放军39753部队在运−5型飞机上选装北京卫星导航有限公司生产的VT9000GPS接收机,在全国率先试验成功,1996年飞播时选用航天部704所自行研制成功的汉字显示卫星导航定位仪。CGP−981导航仪为VT9000GPS接收机的改进型,功能增多,性能的稳定性进一步提高。整机的配置包括:①GPS接收机(导航仪)一台;②GPS天线一支;③电源线一根;④2 A保险管两个。CGP−981导航仪整机的连接见图7-3。

CGP−981导航仪安装在运−5型飞机驾驶舱内,该机具有定位、设置、差分和导航四大功能,面板由背光液晶显示器(320×240点阵)和24个按键构成。

该机技术性能指标为:

(1)十通道C/A码单频GPS接收机,密封式机壳。

(2)全自动四星三维定位、三星二维定位。

(3)定位精度:无SA时,±25 m(2DRMS);

有SA时,±80 m(2DRMS)。

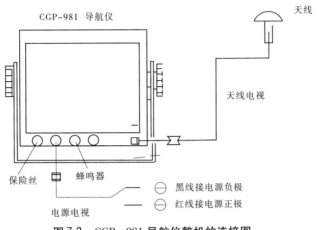

图7-3　CGP-981 导航仪整机的连接图

（4）测速精度为 0.02 m/s，有 SA 时 0.3 m/s。

（5）捕获时间 90 s（典型值）。

（6）跟踪动态：速度为 950 英里/h（420 m/s）；

加速度为 $2g$（19.6 m/s^2）。

该机的用途如下：

（1）随时显示飞机当前的位置、飞行速度、飞行方向、到下一个目标点的距离和精确的时间系统；

（2）帮助飞行员记忆重要位置；

（3）多条航线的记忆、偏航报警或到达报警；

（4）随时显示飞机的飞行轨迹；

（5）启动导航时，可提供并显示计划航迹。

该设备具有中文显示功能，简单易学好掌握，体积小，便于安装在运 –5B 型等飞机驾驶舱里，有数据和图像显示，可以逐级放大，数据更新率为 1 s。每台价格近 9 000 元，比较便宜，完全适合于飞播作业导航。利用 GPS 进行飞播导航的方法也较易掌握，已在河南等多个省推广应用。

（二）GPS 图示导航飞播系统

该系统由贵州省林业厅营林总站和黔南布依族苗族自治州林业科学研究所及安顺双阳通用航空公司共同研制成功，1995 年 7 月 21 日由贵州省科委主持通过了专家鉴定。GPS 图示导航飞播系统（简称 GTD）是一种以电子图像显示飞机空间位置的图像导航系统。GTD 主要由硬件和软件两部分组成：硬件有 GPS 接收机，PC 机（CPU386 以上，内存≥4 MB，硬盘≥80 MB，屏幕 VCA 或 SVGA，鼠标）和电源适配器等，辅助设备有扫描仪、打印机等；软件由课题组自行研制开发。

1. 系统硬件结构

GTD 结构包括 GPS 接收机、微型计算机、扫描仪、打印机、电源适配器和 GTD 软件，见图7-4。

GPS 接收机是决定 GTD 定位精度和动态响应速度的关键部件，扫描仪主要用于输入

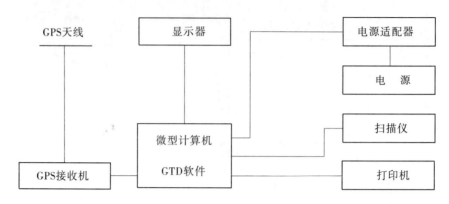

图7-4 GTD 结构示意图

地图,打印机主要用于输出图纸。

2.软件结构

系统采用弹出式汉字操作菜单,鼠标操作。

GPS 图示导航飞播系统与 CGP－981 导航飞播系统相比,具有如下显著特点:

(1)该系统由硬件和软件两部分组成,由课题组独立开发编制的 GPS 与微机接口软件和各种信息数据,把 GPS 导航数据图示化,用于飞播作业,在国内属首创。

(2)该系统开发出多种功能,在播区规划设计和控制作业技术上做出了多项重大改进:如只要输入播区经纬度和提供播区有效地类图,就可以用计算机完成播区规划设计,播区可设计为任意形状,按飞机最大载量装种作业,不考虑播完整带;亦可将非宜播地类显示在屏幕上,作业时间随时关闭种箱等。

(3)该系统扩大了应用领域,除用于飞播导航作业外,还可以广泛用于航空护林、飞机防治病虫害、抢险救灾、航空摄影等通用航空诸方面。

GPS 图示导航飞播系统是安装在运－12 型飞机上的,现亦可安装在运－5B 型飞机上,推广过程中要学习掌握 GTD 软件系统,以便在飞播生产中达到预期的效果。

第三节 机场选择与临时机场的修建

在飞播造林中,选择适宜的机场或修建临时机场,是提高工效、降低飞播成本的有效措施。

30 年来,河南省为飞播造林而修建、修复使用的临时机场共 6 个,它们是:新县机场、修武机场、卢氏机场、嵩县(内乡)机场、沁阳机场(南阳机场)、商城机场。使用这些机场共完成飞播造林 39.3 万 hm^2,为河南省飞播造林作出了重大贡献。

一、机场选择

机场距作业区的远近,与飞播效率、飞行成本及能否按时完成作业任务关系密切。根据播区的布局,种子、油料运输及生活供应等情况,就近选择机场,可提高工效,缩短空飞时间,降低成本。

二、临时机场的修建

修建运－5型飞机临时机场的工作内容如下。

（一）场址的选择

选址工作由林业部门提出要求,简要介绍场地情况,由飞行管理部门指派技术人员或经过选场训练的人员,深入现场察看确定。场址必须符合下列要求:

(1)净空条件良好。

(2)地形平坦,坡度适当,排水和土质情况良好。不需动用大量的土石方工程。

(3)尽可能选在飞播作业区中心和交通与水源都方便的地方。避免修筑公路、桥梁、占用耕地和拆迁房屋等。场址选定后,应绘出草图,提出施工方案,报请飞行管理部门和使用单位批准。

（二）跑道、安全道及净空条件

1.跑道的规格与要求

(1)跑道的长与宽:海拔500 m以下的机场,跑道长500 m、宽40 m;海拔500 m以上,每增高100 m,跑道长在上述规定的基础上再增加15 m。

(2)跑道方向:尽可能避开东西方向,并且与飞播作业季节的恒风方向一致。

(3)道面:必须坚实,用总重为5 t的机动车辆以3~5 km/h的速度碾压后,轮辙深度不超过2 cm。草皮道面,草高不超过30 cm;割草时应保留10cm左右的草茬(只限软茎植物),以保持道面应有的垫层。

(4)平整度:直径3 m范围内,起伏高差不超过5 cm;跑道在250 m以内,纵坡不大于1.5%;横坡不大于2%,不小于1%。

2.安全道规格

跑道两端各有50 m的端安全道,两侧各有10 m的侧安全道(见图7-5)。端、侧安全道都应当平坦,坡度不超过2%,变坡不超过1%,不能有水田或沼泽地,只允许保留高度不超过0.8 m的软茎作物。

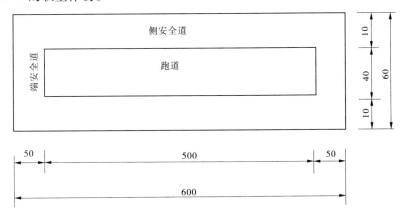

图7-5 运－5型飞机跑道、安全道示意图 （单位:m）

3. 机场净空条件

机场净空区长 7 000 m,宽 5 000 m(如受地形限制,一侧净空良好,另一侧净空不少于 1 000 m)。端净空区,由端安全道与侧安全道边界相交处起,以平面 15°角向外扩展,直到净空区的边界为止,对障碍物高度限制坡度为 1/30(端安全道末端为 0)。侧净空区,自侧安全道边界起至净空区边界止,以及侧净空和端净空相邻接的地段,对障碍物高度限制坡度为 1/15(高原机场除外)。运 - 5 型飞机净空区如图 7-6 所示。

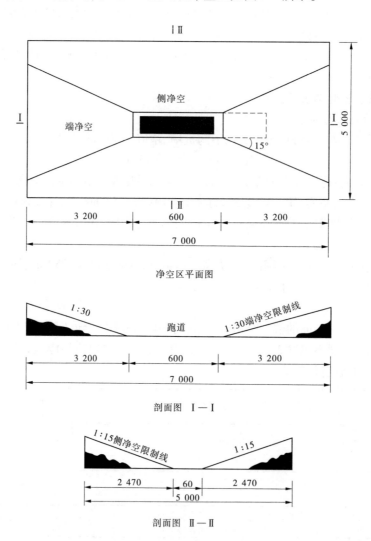

图 7-6　运 - 5 型飞机净空区平面及剖面图 　(单位:m)

4. 其他

机场净空区内架空电线除按规定的净空障碍物限制高度外,还必须符合下列规定:

(1)水泥和钢铁构架高压输电线的高度超过 30 m 时,距离跑道头不小于 3 000 m;低于 30 m 时,距离跑道头不小于 2 000 m;距离侧安全道和端净空侧边均不小于 500 m。

（2）水泥和木杆高压输电线,距离跑道头不小于 1 000 m;距离侧安全道和端净空侧边不小于 300 m。

（3）架空电话线及低压输电线等,距离跑道头不小于 500 m。

（三）场面的布置和要求

1.临时机场的房屋和建筑物

临时机场的房屋和建筑物（见图 7-7）,应当建在跑道的同一侧,高度应当按照净空规定,位置符合下列要求：

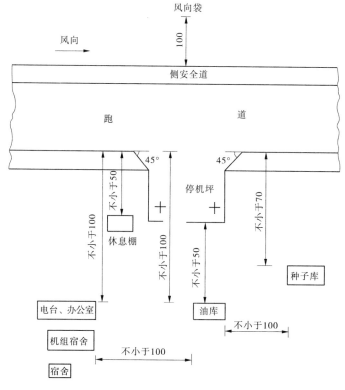

图 7-7 机场平面示意图 （单位:m）

（1）电台、办公室、宿舍、休息棚和其他房屋,距离跑道侧边不小于 100 m（临时休息棚不小于 50 m）。

（2）油库或油罐、油桶,距离跑道侧边及房屋、构筑物等不小于 100 m,距离停机坪、装料场不小于 50 m。

（3）种子库距离跑道侧边不小于 70 m。

（4）水池、药池、药堆和加水设备距离跑道侧边不小于 35 m。

2.停机坪的布置

停机坪应当布置在跑道中部或者两端的侧边。要求地势高亢,排水良好,土面平实,大小符合要求。与跑道侧边的距离：一架飞机使用时，不小于 20 m；两架以上飞机使用时，不小于 50 m。

为防止碎石打坏螺旋桨，停机坪应压平、整实或用混凝土浇筑。

在停机坪上，应按当地作业季节的大风方向，根据下列要求埋设地锚：

（1）地锚用钢筋或铁丝制作。

（2）地锚底部用木质十字架或混凝土十字架。木架不能有腐朽、蛀孔、劈裂、多节等现象，交叉处应将圆面削平，使接面妥贴；埋设时间超过 3 个月，应进行防腐处理。

（3）埋设地锚时，必须分层夯实。每层积土不超过 20 cm，整实后为 15 cm 左右。如土质干燥应适当泼水整实。

（4）如果当地风速有可能超过 40 m/s，应加大地锚强度或埋设三向地锚。

3. 临时机场的各种标志

临时机场的各种标志，是引导飞机起飞和降落的重要标志。其具体规格和布置按《中国民用航空专业飞行工作细则》的要求设置。各种标志应符合下列规定：

（1）跑道四角用白灰画"L"形的角形标志。其规格为沿跑道纵向长 5 m、横向长 3 m、宽均为 1 m；跑道两侧每隔 50 m 用白灰画长 2 m、宽 1 m 的白线。如用旗子作标志，跑道四角插红白旗一面，跑道两侧每隔 50 m 插白旗一面，旗杆高不得超过 1 m。

（2）在跑道中心用白灰画一条宽 1 m 的复飞线（或用红白旗标志）。

（3）风向袋（应使用标准风向袋）挂在停机坪对面，距跑道侧边 100 m 处，杆高 6~7 m。

（4）"T"字布应铺设在降落方向的左侧，距离跑道侧边 10 m、距离跑道头 50 m 的位置上。

4. 机场的验收

临时机场修建后，由省林业主管部门会同飞行管理部门及飞行大队（独立飞行中队）派人共同验收，验收合格方可正式使用。验收的要求如下：

（1）验收人员按规定逐项检查施工质量，并填写验收证明书（见表7-1）。由飞行管理部门和使用单位负责人共同签字。

（2）验收工作应在调机前三天完成。

（3）飞行部门验收人员应将验收结果和机场的主要技术资料（见表7-2）及时报告主管部门及飞行领导机关。

表 7-1　临时机场验收证明书

固定性 (一)机场名称：　　省　　县　　半固定性　　　　　　机场 　　　　　　　　　　　　　　临时性 (二)验收日期： (三)验收内容： 　　1.净空条件 　　2.跑道规格　　　　方向　　　　硬度　　　　平整度 　　3.安全道规格　　　　　　地势及农作物情况 　　4.停机坪装种场位置　　　规格　　　　硬度 　　　地锚布置及埋设方法 　　5.机场房屋及各种构筑物与跑道距离及相互之间的安全距离 　　6.机场标志设置 　　7.场面上其他较重要问题(如坟坑、水井、树根等)的处理情况 (四)验收结果 (五)签字： 　　1.交工负责人签字： 　　2.验收负责人签字： (六)附机场技术资料

表 7-2　临时机场技术资料简表

1	机场位置	坐标:东经　　　　北纬　　　　　树跑道磁向		
		与所属县域的关系 机场在　　县　磁方向　　　度　　直接距离　　km		
2	跑道安全情况	海拔		m
		跑道尺寸　　　　m 及结构		
		安全道尺寸及地锚情况	两端	m
			两侧	m
3	停机坪装种场的情况	规格		m
		可停飞机架数及地锚情况		
4	机场净空情况			
5	机场房屋及固定构筑物的情况			
6	机场标志情况			
7	机场排水条件			

续表 7-2

8	其他技术资料	当地气象特点 水文地质情况 邻近机场情况	
9	作业情况及反映	每年作业内容 机场使用起止日期 飞行人员和当地人员对机场的反映	
10		附机场平面图	

第八章　飞播作业

飞播作业通常包括:试航、飞行作业天气标准的确定、播种作业、装种与机场管理、导航方法与通信联络和播种质量的检查等。

飞机在空中进行飞播作业,受地形条件、天气状况影响较大,正确掌握飞播作业技术,是确保飞行安全、保证播种质量的重要环节。

第一节　试　航

试航,即视察飞行。在飞播作业前,由设计人员和机组人员共同对拟飞播区进行空中视察,以使飞行人员熟悉航路、播区范围、地形地物、航标位置以及通信等情况。试航时,播区四角要放烟、打旗,使机组人员看清播区位置及四至范围。若用 GPS 卫星定位系统导航,可在播区飞机入航处摆放地面信号。根据视察和设计人员的介绍,飞行人员应熟悉掌握飞机进入、退出的路线,在地形图上圈出影响飞行安全和播种质量的地段。

试航后,飞播指挥部与机组有关人员共同研究作业时间、播种顺序,制订作业方案和安全措施,编报作业计划;机务人员安装调试好播种设备;播区地面人员做好作业准备,待飞行计划批准后即开始作业。

第二节　飞行作业对气象的要求

一、影响飞行作业的气象因素

根据多年的飞播造林实践和专业飞行的特点,与播种作业密切相关的气象因子主要是能见度、云高、云量、风向、风速、气温、雷雨和积雨云等。

(一)能见度

能见度指具有正常视力的人在当时的天气条件下,用目力能看到目标的远近程度。

能见度对飞播作业有着重要影响。在飞播作业中,能见度好,有利于飞行员及早发现信号,保持航向压标作业。能见度较差或能见度测报不准确,往往造成返航,贻误播种作业时机,造成浪费。

(二)云量和云高

云的多少和云的高低,对天气的好坏、飞行的安全有着直接的影响。

云量系指云遮蔽天空的成数。它是用目视测定的。观测时,把播区范围内的天空划为十等份,其中遮蔽了几份,云量就是几。当云量达到 4 的时候(云高低于 300 m),无论是在地面看空中的飞机,还是从空中看地面,都看不清楚。在这种云量情况下,应停止作业。

云高系指云层离地面的高度。通常云高与云量共同对飞行产生影响。在一定云高条件下,对飞行的影响随着云量的增多而增大,以至不能作业;在一定的云量条件下,随着云高的增高而降低对飞播的影响,以至不再影响飞行作业。

(三)风向与风速

风向系指风的来向。通常用0°~360°划分为16个方位来表示。风向一般又分为顺风、逆风和侧风。与飞行航向一致的风为顺风,相反为逆风;与飞行航向形成一定夹角的风叫侧风。风速指空气在单位时间内的水平运动距离,风速单位为m/s。

风向、风速对飞机的起落、能否播种作业及播种质量都有很大影响。

(四)气温

气温的变化也是影响飞播作业的因素。通常气温升高、空气密度小,发动机进气量减少,造成发动机功率降低,螺旋桨拉力减小,既降低了飞行速度,又使飞机起飞和着陆的距离增长。

(五)积雨云和雷雨

积雨云是垂直发展极盛、体态庞大、像山和高塔般耸立着的云块,因而很远就能看到它。积雨云底部十分阴暗,常有雨幡和破碎的低云。积雨云的降水为阵发性的,并常伴有大风、雷电等现象,有时还有冰雹。积雨云和雷雨对飞行作业影响最大。

二、飞机作业的天气标准

运–5型飞机飞播作业的天气标准为:云高不低于300 m(云底距播区最高点的距离);能见度不小于5 000 m;侧风风速不大于5 m/s,侧风角不大于30°,顺、逆风速不大于8 m/s,并且无连续性颠簸或者下降气流。

三、做好天气测报工作

飞播造林的时间,往往选在雨季,天气复杂多变。为及时准确地向机场指挥部和飞行员提供播区、机场和航路的天气状况及发展趋势,必须与当地气象部门密切联系,选派有实践经验的气象人员,分别到机场和播区进行天气实况的测报工作。

气象员要按时认真进行各项内容的测报工作,作好记录,内容见表8-1。并积极与附近气象台(站)联系,收听有关气象台(站)的天气预报,了解卫星气象云图,掌握天气发展趋势,做好播区天气预报工作。

表8-1　播区天气测报记录

日期	观测地点	观察时间	云量	云高 (m)	能见度 (km)	风向	风速 (m/s)	其他

播区气象员要在飞机起飞前1 h向机场指挥部通报天气实况;在作业期间,当天气变化时,要及时通报。机场气象员根据播区天气和机场情况提出飞行意见和安全措施。

第三节 播种作业

经过熟悉机场和视察播区,各项工作准备就绪,天气条件适合飞行,就可以开始飞播作业。为确保飞播质量,要认真做好下述几项工作。

一、保持航向与严格压标飞行

飞播作业是低空飞行,特别是在地形复杂的山区,飞机因受气流等影响,常出现偏航、颠簸等现象,加之低空飞行视野较小,飞行员观察信号的时间短促,或者因信号不及时、不明显和飞机转弯过急,造成飞机不能对准信号入航,偏离设计航向,导致重播、漏播。所以,除在规划设计时要求正确选择航向外,飞机在播种作业过程中,还必须严格保持航向,做到压标飞行(即对准信号入航作业)。具体要求如下:

(1)地面信号人员应及时出示信号,引导飞机作业。用GPS导航,输入播区经纬度时要认真细致,输完一个播区后必须检查核对一遍,确保准确无误。

(2)飞机在进入播区前,飞行员首先要找到并对准信号。一般在离播区2~5 km时,就要注意寻找信号。

(3)把握好入航时机与角度。进入应播播带,可采用90°进入、切线进入和直线进入。在实际飞行作业时,无论采用哪种方法,都应当进入早、坡度小,改出转弯时距离信号不小于800~1 000 m。当飞机离播区200~300 m时,就要摆正航向,严格压标飞行。如因某种原因未能对准信号就进入作业线,则要拉升飞机重新进入。

二、偏流和移位的修正

如果空中没有风(即静风条件),则航线与航向线完全一致,这时航迹角等于航向角,地速等于空速。此时飞机保持航向对准信号,作业容易,落种位置准确性高。因此,在静风时,可安排播种易受风影响而产生飘移的小粒种子。

顺风和逆风下的飞行:在顺风(即风向与航向一致)条件下飞行作业,由于航迹角等于航向角,因此容易压标作业,不同的是地速大,即地速=空速+风速。在逆风情况下作业,航迹角等于航向角。但地速=空速-风速,增加播种时间。

在顺、逆风允许的风速条件下作业,应特别注意把握开关播种箱的时机,避免播区两端产生漏播或使种子飘到播区外。顺、逆风时,可按下列公式设置相关距离:

开箱距进航距离(m)=喷撒设备开箱延滞时间(s)×航速(m/s)±种子沉落时间(s)×
顺逆风速(m/s)

关箱距出航距离(m)=(设备关闭延滞时间(s)+剩余种子拖延时间(s))×
航速(m/s)±种子沉落时间(s)×顺逆风速(m/s)

当有侧风时,飞机就会偏离应播播带。为使飞机的航迹与信号线保持平行,飞行员应根据地面测报的风速、风向和落种位置偏移的情况,及时修正偏流和移位。

修正偏流:飞行员判明偏流后,根据飞机与信号的位置修正航向,保持飞机的航迹与信号线平行。偏流修正度数=风的垂直分力(m/s)×1.3(1.3是偏流修正系数,单位:

(°)/(m/s)),风的垂直分力 = 风速 × sinα(α 为侧风角)。

在飞播过程中,当侧风风速小于 2 m/s、侧风角小于 30°时,只要按上述公式修正偏流,压标作业即可。当侧风风速和侧风角大于上述标准时,飞行员要在进行偏流修正的同时,修正移位:移位的距离(m) = 种子沉落时间(s) × 风的垂直分力(m/s)。

移位修正的方法有两种:①空中移位修正法。在地形条件复杂、风向多变和地面信号转移困难的山区播种时广为采用。较地面移位修正法简单易行,但修正效果往往受飞行人员的技术水平和判断能力影响较大。②地面移位修正法。此法适宜在播区内通信联络条件好、地形开阔、高差较小的低山丘陵地区采用。

三、播种量的调节

为使播种设备按设计播种量出种,播前应在地面进行流量测定。其测定方法是:首先按播种器开口调节参数,调好定量装置尺寸,再根据设计的播幅、航速、每公顷播种量计算出每秒理论喷撒量,并准确称出喷撒 10 ~ 20 s 的种子重量(视每公顷用量大小而定),装入运 - 5 型飞机的种子桶内。接着打开播种设备开关,见到下落的种子即按秒表计时,直到种子流完为止。根据出种量和出种时间,计算出每公顷理论播种量,调至与每公顷理论播种量相符或接近时为止。

目前,播种量的调节方法有三种:一是用定量盘调节。二是把定量盘取下,用粉门直接调节开口大小。三是由冷气作动力操纵两扇半圆形门直接控制播种量。根据多年的飞播造林经验和不同的造林树种,运 - 5 型飞机播种器定量盘开口常采用表 8-2 中所列参数。

表 8-2　播种器开口调节参数

树种	播种量 (g/hm^2)	定盘量	
		上下间隙(mm)	错合开口(mm)
马尾松	2 250	0	14
	2 625	0	16
	3 000	0	18
油松	6 000	0	28
侧柏	7 500	0	30
油松 + 黄楝	300 + 1 500	5 ~ 10	30 ~ 32

已多次进行飞播的树种,则可按往年的经验和设计用种量,事先调节好定量盘的开度大小,第一、二架次返航后,根据地面接种情况以及种子桶内有无剩余种子和剩余多少,及时调整定量盘开口。

第四节　装种工作和机场管理

一、装种

飞播作业主要靠人工装种,因此应选派工作负责、身强力壮的人员来承担,一架运－5型飞机,一般由6~8人装种。装种人员在工作前要进行必要的培训。

(一)装种方法

通常采用汽车装种。待飞机停稳后,装种汽车可开到飞机旁,由加种人员按设计的架次载种量,将种子加入飞机种子桶内。

驾驶汽车的司机,必须技术熟练,责任心强,倒车时应由专人指挥。车停稳后要在后轮垫障碍物,避免接触飞机。

(二)装种要求和注意事项

(1)提前做好种子筛选工作,清除杂物。进行混播的种子,应提前按设计比例混合翻拌均匀。

(2)装种人员每天要按规定时间到机场工作,服从指挥,遵守有关规定。

(3)按照飞行作业顺序和播区设计要求装种,严防装错,并认真按规定的数量装种,不得随意增减。

(4)装种人员发现种子中混有杂物,要立即清除。加种完毕后,扣好机身顶部的加种盖,收集好空袋,人、车迅速离开飞机,并为下一架次装种做好准备。

(5)飞机完成一次播种作业降落后,首先检查种子桶内是否有种子。若有剩余,要通知机组人员排除故障,调整定量盘,清除种子后再装种。

(6)装种要迅速,操作要细心并注意安全,爱护设备。

二、机场管理

固定或临时机场是飞机进行生产活动的基地,必须做好安全保卫工作,保持良好的工作秩序。

(1)由警卫人员日夜值班,确保飞机、油料、种子的安全。值勤人数视具体情况而定。

(2)工作人员进出机场应佩戴袖章或其他标志。

(3)机场内禁止放牧,飞机起飞降落时,在跑道及起落方向延长线上300 m范围内禁止车辆、行人和牲畜通过。

(4)作业期间,未经飞播造林指挥部和机组人员同意,任何人不得随意登机和参观。

(5)注意防火。严禁吸烟,并备足灭火工具。

此外,修建的临时机场,在飞播造林结束后,应张贴布告,设置专人对机场及其设施认真加以保护,以备长期使用。

第五节　导航方法

导航信号是播种作业时引导飞机按预定的航向和播带进行作业的标志。

河南省1995年前常采用人工地面信号导航。为提高飞播造林质量,减轻导航人员的劳动强度,从1996年开始在民航部门的配合下,采用GPS卫星定位系统进行飞机播种造林导航。

一、人工信号导航

人工信号导航即利用摇信号旗、放烟雾剂或点烟等方法导航。为使导航信号出示及时,目标明显,信号队员必须做到:①在飞机到达播区前2~3 min,信号员就要面对飞机大幅度摆动信号旗、点烟火,及时发出信号,以便飞行员及早发现,摆正航向压标飞行。②信号队应由专业技术人员指挥或组成,因为他们熟悉播区情况和航标桩位置,有利于引导飞机正确飞行。

二、GPS导航

飞播作业前,将设计计算出的经纬度数值输入飞机上携带的GPS定位仪中。飞行员可根据飞行方位,按照GPS接收机显示的播区经纬度和量算的距离进行飞播作业。此种方法,不需地面人工信号。播区内只需安排1名气象员和2~3名播种检质人员即可。

第六节　播种质量检查

质量检查的目的,是要了解播种效果是否达到设计要求,以便及时改进飞播工作,提高作业质量,并为当年出苗调查提供依据。

播种质量的高低,是用实际播幅是否达到要求、落种位置是否准确和种子分布是否均匀来衡量的。一般要求实际播幅不小于设计的70%,单位面积平均落种密度为设计落种密度的50%以上,落种准确率和有种面积率大于85%。

一、质量检查的内容

(1)每架次应播播带的实际播幅宽度及其有效播幅宽度(每平方米按接种样方内落种4粒以上的宽度)。

(2)每个接种样方内的落种粒数。

(3)落种位置的准确度,偏移的方向、距离及重漏播宽度。

此外,要记载每架次播种作业时的风向、风速、落种时间及其航高等。

二、质量检查的方法和要求

播种质量是通过垂直于播带的若干等距离样方(又称质量检查点)来测算落种粒数、播幅宽度和落种位置的。检查样方可在测量航标线的同时测定设置。采用GPS导航时,应在播前进行检质线测设。样方之间的距离视设计播幅的宽度和试验的要求而定,一般为设计播幅宽度的 1/4(或 1/2)。如设计播幅为 50 m,样方间距一般为 12.5 m 或 25 m。

目前,河南省检查飞播质量的方法有下述两种。

(一)固定样方接种

具体做法是:用 1 m×1 m 的白布,根据播区播带的数量,按预先确定的样方间距垂直于播带摆设。为保证质量检查的可靠性,要求每个播区的检质线不得少于 2 条,每条播带的检质样方不少于 3 个。

摆放接种布前,应在摆放接种布的位置清除杂草、石块,踏平地面。然后,将接种布摆平,四角用石块压实,派专人按播带号逐一认真点数、记录,统计每个样方的实际落种粒数。

(二)移动接种布法

具体做法是:在检质线上,在应播带和偏前、偏后带均匀布设 13 块接种布,应播带航桩上为第 7 块样布,前后各有 6 块;若播幅为 50 m,相邻两块样布间距为 12.5 m,飞机每播一带后,样布依次向前一播带移动一站,以此类推。

在播完一带后,立即查点样方内的种子粒数,并按接种样方序号填入表 8-3。记录人员须由飞播作业中的技术骨干担任。

表 8-3 ＿＿＿＿＿＿播区＿＿＿＿＿＿号检质线落种记录表

日期	架次	播带号	样方内落种粒数(粒/m²)													平均落种粒数(粒/m²)	实播宽度(m)	有效播幅(m)	落种位置		重播(m)	漏播(m)	航高(m)	风向	风速(m/s)
			偏前带号				应播带号				偏后带号								偏前(m)	偏后(m)					
			13	12	11	10	9	8	7	6	5	4	3	2	1										

记录人:

在内业计算时,将落种记录表各样方落种粒数合计填入表 8-4。

表 8-4 播区检质情况统计表

播带号		1				2				3				4				5			
接种样方		1	2	3	4	5	6	7	8	9	10	11	12	13	14	15	16	17	18	19	20
接种数量	一次																				
	两次																				
	三次																				
	四次																				
合计接种粒数																					

根据表 8-4,计算下列数据:

(1)实际播幅 = 样方间距 × 1 粒以上样方数。

（2）有效播幅＝样方间距×4粒以上（含4粒）样方数。

（3）落种位置分准确、偏前和偏后三种情况。落种粒数多的样方位于应播带内时为准确,位于应播带的边界或与信号前进方向一致的相邻播带为偏前,反之为偏后。其所偏距离为每条播带落种粒数最多的样方至应播号桩间的距离。

（4）平均落种粒数（粒/m²）为落种总粒数除以有种样方数。

质量检查除采用适当的方法外,对检质线的设置也应全面考虑。为准确反映飞播造林的质量,除沿垂直于播带的山脊线设置质量检查线外,还应在播区的沟谷设置质量检查线或在山腰增设质检样方。

第七节　提高播种质量的技术措施

飞播作业质量的高低,不仅关系到重播、漏播面积的大小,落种均匀程度,而且也关系到若干年后苗木分布是否均匀、密度是否适中,直接影响到飞播林经营管理任务的大小。因此,采取相应的技术措施,不断提高播种质量,是飞播造林中亟待解决的问题。

一、影响播种质量的因素

影响飞播造林质量的因素是多方面的,而且各因素之间相互影响、相互制约、综合作用,现综述如下。

（一）风速过大

风向、风速不仅影响播幅的宽窄,而且也影响落种位置的准确性,尤其是与航向成一定夹角的侧风,影响更为显著。据观察,随着侧风角和风速的增大,落种的准确性随之降低。据河北省滦平县 1976 年测定,当侧风风速小于 2 m/s 时,落种准确率为 46.7% ~ 56.5%（若包括偏前半带在内可达 93.4% ~ 100%）。因此,侧风是造成重漏播的因素之一。

（二）飞行作业操作不准确

飞行员的高度责任心和精湛的飞行技术,是获得优良播种质量的决定性条件。在飞播造林过程中,有的飞行员缺乏在复杂地形的山区执行飞播任务的经验,常出现入航不准,偏航飞行,修正偏流、移位不准确,飞行高度偏高,播种箱开关不及时等情况,造成作业质量不高。

（三）机型单一,设备落后

目前,河南省用于飞播造林的飞机为运－5型,而且多是超期服役、设备落后的飞机,不能满足不同地形条件、不同树种的要求,严重影响了飞播造林的效率和质量。

（四）播区规划设计不合理

（1）播区内地形高差大,不利于飞机低空飞行作业。

（2）播区内有突出山峰或播区两端海拔较高,不利于飞机保持一定的飞行高度作业。

（3）播区距机场较远,山区局部小气候变化大,不利于飞行作业。

综上所述,播区规划设计是否合理,对播种质量的影响是不容忽视的。

二、提高飞播作业质量的技术措施

（1）合理选择、规划播区。为使所选择的播区利于飞播作业和取得良好的播种质量，应根据第二章和第六章所述要求，认真选择播区，合理进行规划设计。

（2）按飞行作业的天气标准，把好"放飞关"，一般要求侧风风速一级以下压标飞行，二、三级修正飞行，四级以上停止飞行。

（3）增加新机型，研制新的喷撒设备，开展直升机在飞播中的应用研究。

（4）利用 GPS 卫星定位系统进行精确导航。

（5）调好定量装置，按设计播量播种。

（6）改进飞行作业技术。飞行人员应不断提高技术水平，在播种作业时，应按规定的技术要求，把好一杆舵，做到准确入航、保持航向、压标作业；保持规定航速、航高均匀播种，认真操纵播种设备，及时开关种子箱，适时进行修正偏流和修正移位，使之落种准确。

三、提高飞播质量、降低飞播成本的技术措施

（1）就近选择机场或根据当地需要修建临时机场。

（2）抢时间、争速度、缩短作业时间是节约人力、物力，降低成本的有效措施。为抓住季节，适时播种，通常可采用以下办法：①根据"先难后易，先高后低，先远后近"的原则，合理安排作业顺序。多年的飞播经验证明，在安排播种作业顺序上，先安排高海拔、离机场远和飞行难度大的播区，后安排低海拔、离机场近和飞行难度小的播区。②同时计划两个播区，不仅可节省地面人员转移的时间，还可避免因一个播区天气不好而影响飞行作业。③人歇机不停，飞行作业时，每架飞机可配备两个机组，采取人歇机不歇的办法。在天气条件好时，全天连续作业，争取多飞，不放过一架次可飞天气时机。

（3）非宜播地段关箱，节约用种。穿插在播区内的农田、河流、水库以及村庄等非宜播地段，在飞播作业时可及时关箱，这样可节省大量种子，避免不应有的损失。关箱地段应在播区设计图上和设计说明书中加以标记与说明。

第九章　飞播造林成效调查与评定

飞播造林成效调查是整个飞播造林工作中的一个重要环节,主要内容包括对飞播成苗过程的观察、幼苗(林)的调查与效果评定三个方面。通过此项工作,可以查清飞播成效面积,了解幼苗(林)的生长分布状况,对飞播成效作出切合实际的综合评价,为飞播造林工作以及科学地经营管理好飞播林提供可靠依据。

第一节　成苗过程的观察

为了掌握播区种子发芽、幼苗成活及生长变化情况,为成效调查和效果评定提供准确依据,按照国家技术监督局颁发的《飞播造林技术规程》(GB/T 15162—2005)的要求,飞播作业后应立即在播区设置固定样方或标准地,对所播树种的种子发芽、成苗过程进行观察。其目的在于了解种子发芽、成苗过程,预测成苗效果,分析成败原因。

观察的内容和方法:在飞机播种作业的同时,按不同树种,不同播量,不同海拔、坡向、坡度、坡位和不同植被类型、覆盖度等因子,设置固定观察样方或标准地,观察样方(标准地)应设在播区具有代表性的地方。标准地面积为 2 ~ 10 m², 一般每 300 hm² 至 600 hm² 设置 2 ~ 3 个。标准地形状以带状为宜,从两侧进行观察,避免踩踏幼苗。样方(标准地)内的种子数量尽量与设计落种量近似。观察样方(标准地)要长期固定,设置明显标志,由专人负责,定期观察记载,填写卡片,建立档案。

样方(标准地)的观察时间与次数应根据不同树种的生物学、生态学特性确定。一般播后种子开始发芽即进行观察,萌芽期间每星期观察记载一次出苗情况。3 个月后每季度观察 1 次,第二年观察 2 次,可在春秋两季进行,连续观察两年。观察内容主要为种子发芽数量、损失数量、成苗数量及幼苗生长情况,并逐项填入表9-1。观察中还需了解幼苗出土后抗旱越冬状况。如幼苗仍不稳定,还需继续进行观察,直至苗木基本稳定为止。根据观察结果,对不同立地条件的种子发芽、成苗及变化规律进行分析,总结成败原因,并写出报告,及时向有关部门反馈。

表9-1　飞播成苗动态观察表

_____播区,地点_____　观察标准地号_____地类_____海拔_____m
坡向_____坡度_____坡位_____植被_____
植被盖度_____土壤_____　落种粒数_____

观察时间	飞播树种	出苗数(株)	幼苗保存数(株)	保存率(%)	真叶数	苗高(cm)	地径(cm)	根长(cm)	死亡数(株)	死亡原因	调查人

注:根长调查,在样方外挖苗 5 ~ 10 株,量长度时取最短、最长和平均数。

第二节　飞播造林当年成苗调查

飞播造林当年成苗调查是对飞播造林效果的初步检查。为了解飞播区出苗和幼苗生长情况,确定经营管理措施,在飞播当年幼苗生长停止后(一般在 10 月中下旬),由县(市)林业局组织技术人员对当年飞播区进行成苗调查,并将调查结果上报省林业主管部门。

一、成苗调查工作步骤

(一)准备工作

做好调查前的准备工作,是保证顺利完成调查任务的基础。

1. 资料准备

收集飞播区 1:2.5 万或 1:5 万地形图、播区设计图、播区规划设计说明书、飞播造林工作总结、飞播质检情况和播后气象情况等图纸与文字资料。

2. 物品准备

根据外业调查需要,组织编印各种内外业用表,做好仪器(手持罗盘、GPS 定位仪)、工具(测绳、花杆、计算器、铅笔、直尺、记录夹等)及其他备用品和交通、生活用具的准备。

(二)外业工作

根据工作方法和技术操作要求,到现场将各项调查因子落实到图、表上,按质量精度要求,不缺、不漏、准确无误地将野外所需调查资料收集齐全。

(三)内业工作

按要求统计汇总,编制成果材料。

二、成苗调查的方法

成苗调查采用系统抽样调查方法,即以播区为单位,垂直播带设置若干条调查线,在调查线上均匀设置调查点进行样地调查。

(一)调查线数量及设置

根据播区长度,一般每 1~3 km 设置一条调查线,但每个播区调查线的数量不得少于3 条,且第一条调查线距播区端界不小于 500 m。

(二)调查样地数量及设置

按播区面积大小,规定调查样地数量如表9-2 所示。

表9-2　成苗调查样地数量一览表

播区面积(hm²)	700 以下	700~1 400	1 400 以上
调查样地数(个)	100	101~150	151~200

根据所确定的样地数、调查线数及长度(单位:m),计算出样地间距(以 5 m 整化)。用手持罗盘定向,测绳量距,依次量出各调查样地的实地位置(样地间距不改平)。起始

样点距播区边界的距离不小于 25 m。

调查样地采用 3.33 m² 的圆形样地,以样点为圆心,1.03 m 为半径画圆。

(三)样地调查

在已确定的样地内,认真查数幼苗株数,量取平均高(以 cm 为单位,精确到小数点后 1 位),填写表 9-3。土壤填亚类,坡向填样地所处的大坡向。样地内有一株幼苗即为有苗样地。

表 9-3　飞播区成苗情况调查表

_____县_____播区

飞播时间:_____　　　　　　　　　　　　　　　　　　　　样地面积:_____ m²

样地号	地类	树种	株数	平均高（cm）	坡向	坡位	植被盖度	土壤	管护及其他情况

调查时间:_____　　　　　　　　　　　　调查者:_____

样地调查结束后,要对照飞播造林成苗调查实施办法,检查调查记录数据是否有误,有无缺、漏项。若有,应及时进行补充调查。确认无误后,方可撤离调查现场。

三、内业计算

(一)数据统计计算

内业工作开始前,先对收集的外业资料进行检查整理,无误后,首先统计出调查样地总数、宜播样地数和有苗样地数,然后根据下列公式计算相关数据:

$$宜播面积成数 = \frac{宜播样地数之和}{播区总样地数} \times 100\%$$

$$有苗面积成数 = \frac{有苗样地数之和}{播区总样地数} \times 100\%$$

$$有苗面积占宜播面积成数(有苗样方频度) = \frac{有苗样地数之和}{宜播样地数之和} \times 100\%$$

$$有苗面积内每公顷株数 = \frac{有苗样地幼苗总数}{有苗样地总数} \times 3\,000$$

(二)效果评定

根据计算结果,进行成苗效果综合评定。有苗面积每公顷有苗 3 000 株以上,且分布均匀,有苗样方频度大于 50% 的播区为合格,否则为不合格。不合格播区有苗样方频度为 20%~50% 的须进行补植补造,有苗样方频度在 20% 以下(不含 20%)的须重播。

(三)调查报告

在统计汇总调查情况的基础上,根据播区立地条件、种子品质及播后天气(指降水、干旱等)、管护等情况,分析成苗好坏的原因,写出成苗调查报告,并附"飞播区成苗调查统计表"(见表9-4),于11月底报上级主管部门。调查报告的内容应包括调查的承担单位、组织领导、时间、方法、飞播完成时间、面积、播区数、调查播区数等,并针对每个播区的调查统计内容进行分析和评价,总结出经验、教训,提出可行的建议。

表9-4　飞播区成苗调查统计表

单位名称	播区名称	播种面积(hm^2)	播种时间	调查时间	调查样地总数(个)	宜播样地数(个)	有苗样地数(个)	有苗频度(%)	有苗平均每公顷株数(株)	飞播有苗面积(hm^2)	等级评定

成苗调查负责人:＿＿＿＿＿＿　　　　　　　　统计负责人:＿＿＿＿＿＿

第三节　飞播造林成效调查

飞播成效调查,或称飞播效果调查,在《飞播造林技术规程》中已列为播后管理工作中的重要内容之一。飞播有无成效,有多大成效,必须在播后从种子发芽出土开始就进行观察,直至对幼苗、幼林的全面成效调查。只有做好这项基础工作,才能确定经营管理的内容和任务。如果飞播失败,就不存在管理了。

进行成效调查,一是可以查清飞播造林面积、保存率和林木生长与分布状况,使经营管理工作做到心中有数,有计划、有步骤地采取重造、补植、补播、幼林抚育、防治病虫害、封山育林等相应有效措施。二是可及时总结飞播成败的经验教训,为进一步做到适地、适树、适时、适法,以后搞好规划设计、施工等创造条件,以不断提高飞播造林质量。所以,这是播后不可缺少的一项工作,应及时做好。飞播成效调查所提供的成果资料,对各级领导和业务部门制订计划,加强生产管理,采取有效的经营措施,以及制定有关方针、政策等都有着重要的意义。

一、调查对象及时间

按照《飞播造林技术规程》的规定,对飞播造林苗龄满5年的播区,由市、县(市)林业局于10月底前组织技术人员,采用成林面积调绘法进行成效调查。飞播造林效果调查对象主要是幼苗和幼林。其内容包括播区内宜播面积、成效面积、平均每公顷株数、树高和地径及管护措施等。

二、成效调查的精度要求

飞播成效调查的目的,是查清成效面积和幼苗(林)的株数及其生长状况,分析成败原因,为以后生产和经营管理提供科学依据。因此,一般对播区成效面积精度要求达到80%~85%,郁闭度目测误差不超过0.2。外业中着重调绘小班面积和设置样地进行调查。

三、技术标准

(一)土地类型(地类)划分

土地类型(地类)是根据土地的覆盖和利用状况综合划定的类型,包括林地和非林地2个一级地类。其中林地划分为8个二级地类,12个三级地类,见表9-5。

表9-5　地类划分表

一级	二级	三级
林地	有林地	乔木林
		竹　林
	疏林地	
	灌木林地	国家特别规定灌木林地
		其他灌木林地
	未成林地	未成林造林地
		未成林封育地
	苗圃地	
	无立木林地	采伐迹地
		火烧迹地
		其他无立木林地
	宜林地	宜林荒山荒地
		宜林沙荒地
		其他宜林地
	林业辅助生产用地	
非林地	耕地	
	牧草地	
	水域	
	未利用地	
	建设用地	工矿建设用地
		城乡居民建设用地
		交通建设用地
		其他用地

1. 林地

(1)有林地:郁闭度0.2,附着有森林植被,或人工造林和飞播造林达到成林年限,单位面积保存株数达合理造林密度80%以上的林地,包括乔木林和竹林。

飞播林:指飞播5年以上,每公顷成活保存株数(包括补植补播、封育后更新的主要或目的树种幼树)达合理造林株数(针叶树3 000~3 750株/hm²、阔叶树3 000株/hm²或规划设计株数)80%以上,或郁闭度在0.2以上的飞播林。

为加强和便于飞播林的经营管理,按林分密度将飞播林划分如下三个等级:

飞密:每公顷6 675株以上;

飞中:每公顷3 000~6 674株,且分布均匀;

飞疏:每公顷1 050~2 999株。

(2)疏林地:指天然或人工起源郁闭度为0.1~0.19的林地。

(3)灌木林地:附着有灌木树种,或因生境恶劣矮化成灌木型的乔木树种以及胸径小于2 cm的小杂竹型,以经营灌木为主要目的或专为防护用途,覆盖度在30%以上的林地,包括国家特别规定的灌木林地和其他灌木林地。

(4)未成林造林地:指未达到有林地或灌木林地标准但有成林希望的林地。

为突出对飞播造林的管理,4年(含4年)以下的飞播造林地均划为未成林造林地,并依年龄和密度详细划分为:

飞未密:播后3~4年,每公顷6 675株以上,或播后1~2年,每公顷7 500株以上。

飞未中:播后3~4年,每公顷3 000~6 674株,或播后1~2年,每公顷3 750~7 499株,且分布均匀。

飞未疏:播后3~4年,每公顷1 050~2 999株,或播后1~2年,每公顷1 500~3 749株。

(5)苗圃地:连续育苗3年以上,固定的林木和木本花卉育苗用地,不包括母树林、种子园、采穗圃、种质基地等种子、种条生产用地以及种子加工、储藏等设施用地。

(6)无立木林地:包括采伐迹地、火烧迹地和其他无立木林地。

(7)宜林地:经县级以上人民政府规划为林地的土地,包括宜林荒山荒地、宜林沙荒地和其他宜林地。

(8)林业辅助生产用地:指直接为林业生产服务的工程设施(含配套设施)用地和其他具有林地权属证明的土地。

2. 非林地

非林地指林地以外的耕地、牧草地、水域、未利用地和建设用地。

(二)森林分类

1. 森林类别

按主导功能的不同,将森林(含林地)分为生态公益林和商品林两个类别。

(1)生态公益林:以保护和改善人类生存环境、维持生态平衡、保存物种资源、科学实验、森林旅游、国土安全等需要为经营目的的有林地、疏林地、灌木林地和其他林地,包括防护林(地)和特种用途林(地)。

(2)商品林:以生产木材、竹材、薪材、干鲜果和其他工业原料等为主要经营目的的有林地、疏林地、灌木林地和其他林地,包括用材林、薪炭林和经济林。

2. 林种划分

根据经营目的的不同,将生态公益林(地)、商品林(地)分为 5 个林种、23 个亚林种,见表 9-6。

表 9-6　林种分类系统表

森林类别	林种	亚林种
生态公益林(地)	防护林	水源涵养林
		水土保持林
		防风固沙林
		农田牧场防护林
		护岸林
		护路林
		其他防护林
	特种用途林	国防林
		实验林
		母树林
		环境保护林
		风景林
		名胜古迹和革命纪念林
		自然保护林
商品林(地)	用材林	短轮伐期用材林
		速生丰产用材林
		一般用材林
	薪炭林	薪炭林
	经济林	果树林
		使用原料林
		林化工原料林
		药用林
		其他经济林

(1)防护林:以发挥生态防护功能为主要目的的有林地、疏林地、灌木林地(亚林种详见表 9-6)。

(2)特种用途林:以保护物种资源、保护生态环境、用于国防、森林旅游和科学实验等为主要经营目的的有林地、疏林地、灌木林地(亚林种见表 9-6)。

(3)用材林:以生产木材或竹材为主要目的的有林地和疏林地。

(4)薪炭林:以生产热能燃料为主要目的的有林地和疏林地。

(5)经济林:以生产油料、干鲜果品为主要目的的有林地和疏林地。

(三)树种组划分

(1)油松:包括油松、黑松、华山松。

(2)马尾松:包括马尾松、黄山松。

(3)国外松:火炬松、湿地松。

(4)落叶松:包括日本落叶松、华北落叶松等。

(5)柏木:包括侧柏、柏木、桧柏等。

(6)栎类:包括栓皮栎、麻栎、槲栎、锐齿栎、茅栎等。

(7)杉木:包括杉木、水杉、池杉、落羽杉、柳杉等。

(8)刺槐。

(9)白榆。

(10)毛白杨。

(11)其他杨类。

(12)泡桐。

(13)针阔混交。

(14)阔混:包括以上树种以外的其他阔叶用材树。

(15)毛竹:包括毛竹、刚竹等大径竹。

(16)杂竹:包括桂竹、淡竹等小径竹。

(17)经济树种:包括油桐、核桃、油茶、漆树、山茱萸、杜仲、柑橘、苹果、桃、杏、梨、柿、枣、板栗、茶树、银杏、乌桕、花椒、蚕桑类、蚕柞类及各种条、杆等。

小班调查记载时,若树种较少,可填写具体名称。

(四)地貌划分

(1)中山:海拔≥1 000 m 的山地。

(2)低山:海拔<1 000 m 的山地。

(3)丘陵:没有明显的脉络,坡度较缓,且相对高差<100 m。

(4)平原:平坦开阔,起伏很小。

(五)地形划分

(1)坡度。Ⅰ级为平坡:<5°;Ⅱ级为缓坡:5°~14°;Ⅲ级为斜坡:15°~24°;Ⅳ级为陡坡:25°~34°;Ⅴ级为急坡:35°~44°;Ⅵ级为险坡:≥45°。

(2)坡向:分东、南、西、北、东北、东南、西北、西南、无坡向 9 个坡向。

(3)坡位:分脊、上、中、下、谷、平地 6 个坡位。

(六)土壤

(1)土壤种类:调查时,土壤名称记载到亚类。

(2)土壤厚度:野外调查记载土厚实际值,土壤厚度 A + B 层,当有 BC 过渡层时,应为 A + B + (BC/2)的厚度。等级标准见表9-7。

表9-7　土壤厚度等级表

等级	土壤厚度（m）	
	亚热带山地丘陵	亚热带高山、南温带
厚	≥80	≥60
中	40～79	30～59
薄	<40	<30

（3）土壤质地：分沙土、沙壤土、壤土（轻壤土、中壤土、重壤土）、黏土。

（4）石砾含量：石砾含量按轻石质（石质含量20%～40%）、中石质（41%～60%）、重石质（61%～80%）填写。当土壤中石砾含量大于重级标准者属于石质土（石块为主）或粗骨土（角砾、石粒为主）。

四、成效调查的准备工作

（一）收集技术资料

主要收集地形图、播区设计图、作业图、播区规划设计说明书、固定样地观察资料、当年成苗调查情况、播区经营管理经验总结、历年积累的各项技术、气象资料以及历年普查成果、文件等图表和文字资料。

（二）物资准备

主要包括所需的内、外业用表，工具（罗盘仪、手持罗盘、GPS终端、三角板、量角器、测绳、花杆、皮尺、计算器、测树围尺等）及其他备用品和交通、生活用具等。

（三）组织试点

由省或市、县统一组织所有外业调查人员进行试点练习，以达到统一操作方法，统一技术要求，统一质量标准。试点练习的重点是各种地类的划分、小班区划条件的运用、地形图识别、罗盘仪测量和调查因子的调查记载。练习结束时还可对小班调绘（面积误差）、调查因子（株数、树高、地径等）进行考核，了解熟练程度，以利于开展外业工作。

五、成效调查的方法

成效调查有多种方法，对于立地条件较差，飞播幼苗生长缓慢，且隐蔽在灌、草丛中，不能目视外貌的，多采用等距离样方法或成数抽样法调查，估测成效面积和株数。5年生左右的幼林，已长出灌、草丛，外貌一目了然，一般都采取林、小班调查法，测算飞播成效。根据河南省飞播区的自然条件和调查对象生长情况，飞播成效调查主要采用成林（林、小班）面积调绘法进行调查。

（一）调查区划

1. 区划方法

以飞播区为单位，根据现有资料，将播区界和县、乡（镇）、村界转绘到外业调查用图上，并在小班调查时进行现地修正（重播区应以最后一次资料为准）。

2. 小班划分

（1）小班划分条件：①小班不跨越村民小组界；②权属不同，分国有、集体、个人三种；

③土地种类不同;④起源不同;⑤林种不同;⑥飞播林(苗)密度不同。

(2)小班面积:飞播林小班勾绘面积1.3~20 hm²,其他地类小班1.3~40 hm²。

(3)小班划分方法:根据小班划分条件,利用1:1万或1:2.5万地形图对坡勾绘小班界线,并通过小班调查进行核对。

(4)小班编号:以播区为单位,将小班由上到下、自左向右依次编号(外业区划调查时可将小班临时编号,内业整理时再按要求统一编号,一定要做到图表统一)。

(5)在原播区界限外,由于飞播作业期间偏播形成的飞播林,也要划分小班进行调查。

(二)立地类型的划分和造林类型表的编制

1. 立地类型的划分

(1)立地类型划分的原则:①自然条件的一致性;②立地因子的近似性;③科学性与实用性的统一;④面向生产,为提高营造林技术水平服务。

(2)主导因子的确定:在充分利用现有成果资料,包括《河南省立地分类与造林典型设计》及近期科研成果资料的基础上,通过对飞播区的线路调查和典型样地调查结果,经综合分析,确定影响飞播造林成效的主导因子为海拔、土层厚度和坡向。

(3)立地因子分级标准:根据各飞播树种在不同立地类型上生长情况的直接对比,为确保飞播成效,对各立地因子进行分级,分级标准如下:

海拔:分三级,即1 000 m以上、500~1 000 m、500 m以下。

土层厚度:分两级,即土厚≥30 cm、<30 cm。

坡向:分两种,即阴坡和阳坡。

(4)立地类型的划分结果:经过对三个主导因子(部分类型参考其他因子)分级后的归纳组合,共划分12个立地类型,见表9-8。

表9-8 立地类型表

立地类型	代号	主要立地因子		
		海拔(m)	坡向	土层厚度(cm)
中山阳坡薄层土型	I	1 000以上	南、西、东南、西南	<30
中山阳坡中厚层土型	II	1 000以上	南、西、东南、西南	≥30
中山阴坡薄层土型	III	1 000以上	北、东、西北、东北	<30
中山阴坡中厚层土型	IV	1 000以上	北、东、西北、东北	≥30
低山阳坡薄层土型	V	500~1 000	南、西、东南、西南	<30
低山阳坡中厚层土型	VI	500~1 000	南、西、东南、西南	≥30
低山阴坡薄层土型	VII	500~1 000	北、东、西北、东北	<30
低山阴坡中厚层土型	VIII	500~1 000	北、东、西北、东北	≥30
低山丘陵粗骨土型	IX	500~1 000		石砾含量>70%
岩石裸露垱窝土型	X	500以上		露岩占50%左右

续表9-8

立地类型	代号	主要立地因子		
		海拔(m)	坡向	土层厚度(cm)
急险坡多石砾型	XI	500 以上		坡度 >36°， 石砾含量 30% ~70%
河滩地型	XII			

2. 造林类型表的编制

(1)造林类型表编制原则:①立地条件;②树种的生物学特性与培育目的;③当前林业生产经营水平;④科学性与实用性的统一;⑤提高飞播造林成效。

(2)造林类型表编制的依据:①《飞播造林技术规程》(GB/T 15162—2005);②《造林技术国家标准》(GB/T 18337.3—2001);③《国家林业局林业专业调查主要技术规定》;④《河南省立地分类与造林典型设计》;⑤飞播区近年来有关科研成果。

根据上述原则和依据,共编制 27 种造林类型,见表9-9。

(三)小班调查

1. 调查方法

在小班内设置样地进行调查。

2. 样地形状、面积及数量

调查样地为半径 1.79 m、面积 10 m² 的圆形样地。当小班面积小于 10 hm² 时,可设置 3 ~5 个样地;当小班面积大于 10 hm² 时,应适当增加样地数量。

3. 样地设置

纵贯小班设一条调查线,选有代表性的地段设置样地,并设立明显标志。

4. 有苗样地

有苗样地指调查时有 1 株健壮乔木或 3 丛灌木的样地。播种苗或天然更新的树种苗木均按成效计。

5. 调查内容

(1)小班基本情况调查:小班内地形地貌各项因子按照技术标准如实填写。结合样地调查,可参照土壤自然剖面,记载小班的土壤名称、厚度、质地、砾石含量等。调查记载下木、地被物主要种类、高度、分布状况和盖度。复合小班应估出各地类面积的百分比。

(2)有飞播成效的小班调查:①在样地内区分树种、起源查数幼树株数,样地周界上的幼树 2 株计 1 株。②年龄。记载幼树的实际年龄。③平均高和平均地径:在样地内选择 2 ~3 株有代表性的幼树,测定其树高(单位:m,保留一位小数)和地径(单位:cm,取整数),用算术平均法求算样地和小班林木的平均高与平均地径。④根据飞播幼林的分布、生长状况,提出经营管理措施。对飞播疏林地和含有块状无林地的有林地小班还应选择适宜的造林类型(查表9-9)。

(3)天然林、人工林小班调查:调查记载树种组成,林龄,林分平均高、平均胸径和郁闭度(或每公顷株数)。

表9-9　造林类型表

林种	造林类型 代号	造林类型 名称	适宜的立地类型	整地 时间	整地 方式	整地 规格(m)	造林 季节	造林 方法	株行距(m)	每亩穴	混交方式	苗龄(年)	苗木规格 苗高(m)	苗木规格 地径(cm)	每公顷用种(kg)/苗(株)	备注
1	2	3	4	5	6	7	8	9	10	11	12	13	14	15	16	
用材林 Y	Y_1	油松林	II、IV、VI、VII	冬、春季	穴状	0.3×0.3×0.3	雨季	点播	1×2	4 995	纯林				4.5	林种代号： 防护林 — F 用材林 — Y 经济林 — J 树种代号： 油松 — 1 落叶松 — 2 华山松 — 3 栓皮栎 — 4 麻栎 — 5 侧柏 — 6 马尾松 — 7 火炬松 — 8 湿地松 — 9 刺槐 — 10 水果类 — 11 山茱萸 — 12 望春花 — 13 猕猴桃 — 14 油桐 — 15 板栗 — 16 核桃 — 17 漆树 — 18 杜仲 — 19
	$Y_{2(3)}$	落叶松(华山松)林	II、IV	随造随整	穴状	0.3×0.3×0.3	春、雨季	植苗	1.5×2	3 330	纯林	1～2	0.15～0.2	0.3～0.4	4 995	
	$Y_{4(5)}$	栓皮栎(麻栎)林	II、IV	随造随整	穴状	0.4×0.4×0.5	雨季	点播	1×2	4 995	纯林		0.2～0.35	0.25～0.4	60～75	
	Y_6	侧柏林	V、VII	随造随整	穴状	0.4×0.4×0.3	春、雨季	植苗	1×2	4 995	纯林	1～2	0.15～0.25	0.25～0.35	4 995	
	Y_7	马尾松林	V、VI、VII、VIII	随造随整	穴状	0.3×0.3×0.3	春、雨季	点播	1.5×2	3 330	纯林				4.5	
	$Y_{8(9)}$	火炬松(湿地松)林	VIII	冬、秋季	穴状 带状	0.6×0.6 / 1.5×1.5	春、雨季	植苗	2×3	1 665	纯林	1	0.2～0.3	0.4～0.6	1 665	
	Y_{10}	刺槐林	VI		穴状	0.4×0.3	春、秋季	植苗	1×4	2 505	纯林	1	1～1.5	1～1.5	2 505	
	$Y_{1×4(5)}$	油松＋栓皮栎(麻栎)林	IV、VII	随造随整	穴状	0.3×0.3×0.3	春、雨季 / 秋季	植苗 / 点播	1×2	4 995	带状或块状	1～2	0.15～0.2	0.3～0.4	4 995	
	$Y_{7×5(4)}$	马尾松＋麻栎(栓皮栎)林	VI、VII	随造随整	穴状	0.3×0.3×0.3	春、雨季 / 秋季	植苗 / 点播	1.5×2	3 330	带状或块状	1～2	0.15～0.2	0.3～0.4	3 330	
防护林 F	F_1	油松林	I、II、III、IV、VII、VIII	冬、春季	穴状	0.3×0.3×0.3	雨季	点播	1×2	4 995	纯林				4.5	
	$F_{2(3)}$	落叶松(华山松)林	II、IV	随造随整	穴状	0.3×0.3×0.3	春、雨季	植苗	1.5×2	3 330	纯林	1～2	0.2～0.35	0.25～0.4	4 995	
	$F_{4(5)}$	栓皮栎(麻栎)林	II、IV	随造随整	穴状	0.4×0.4×0.5	秋季	点播	1.5×2	3 330	纯林				60～75	
	F_6	侧柏林	V、VII、IX、X	随造随整	穴状	0.4×0.4×0.3	春、雨季	植苗	1×2	4 995	纯林	1～2	0.15～0.25	0.25～0.35	4 995	

续表9-9

林种	代号	名称	适宜的立地类型	整地 时间	整地 方式	整地 规格(m)	造林 季节	造林 方法	株行距(m)	每亩穴	混交方式	苗龄(年)	苗高(m)	地径(cm)	每公顷用种(kg)/苗(株)	备注
1	2	3	4	5	6	7	8	9	10	11	12	13	14	15	16	
防护林 F	F7	马尾松林	VI、VIII	冬、春季 随造随整	穴状	0.3×0.3×0.3	雨季 春、雨季	点播 植苗	1×2	4995	纯林	1	0.15~0.2	0.2~0.3	4.5 4995	
	F8(9)	火炬松(湿地松)林	VIII	冬、秋季	穴状 带状	0.6×0.6 1.5×1.5	春季	植苗	2×3	1665	纯林	1	0.2~0.3	0.4~0.6	1665	
	F10	刺槐林	VI、X		穴状	0.4×0.3	春、秋季	植苗	1×4	2505	纯林	1	1~1.5	1~1.5	2505	
	F1×4(5)	油松+栓皮栎(麻栎)林	III、VII	随造随整	穴状	0.3×0.3×0.3	春、雨季 秋季	植苗 点播	1×2 1×2	4995 4995	带状或块状	1	0.15~0.2	0.2~0.3		
	F7×5(4)	马尾松+麻栎(栓皮栎)林	VII、VIII	随造随整	穴状	0.3×0.3×0.3	春、雨季 秋季	植苗 点播	1×2 1×2	4995 4995	带状或块状	1	0.15~0.2	0.2~0.3		
经济林 J	J11	水果类(苹果)	VI	冬季	大穴	1×1×1	春季	植苗	2×3	1665	纯林	1	1	1	1665	
	J12	山茱萸	VI	初冬	鱼鳞坑	1.2×0.6×0.5	春季	植苗	3×3	1110	纯林	2	0.2~0.4		1110	
	J13	望春花	VI、VII		大穴	1×1×0.5	春季	植苗	4×6	420	纯林	1	0.5~0.8	1~1.4	420	
	J14	猕猴桃	VI、VII	初冬	鱼鳞坑	1.2×0.6×0.5	春季	植苗	3×4	740	纯林	2	0.2~0.4	1	740	
	J15	油桐	IX、X	随造随整	大穴	1×1×0.5	立冬	点播	4×6	420	纯林				45	
	J16	板栗	VI、VII	冬、春季	鱼鳞坑	1×1×0.8	春季	植苗	3×4	740	纯林	2~3	1.5~2.5	1.5~2.5	740	
	J17	核桃	VI、VII	随造随整	穴状	0.5×0.5×0.5	春季	植苗	4×6	420	纯林	2	0.4~0.6	1~1.5	420	
	J18	漆树	III	随造随整	块状	1×0.5×0.5	春季	植苗	3×4	740	纯林	1	0.6~0.9	0.7~1.0	740	
	J19	杜仲	VI、VII	秋季	水平沟	1.5×0.5×0.4	春季	植苗	1×2	4995	纯林	1	1~1.5	1~1.5	4995	

（4）未成林造林地小班调查：调查造林时间、树种、造林密度、保存率及生长情况。

（5）经济林小班调查：调查记载树种、年龄、每公顷株数及产量等。

（6）灌木林小班调查：通过目测调查记载其种类、覆盖度、高度和利用价值。

（7）无林地及疏林地小班调查：通过自然情况调查，确定其立地类型和造林类型（查表9-8、表9-9），并分析无苗原因（损失或失败）。

（8）非林业用地小班调查：记载小班位置和地类。

进行小班调查时，要详细填写"飞播区成效小班调查表"（见表9-10）。

（四）播区管理及其他情况调查

调查了解播区管护的组织、措施和人员的落实情况及护林防火开展情况，病虫害发生、发展及防治等情况；调查访问社会经济情况等。

六、内业整理和成果材料汇总

（一）内业计算及统计汇总

1. 小班面积求算

经对外业调查资料检查，确认无错、漏项目后，将外业调查手图上的各种区划界线准确地转绘到尚未使用的1:1万或1:2.5万的地形图上，墨绘后作为绘制飞播造林成效现状图、经营管理规划示意图和面积求算的基本图。小班面积求算采用网点板法或透明方格纸法或求积仪法，以公顷为单位保留一位小数。

2. 特征数计算

（1）样地苗木平均数

$$X = \frac{1}{n}\sum_{i=1}^{n}X_i$$

式中　X_i——第i个样地苗木株数；

　　　n——有苗样地数。

（2）每公顷平均苗木株数

$$q = X \times 1\,000$$

（3）苗木平均高或平均地径

$$Y = \frac{1}{n}\sum_{i=1}^{n}Y_i$$

式中　Y_i——第i个样地优势树种高度或地径的平均值。

3. 统计汇总及填表说明

区分播区和村、乡（镇），逐级统计各种地类面积（取整数），填写如下表格。

（1）飞播造林成效调查地类面积统计表（见表9-11）。飞播成效面积系飞播林直接成效面积与播后经封育萌生和补播补造保存的间接成效面积之和。

表9-10　飞播区成效小班调查表

县 _____　乡 _____　　　　　　　　　　　　小班号：_____　面积：_____

村 _____　居民组 _____　　　　　　　　　　地图号码：_____　小地名：_____

土地种类：_____　林种：_____　权属：_____　播区名称：_____

一、自然条件

立地类型名称	编号	面积（hm²）	小地形	海拔（m）	坡向	坡位	坡度 坡度级	土壤名称	厚度（cm）	质地	砾石含量（%）	pH值	肥力

二、林木调查

林木组成	起源	林龄	平均高（m）	优势高（m）	平均地径（cm）	每亩株数	郁闭度或疏密度	飞播林类型

三、植被调查

项目	下木	地被物
主要种类		
分布情况		
高度		
盖度		

经济林

树种	林龄	面积（hm²）	株数	产量（kg）

四、造林设计

1．林种

2．造林类型编号

3．树种

五、经营措施

1．经营类型编号

2．主要经营措施

调查员：_____　　年　月　日　　　　　　　　　检查员：_____　　年　月　日

表 9-11 县(市、区)年飞播造林成效调查地类面积统计表

(单位:hm²)

飞播区	乡	村	小班数	总面积	林业用地																	非林业用地					成效面积
					有林地										疏林地	灌木林地	未成林造林地	无林地					合计	农地	牧地	河流道路	其他	
					合计	小计	飞播林				天然林	人工林	经济林					小计	荒山	退耕还林地	灌丛地	林中空地						
							计	飞密	飞中	飞疏																		
1	2	3	4	5	6	7	8	9	10	11	12	13	14	15	16	17	18	19	20	21	22	23	24	25	26	27	28

注:1. 成效面积(28)=8+17;2. 宜播面积=8+15+17+18;3. 统计到村,逐级向上汇总。

（2）飞播造林成效调查统计表（见表9-12）。

表9-12填表说明：

表中（1）栏填播区所属市（地）名称。（2）栏填播区所在县（市、区）名称。（3）栏填播区顺序编号。（4）栏填播区名称。（5）栏填国营、集体或个人。（6）栏填播种年、月。（7）栏填播区作业面积。（8）栏宜播面积小计 =（12）栏 +（26）栏 +（30）栏。（9）栏填（8）栏除以（7）栏的百分数（取整数）。（10）栏填飞播树种及每公顷播种量。（11）栏填重播面积。（12）栏填成效面积。（13）栏填（12）栏除以（8）栏的百分数（取整数）。（14）~（17）栏表头空格填优势树种名称，表内填成效面积，一个播区只填一栏。（18）~（21）栏以（13）栏的百分数，对照飞播成效评定标准填写，在相应的栏内填写宜播面积，以便合计。（22）栏填成效面积内每公顷平均株数（包据天然苗、补造苗）。（23）栏填成效面积内每公顷平均天然苗株数。（24）~（25）栏指优势树种。（26）栏 =（27）栏 +（28）栏 +（29）栏。（27）栏指飞播成苗后由于开垦耕种、刨药、割柴、放牧等人为活动造成损失的面积。（28）栏指飞播成苗后由于天然或人为火灾造成损失的面积。（29）栏指特大的旱、涝、冻、病虫害等人力不可抗拒的因素造成苗木死亡的面积。（30）栏 =（31）栏 +（32）栏 +（33）栏 +（34）栏 +（35）栏。（31）栏包括播区选择、树种选择不当等原因造成失败的面积。（32）指植被未处理或处理不当造成失败的面积。（33）栏指种子质量低劣或处理方式不当造成失败的面积。（34）栏指播期选择不当（或早、晚）造成失败的面积。（35）栏填除（31）栏、（32）栏、（33）栏、（34）栏原因外其他因素造成失败的面积。（36）栏指播区按何林种培育，如用材林、防护林、薪炭林等。（37）栏填技术档案是否建立，现在管护形式及措施，如：需重播、补造等；自然灾害造成损失的原因等。

4. 其他统计内容

统计该年度飞播造林及播后管理、补播补造等活动的经费来源和使用情况，以县为单位汇总填写"飞播资金来源及使用情况统计表"（见表9-13）。

（二）效果评定

按飞播成效面积占宜播面积的百分比划分四个等级，见表9-14。

（三）播区经营管理规划

（1）根据飞播幼林的分布情况和生长特点，提出抚育管理意见，按不同的密度进行区域规划。对其他林分也要提出管理措施。

（2）无林地及疏林地的补造视其内部和周围的林木分布情况，本着适地适树和营造针阔混交林的原则，充分利用和发挥林业用地的生产潜力。

（四）绘图

绘制播区飞播造林成效调查现状图和飞播区经营管理规划示意图。按照林业部1982年颁发的《林业地图图式》绘制（以下简称《图式》），比例尺要求为1:1万或1:2.5万。若因特殊需要可制定少量图例。

表9-12　飞播造林成效调查统计表

市名	县名	顺序号	播区名称	权属	播种时间	播区面积(hm²)	宜播面积(hm²) 小计(hm²)	宜播面积 占播区面积(%)	树种及每公顷平均播种量(kg)	重播面积(hm²) 小计(hm²)	成效面积(hm²) 小计(hm²)	成效面积 占宜播面积(%)	优势树种树种面积				效果评定(面积)(hm²) 优	良	可	差	每公顷平均株数 小计	其中天然苗株数	林木生长状况 平均树高(m)	平均地径(cm)	损失面积(hm²) 小计	人为破坏	山林火灾	自然灾害	失败面积(hm²) 小计	调查设计	植被处理	林木种子	播期选择	其他	经营方向	备注
1	2	3	4	5	6	7	8	9	10	11	12	13	14	15	16	17	18	19	20	21	22	23	24	25	26	27	28	29	30	31	32	33	34	35	36	37

调查负责人：　　　　统计汇总：　　　　质量检查：

表 9-13　飞播资金来源及使用情况

（单位：万元）

市名称	资金来源						资金使用							飞播造林费用									公顷均费用		备注	说明
	合计	中央	省	地县	乡村	个人	合计	飞播造林	补植飞播	补播幼林	抚育间伐	管理及护林	实验区	合计	种子费	飞行费	设计费	施工费	运输费	购置费	当年管护	其他	实播面积	宣播面积	备注	说明
合计																										1. "资金来源"栏中的中央栏应填全部补助金。 2. "飞播造林费"栏中的合计，等于"资金使用"中的"飞播造林"金额。 3. "资金使用"栏中的"管理及护林"包括飞播专职机构、乡村飞播场和老播区的管护费用。 4. 以万元为单位，保留小数点后两位。

成效调查负责人：　　　　审核：　　　　填表：

表 9-14　飞播成效评定表

等级	飞播成效面积占宜播面积(%)	效果评定	说明
Ⅰ	≥41	优	
Ⅱ	40~31	良	合格
Ⅲ	30~21	可	
Ⅳ	≤20	差	不合格

1. 播区飞播造林成效调查现状图

利用转绘的基本图作底图,绘制播区现状图,主要内容包括:省、县(市、区)、乡(镇)、村界、小班界、居民点、土地种类、主要河流、道路、山脊线及山峰(注明海拔)、小班面积及编号、有林地的优势树种等。各种地类符号要均匀填绘,注记要求如下:

(1)有林地小班:小班号 $\frac{面积-起源-郁闭度(或每公顷株数)}{林种-树种-年龄}$

(人工林起源用"R"表示,天然林用"T"表示,飞播林用"B"表示。没有郁闭度的小班填记每公顷株数。)

(2)疏林地小班:小班号 $\frac{面积-原优势树种}{立地类型}$

(原优势树种和立地类型均用代号表示;查看表9-8和表9-9。)

(3)宜林地小班:小班号 $\frac{面积}{立地类型}$

(4)其他小班: $\frac{小班号}{面积}$

2. 飞播区经营管理规划示意图

利用现状图,根据《图式》,用不同颜色进行着色,主要显示出飞播林应抚育管理的类型及分布状况。为便于统一,小班着色要求如下:

(1)飞密小班用深绿色(《图式》色标第一行右)。

(2)飞中小班用中深绿色(《图式》色标第一行中)。

(3)飞疏小班用浅深绿色(《图式》色标第一行左)。

(4)人工林小班用浅绿色(《图式》色标第二行右)。

(5)天然林小班用蓝色(《图式》色标第五行右)。

(6)灌木林小班用浅蓝色(《图式》色标第六行右)。

(7)经济林小班用红色(《图式》色标第七行)。

(8)宜林地小班用浅黄色。

3. 图名

(1)××县(市、区)××年播区飞播造林成效调查现状图。

(2)××县(市、区)××年播区经营管理规划示意图。

(五)以县(市、区)为单位编写飞播造林成效调查报告

飞播造林成效调查报告编写内容概括如下:

(1)调查的组织领导、方法、工作开展情况以及调查质量的评价。

(2)播区概况及飞播造林的播种期、作业质量、种子质量等影响飞播成效有关因素的简述。

（3）调查结果及其分析,总结成功经验,分析失败原因。

（4）今后林分管理和补造的任务、采取的措施及年度安排。

（5）报告附件:包括飞播造林成效调查地类面积统计表、飞播造林成效调查统计表、飞播资金来源及使用情况统计表和播区现状图、规划示意图。

飞播造林成效调查报告范文参见附件2。

七、调查质量管理

为保证飞播成效调查质量,由省、市会同县(市、区)组成联合质量检查组,以县为单位,对外业调查质量及内业工作质量进行抽查。

（一）外业调查质量检查验收

1. 检查工作量

对调查播区的小班按顺序系统编号,随机确定起点,系统抽取3%～5%的小班作为检查对象。

2. 检查项目

（1）地类是否正确。

（2）小班划分是否合理。

（3）样地布设是否合理。

（4）样地调查内容是否正确(苗木株数、平均高、平均地径允许误差为±10%)。

（5）小班调查记载是否正确、齐全。

3. 小班质量评定

一般按优、良、可、差评定。抽中小班检查项目全部正确的为100分,记为100%。其中:如果地类记错(有林地划为无林地)则扣10分;小班划分不合理(如飞播林应划分为两个以上小班的而实际上只划一个小班)扣20分;样地布设不合理(不能代表小班情况)扣10分;调查内容主要因子超过允许误差的扣10分;调查表记载不全或不正确的扣5分。经检查,合格率达90%以上者为优;合格率达85%,个别调查因子室内可作修改者为良;合格率达80%,有些因子需现场作个别补充修改者为可;合格率在80%以下,且主要项目需要到实地补充修正者为差,即不合格。不合格小班需重新返工,待返工之后再进行检查。

（二）调查报告及图面材料检查

（1）图头设计、图框、图面整饰是否干净、美观、紧凑等。

（2）着色是否均匀、清晰。

（3）区划线条是否清楚、合理,各项注记是否完整正确。

（4）图上内容有无遗漏现象,图例内容是否完整。

（5）调查报告要求语句通顺、段落分明、内容完整、无错别字;统计表要项目完整、数据准确。

八、建立技术资料档案

为总结飞播林及经营管理经验,掌握飞播林资源变化情况,凡经飞播的县(市、区)都要以播区为单位,建立飞播造林和成效调查技术档案,专柜保存,专人负责。

附:飞播造林当年成苗调查和飞播造林成效调查报告范文

1. ××县××年飞播造林成苗调查报告

我县今年的飞播造林工作在省、市林业主管部门的大力支持和帮助下,从6月4日调机,到6月8日结束,历时5天,圆满完成了飞播作业任务。根据《河南省飞播造林工作细则》和《河南省飞播造林效果调查实施办法》规定,我们于9月25日开始,用2天时间组织3个调查组对今年飞播区出苗情况进行了调查,通过外业调查、内业计算、整理汇总等项工作,现将调查结果报告如下。

一、飞播情况

今年我县飞播造林仅方山1个播区,总面积674 hm²,本次调查有效面积543.8 hm²,有效比80.6%。共飞行5架次,飞行8小时30分钟。总用种量为4 044 kg,飞播树种为油松和连翘两个树种。今年飞播造林所需的种子由省种苗站调入,所用种子品质均达到《林木种子》(GB 7908—1999)规定的二级以上种子标准,播种量为油松每公顷5.25 kg,连翘每公顷0.75 kg。飞播所使用的种子在播种前全部用陕西省林科所研制的多效抗旱驱鼠剂进行拌种处理。

我县今年飞播全部采用GPS(全球定位系统)导航,播种质量较好。共设样方71个,落种样方56个,占79%。在落种样方中,每平方米4粒以上的38个,占落种样方的68%,平均每平方米8粒,每平方米最多接种33粒。

二、调查方法

此次调查,我们根据《河南省飞播造林工作细则》要求,采用系统抽样调查法,即垂直播带设调查线,在调查线上均匀布点。规定调查线每1~3 km设1条,每个播区设3条线,两端调查线距播区界不少于500 m,调查点数根据播区面积规定数安排。按照调查点数、调查线数及调查线长度,计算出调查点间距,用手持罗盘定向,测绳量距,确定调查点位置。样地均为3.33 m²圆形样地,在样地内认真调查地类、坡向、坡位、植被盖度等因子,详细填写外业调查表。

三、调查结果

通过对方山播区3条调查线,100个调查点样地的调查、统计、分析,今年播种面积674 hm²,本次调查有效面积543.8 hm²,有苗面积275 hm²,占总面积的40.8%,占有效面积的50.6%,有苗样方频度为50.4%,飞播苗平均苗高4 cm。有苗面积内每公顷有苗3 220株。

四、结果分析

今年飞播出苗调查，是严格按照《河南省飞播造林工作细则》要求进行的，代表性强，误差较小，同时各调查组都细致认真，具有较高的准确性和可靠性。从调查结果看，方山播区为合格播区。

五、播后管理

今年飞播造林出苗为合格，下一步要加强播区管护工作。播区所在栾川乡要对播区树标立界，白石封山，死封 5 年，活封 7 年，切实搞好护林防火工作，加大宣传力度，提高播区群众管护意识，杜绝人为损失、牛羊破坏和森林火灾发生，达到播一片成一片的目的。

另外，对缺苗地段要及时进行补植补造，对密度较大的小班要进行间苗，确保合理密度，促进飞播苗健康生长。

××县飞播造林管理总站
××年×月×日

2. 河南省1998年飞播造林成效调查报告

为掌握 1998 年飞播造林成效与飞播林木生长、分布状况，全面了解飞播造林经营管护情况，总结飞播成败的经验教训，加强对飞播林的分类指导，省飞播站组织有关省辖市、县（市、区）林业局的技术人员，成立了 16 个外业调查组和 12 个质量检查组，根据《河南省飞播造林效果调查实施办法》要求，于 2004 年 10 月至 11 月对河南省 1998 年飞播区进行了成效调查。

一、1998 年飞播造林情况

河南省 1998 年 6 月上旬至 7 月下旬先后利用内乡、卢氏、新乡机场，完成了南阳市、三门峡市、新乡市、焦作市等 5 个省辖市 12 县（市）的飞播造林任务。共飞行作业 27 个播区，作业面积 29 305 hm² （43.9 万亩），其中宜播面积 25 833 hm² （38.7 万亩），占作业面积的 88.1%；油松与侧柏混播面积 22 997 hm²，占作业面积的 78.5%；马尾松与侧柏混播面积 2 064 hm²，占 7%；油松与黄连木、臭椿、五角枫混播面积 4 244 hm²，占 14.5%；采用多效复合剂拌种播种面积 15 894 hm²。共飞行作业 178 架次，飞行作业时间 296 小时 34 分钟。总计飞播用种 126 532 kg，其中油松 77 343 kg，马尾松 4 952 kg，侧柏 38 609 kg，臭椿 1 265 kg，黄连木 4 150 kg，五角枫 213 kg。经省飞播站抽检，飞播种子全部达到国家标准的要求。当年河南省飞播造林作业全部采用 GPS 全球定位导航系统进行导航，通过飞播作业质量检查，全省平均落种准确率为 85.1%。

完成当年飞播造林任务，共使用资金 355.46 万元。按飞播作业面积计算，每公顷成本 121.3 元；按宜播面积计算，每公顷成本 173.6 元。

二、调查方法与调查成果

1. 调查方法

根据《河南省飞播造林效果调查实施办法》要求,本次调查采用成林面积调绘法,即以播区为单位,按照小班划分条件,利用 1:10 000 或 1:25 000 地形图对坡勾绘小班界限,通过小班调查进行核实。调查时,纵贯小班设一调查线,选有代表性的地段设置样地,并设立明显标志。小班面积小于 10 hm², 设置 3~5 个 10 m² 圆形样地。在样地内调查树种、起源、株数、林龄、平均高、平均地径等项内容,并根据飞播幼林的分布、生长状况,提出经营管理措施,对飞播疏林地和含有块状无林地的有林地小班选择适宜的造林类型,按要求填写小班调查表。在原播区界限外,由于作业期间偏播形成的飞播林,也要划分小班进行调查。以播区为单位,将小班由上到下、自左向右依次统一编号。外业调查结束后,以播区为单位进行统计,计算成效面积、树种面积、每公顷平均株数等指标,并绘制飞播成效现状图。

为保证飞播成效调查工作质量,有关省辖市、县(市、区)林业局组成 12 个质量检查组,按照质量管理要求,以县为单位,在每个播区系统抽取总小班数 3%~5% 的小班,进行外业工作质量和内业成果材料检查。全省共抽查 40 个小班,占总小班数的 3.9%。经检查,外业调查和内业工作质量全部符合《河南省飞播造林效果调查实施办法》要求。

2. 调查成果及评定

本次调查 1998 年播区总面积 29 305.1 hm², 共划分 1 009 个小班,其中宜播面积 20 477.3 hm², 宜播面积率 70%, 成效面积 9 488.1 hm², 占宜播面积的 46.3%。成效面积按树种组划分主要有油松 4 185.5 hm²、侧柏 2 112.5 hm²、山皂荚 527.5 hm²、黄荆 966.1 hm²、臭椿 1 345.5 hm²、连翘 351 hm²; 成效面积按密度划分飞密 742.3 hm²、飞中 3 921.5 hm²、飞疏 3 932.3 hm²、未成林造林地 892.0 hm²。成效面积平均每公顷有苗 3 500 株。

在调查的 20 477.3 hm² 的宜播面积中,除飞播成林外,因植被盖度过大造成失败的面积 604.5 hm², 占宜播面积的 3%; 因其他原因造成失败的面积 10 384.7 hm², 占宜播面积的 50.7%。

按照国家飞播造林成效评定标准,这次调查的 27 个播区中有 15 个播区成效达优级标准,宜播面积为 8 993.5 hm², 占总宜播面积的 43.9%; 5 个播区成效为良,宜播面积为 5 590.8 hm², 占总宜播面积的 27.3%; 4 个播区成效为可,宜播面积为 2 941.3 hm², 占总宜播面积的 14.4%; 3 个播区成效为差,宜播面积为 2 951.7 hm², 占宜播面积的 14.4%。

三、成效分析

1998 年播区成效调查结果表明,成效较去年有所提高,但仍有个别播区成效较差。由于飞播造林成效受多种因素影响,分析其原因,主要有以下几个方面。

1. 播区设计

1998 年省站采取分片包干、责任到人、一抓到底的办法,在播区选择方面,尽量选择小播区,以提高宜播面积比例,在海拔较低、干旱半干旱地区,播区以阴坡、半阴坡为主,同时要考虑集中连片建基地。由于落实了飞播工作岗位责任制,播区设计质量有了进一步提高,所有播区勘察精细,设计合理,为提高飞播造林成效打下了良好基础。但个别播区立地条件较差,虽然播后出苗较好,由于冬、春气候干燥少雨,土层瘠薄,石砾含量大,保水性能差,使大部分飞播幼苗未能耐受长时期的干旱而死亡,影响了飞播的直接成效,如辉县市的轿顶山、狸猫山播区,栾川县的康山播区,卢氏县的车道沟播区。

2. 种子质量

种子是飞播造林的物质基础,其质量是影响飞播造林成效的主要因素之一,是决定飞播成效和经济效益高低的关键。1998 年油松种子严重歉收,供需矛盾非常突出,为此省、市、县先后派出 20 余人次到各产种地联系定购、调运飞播用种,并长期驻守,检测种子质量,严把质量关,使飞播用种全部达到了国家要求。

3. 播期选择

播后降水时间及降水量是影响河南省飞播造林成效的主要因素。为了选择适宜的播期,播前多次与各地气象部门进行播期气象论证,经过认真分析各地气候特点,根据中、长期天气趋势预报,分别确定了适合各地的播种期,做到播种适时,雨量充沛,从而使大多数播区播前有底墒,播后有一段时间连阴雨天,保证了种子发芽成苗。由于播期适宜,当年大部分播区出苗率都在 40% 以上,立地条件好的播区出苗率达 80%。

4. 播区管护

加强播区管理是巩固和提高飞播造林成效的重要措施。1998 年飞播后,各地建立健全管护组织,成立护林队伍,制定切实可行且行之有效的管护措施,与护林人员签订播区管护合同,奖优惩劣,同时,广泛开展爱林、护林、防火宣传教育,竖标立界,实行封山,严禁在播区开垦、放牧、割草、砍柴、挖药、采摘等人为活动。通过封、管,既巩固了飞播成果,又起到了封山育林的作用,萌生的天然苗和飞播苗形成了大面积针阔混交林。封山后萌生的天然苗不但提高了林分质量,而且提高了飞播林防火、抗灾能力。

飞播造林由于受多种因素影响,播下的林木种子发芽成苗不均匀,有带状或块状的林中空地现象。各地为充分利用和发挥土地潜力,进行了不同程度的补植补造,增加了飞播成效,如博爱县的大登播区,辉县市的轿顶山、狸猫山播区,卢氏县的拐峪、蒋槽播区,内乡县的岳家沟播区,淅川县的大石桥播区。

5. 个别播区成效差,宜播比偏低

在成效调查过程中,也发现个别地方存在只注重完成年度飞播生产任务,管护工作不力,忽视补植补造工作,幼林遭到破坏,成效较差,播区宜播比例偏低等现象。

当年选择播区时控制宜播比均在 70% 以上,而此次调查个别播区宜播比降低的主要原因是通过对播区 6 年的封护,原来的稀疏林和部分灌丛地经过生长发育,已发展改变为灌木林地,致使宜播比下降。如栾川县的星星印、阳道、北凹、纺车沟播区,南召县的程家庄播区,博爱县的大登播区,修武县的田坪播区,卢氏县的车道沟播区。

成效差的原因主要有五个方面:一是降水不均。播种前后全省大部分飞播区雨量充沛,也比较均匀,当年成苗率大多在 40% 以上,但个别地方受小气候影响,降水不均,加之后来管护、补植补造工作跟不上,致使飞播成效差。如淅川县的四棱寨播区,卢氏县的凤

凰山播区,灵宝市的涧沟播区。二是植被过大。对植被过大的播区,虽然要求进行植被处理,但在个别山高路险的地段和人不能及的地方还是兼顾不到,影响种子触土发芽和成苗生长,如修武县的田坪播区。三是山区人为活动频繁以及后期因苗木较少播区管护松懈。如卢氏县的万家山播区,南召县的八颗树播区。四是播区选择不当和播期选择不佳,致使当年出苗率及后期保存率低,降低了飞播成效,如栾川县的阳道播区。五是飞行作业质量对飞播成效的影响,如南召县当年飞行太高,播种未能达到播区边界,飞行重叠,落种不均匀,造成部分地区成苗较多,部分地区出现空当等现象,影响了飞播成效。

四、经营管理意见

1. 加强组织领导

飞播造林技术含量高、社会性强、工作难度大,是一项涉及多部门、多学科的系统工程,也是一项社会公益事业,其投资少、速度快、效益高,已经成为加快荒山绿化步伐的有效手段之一。目前,国家对改善生态环境、加快生态环境建设非常重视,因此要采取各种宣传手段,大力宣传飞播造林的重要性,提高广大干部群众对飞播造林的认识,加强组织领导,认真组织安排飞播各项工作,不断提高飞播造林经营管理水平,巩固和提高飞播造林成效。

2. 加强播区管理

实行封山育林,做到"播封结合,以播促封,以封促播"。各地要建立健全管护组织,成立护林队伍,做到级级有人抓,层层有人管,山山有人看,形成一个比较完善的护林网络,保证各项护林措施落到实处。同时要做好飞播林的防火和病虫害防治工作,保护飞播幼林生长,提高其生态、社会、经济效益。

3. 搞好补播补植

根据成效调查,目前播区内还有宜林荒山 10 510.7 hm²,飞疏 3 932.3 hm²,疏林地 478.9 hm²,未成林造林地 892.1 hm²,灌丛地 1 669.6 hm²。要根据立地类型、林木生长特点及分布情况,本着适地适树和营造针阔混交林为主的原则,合理确定补植补造树种和密度,有组织、有计划地进行补植补造,提高飞播林防火、抗灾能力。密度过大的 742.3 hm² 飞播林分,应及时进行抚育间伐,促其早日成林。

4. 建立健全飞播林经营管理档案

经营管理档案是搞好播区管理、编制计划、组织生产和检查经营效果的重要依据。飞播造林成效调查成果等材料应及时整理归档,为以后的经营活动提供科学依据。

附表:

1. 河南省1998年飞播造林成效调查地类面积统计表(略)

2. 河南省1998年飞播造林成效调查统计表(略)

3. 河南省1998年飞播造林资金来源及使用情况统计表

附表 河南省 1998 年飞播造林资金来源及使用情况统计表

地市名称	资金来源(万元)				资金使用(万元)							飞播造林费用(万元)											公顷均费用(元)		备注
	合计	中央、省	市县	乡村个人	合计	飞播造林	补植补播	幼林抚育	间伐抚育	管理及护林	实验区	合计	种子费	飞行费	设计费	施工费	运输费	购置费	机场维修	当年管护	气象服务	其他	实播面积	宜播面积	
省计	446.69	296.00	118.65	32.04	462.76	355.46	4.50	18.20	20.00	30.90	33.70	355.46	229.45	60.18	4.81	28.93	4.25	3.12	6.00	8.43	1.00	9.29	121.30	173.60	
洛阳	108.81	51.00	43.77	14.04	108.81	87.81		5.00	5.00	1.00	10.00	87.81	67.99	12.13	1.22	3.50	0.80	1.20		0.97					
三门峡	181.78	144.00	23.30	14.48	181.78	134.68		8.00	10.00	19.10	10.00	134.68	79.85	18.80	1.90	13.05	2.00	1.00	6.00	5.58	1.00	5.50			
焦作	39.98	30.00	8.00	1.98	56.05	38.65	4.50	1.20	0.00	9.70	2.00	38.65	24.10	9.51	0.66	2.52	0.25	0.12		0.10	0.00	1.39			
新乡	53.36	48.00	5.02	0.34	53.36	47.16	0.00	2.00	2.00	0.50	1.70	47.16	29.15	8.60	0.66	6.87	0.20	0.20		0.28	0.00	1.20			
南阳	62.76	23.00	38.56	1.20	62.76	47.16		2.00	3.00	0.60	10.00	47.16	28.36	11.14	0.37	2.99	1.00	0.60		1.50		1.20			

注:以万元(元)为单位,保留小数点后两位。

第十章　飞播林经营管理

由于飞播造林的特殊性,飞播林分与天然林分和人工林分相比,有其特殊的林分特征。第一,飞播造林的效果受到多方面、多因素的影响。由于播区规划设计的合理程度不同,作业时气象条件的多变、飞行技术的优劣,播区立地条件和植被处理以及播后管护等方面的差异,形成了飞播林分密度差异大、林木分布极不均匀的状况。第二,由于早期飞播造林缺乏经验,设计播量大,形成了目前林木普遍过密的状况,林分密度大,使林木无法得到正常生长所需的营养空间,分化早而激烈,被压木、纤细木明显过多,树冠偏倚,严重影响林木生长。第三,同龄针叶纯林多,混交林少。河南省飞播造林多以针叶树为主,形成了大面积集中连片的同龄油松、马尾松纯林,而混交林则极少。加之林分密度过大,林木下部干枯,枯枝落叶层较厚,极易引起山林火灾和病虫害。

飞播林的上述特点,决定了飞播林经营管理工作的重要性。30 年的飞播造林实践告诉我们,经营管护落实,飞播造林事半功倍;经营管理不善,飞播造林劳民伤财。因此,对飞播林的管护与经营管理工作,必须引起高度重视。

第一节　播区管理

一、建立护林组织,落实护林人员

飞播结束后,首要任务是加强飞播区的管护,建立健全播区管护组织,制定各种行之有效的管护制度,同时制定监督措施,保证管护制度的落实,真正做到播后死封 5 年、活封 7 年,确保飞播造林成效。

飞播造林成林面积较大的县(市、区),要在当地党委、政府的统一领导下,从林业系统内抽调精兵强将,成立飞播营造林管理站,具体负责飞播林区的经营管理工作;行政村要有一名村干部主抓此项工作,并负责组织护林队伍、配备护林人员。截至 2008 年,河南省已建立省级飞播站 1 个,市级飞播站 3 个,县级飞播站 8 个,乡级飞播站 22 个,专职飞播技术人员 205 名,形成了自上而下的管理体系,保证了飞播造林和经营管理工作的正常开展。同时,因地制宜地采取多种措施,落实护林员报酬,调动了他们护林的积极性、责任感,在飞播林的管护方面发挥了重要作用。

兴办飞播林场是飞播林区经营管理的重要形式。飞播林场包括国有、乡办、村办、合作林场以及联合体等多种形式,负责从事飞播区的封山育林、补植补造、抚育间伐、护林防火及病虫害预测预报和防治等项生产活动。鼓励兴办股份制飞播林场,实行山林作价、折股联营,群众按股份投资投劳,按股份分红。截至 2008 年,河南省在飞播林区兴办各种形式的飞播林场 216 个,其中股份制林场 7 个。

在人员稀少、交通闭塞的飞播林区,应采取专户或联户承包等形式管护飞播林,报酬上要给予一定的优惠。

飞播造林的县(市、区)与县(市、区)、乡与乡之间,应成立护林联防组织,如以乡村为单位成立封山委员会或禁山会,防止山林火灾、乱砍滥伐和毁林开荒等现象,共同保护飞播林。

二、开展封山护林

在飞播林区,要广泛开展爱林、护林宣传教育活动,使政府的护林方针、政策家喻户晓,深入人心。要宣传保护飞播林的重要性,在广大群众中逐步树立"护林光荣,毁林可耻"的社会风尚。要宣传爱林、护林先进单位和先进个人的模范事迹与经验。要宣传护林防火的科学知识,使林区群众逐步掌握和应用护林防火科学技术。

在提高播区群众爱林、护林自觉性的基础上,建立健全各项封山、护林责任制,制定封山、护林公约和各种乡规民约,严明奖惩,对护林有功者及时表扬奖励,对毁林者视情节轻重令其赔偿损失,直至依法惩处。

飞播后一定要严格执行死封 5 年、活封 7 年的管护制度,严格控制播区内非林业生产的人为活动,杜绝人畜对飞播幼苗的破坏。

河南省各地涌现出了许多封山护林的好典型。洛阳市栾川县飞播后加强管护,制定了严封 5 年的管护制度,他们坚持播区内不准放牧、不准割草、不准砍柴、不准挖药材、不准开荒种地、不准挖山采石的"六不准",在林区内配备护林员,取得了良好的效果,全县飞播林保存面积 2.8 万 hm²。南阳市内乡县飞播区域内有 500 多条冲刷沟,50 多处经常塌方地段,经过封山护林,已被飞播林覆盖,水土流失面积减少 75%,12 条干涸河道又流出清水,取得了良好的生态效益。

三、落实山林权属,建立健全林业生产责任制

落实山林权属,是党中央农村经济政策的一个重要组成部分,是动员千百万群众和充分发挥国家、集体、个人力量保护森林、发展林业的一项根本措施,也是开展飞播造林、搞好飞播林区管护的重要前提,必须切实抓好。

飞播区的山林权属,应当明确"谁山、谁管、谁收益"。在国有荒山上飞播的林木归国家所有;在集体荒山上飞播的归集体所有,或者根据播前协议:山权归集体,林权为国家和集体共有,收益按比例分成。

对于飞播林区,凡是山林权属清楚的应予维护,凡是山林权属不清、有争议的,应本着尊重历史、有利生产、有利团结、充分协商、互谅互让的原则予以划清,必要时由上级裁决。如果一时处理不了,应维持原状,双方不得破坏争议地段的各种林木。

凡是山林权属已明确划定的播区,应定权发证,宣布长期不变。

在普遍落实林区山林权属的基础上,要因地制宜地进一步建立健全各种形式的林业生产责任制。

目前各地飞播林的生产责任制有以下几种形式:

(1)国造国有,国家建立林场经营。实行统一领导,分级管理,分级核算,以林养林。各地的国营林场属这种形式。

（2）国有集体管，收益分成。国山国造林权国有，委托当地集体管理，收益按比例分成。

（3）集体荒山，国家、集体共同飞播（国家出种子、飞行费，集体负责播种时地面用工和播后管护），收益为集体所有。目前，河南省主要是这种形式。

（4）集体山由国家扶持飞播，按户、按劳分责任山经营，其收益由集体与责任户按比例分成，或以户承包经营集体飞播林。河南省集体林权制度改革后主要以这种形式出现。

（5）播区内的自留山，户有户管户收益。这种形式在河南省占比例不大。

四、搞好补植补播

飞播造林由于各种原因的影响，播下的林木种子发芽成苗不均匀并往往出现带状或块状的林中空地。为充分利用和发挥土地潜力，要按照"无苗造林，疏苗要补，密苗要间，天然苗要留，被压苗要抚"的原则，进行补植补播。

补植补播，一般在成苗效果调查评定之后进行。补播大致在播后的第二、三年完成，补植在播后 3～5 年内完成。

每公顷有苗不足 1 050 株的播区，应视为失败播区，若面积超过 333 hm^2，可用飞机进行补播，也可采用人工的方式进行补造。每公顷有苗 1 051～2 250 株，而又分布不均的播区，则需进行补植补播。

补植补播应以阔叶树为主，以达到调整树种组成，提高林地生产力的目的，促进针阔混交林的形成。在立地条件较好的地段，提倡发展经济林，做到以短养长。

补植补播除飞机补播外，可根据立地条件、造林季节和补植树种的不同，采取如下造林技术。

（1）人工直播造林：采用人工小穴点播。由于直播造林受天气、鸟鼠害的影响较大，直播密度一般要高于人工植苗造林的初植密度。直播栎类等阔叶树按 4 500～6 000 穴/hm^2 点播，每穴点播种子 3～5 粒；油松、马尾松 6 000 穴/hm^2，每穴 10 粒左右；侧柏 9 000 穴/hm^2，每穴 15～20 粒；核桃、油桐、板栗等大粒种子 900～1 500 穴/hm^2，每穴 2～4 粒。

（2）植苗造林：采用人工大穴栽植（穴不小于 40 cm×40 cm×30 cm），在冬春季节或雨季栽植 1～2 年生苗。

（3）营养钵（袋）苗造林：提前用营养钵（袋）育苗，进行穴状整地栽植。

（4）就地移栽：对每公顷有苗 7 500 株以上的林地，采取就地移密补稀的方法，移栽过密飞播幼苗。一般应在播后 2～3 年、苗高 30 cm 左右时，雨季带土起苗移栽。

第二节　幼林抚育

一、除草与割灌

依照林业经营的原则和要求，对飞播林地适时地进行松土除草、抚育管理，是一项正常的营林生产活动。但是，由于飞播林多数地处交通不便的边远山区，面积大，劳力不足，又不能得到相应的补偿投资,因此实际上多数播区没有开展这项工作,只是实行粗放经营,即播后四五年内仅进行封山护林。这是河南省各地飞播林经营的现实状况。

然而,从飞播种子落地到幼林郁闭这段时间里,一般林地上灌木、杂草丛生,它们拼命与幼苗争水争肥争阳光。如果这时能够及时地割除杂草和灌丛,就可以减少土壤中水分和有机物质的消耗,保证目的树种有充分的光照和足够的养分,促使幼林迅速生长。因为在幼苗、幼林阶段,目的树种有一个适应环境的过程,而杂草、灌丛则不同,它们凭借着自己广泛的适应性和旺盛的繁殖力,顽强地从地上地下同目的树种竞争,使有的飞播幼苗生长衰弱、死亡。因此,凡有条件的地方,在幼林郁闭前,都应及时进行 1~2 次除草、割灌抚育,以促进苗木正常生长。

二、间苗定株

间苗定株是对飞播幼林进行抚育管理的一项重要工作。一般在播后 3~5 年内结合幼林抚育进行,这样可以节省用工,降低成本。间苗定株应根据"除劣留优"和适当照顾均匀的原则,保留干形直、生长健壮的幼苗,剔除那些生长过密和衰弱、纤细、长势差的植株,以保持合理密度。

间苗定株年限应视树种和幼苗生长情况而定。立地条件好,幼苗生长快,则定株要早;反之,可以稍迟一些。一般来说,松类等速生树种,宜在播后 2~4 年进行;慢生树种,宜在播后 3~5 年进行。间苗定株的季节为入秋后到翌年春,树液开始流动之前。也可在雨季选择阴雨天、林地湿润的有利时机,进行移密补稀,以提高移栽苗木的成活率。鉴于飞播林多为针叶纯林,在抚育定株过程中,特别要注意保留天然萌生的阔叶树种,以培育理想的针阔叶混交林。

适时间苗定株好处很多,不仅可以减少将来成林间伐次数,节省劳力和投资,而且更重要的是,提早调整了幼林密度,有利于促进林木生长,提高林分质量和单位面积产量。

第三节　林木病虫鼠害防治

一、主要病害防治

(一)油松烂皮病

油松烂皮病主要危害树枝、干。先从树冠下一、二层个别枝条开始发病,逐渐蔓延至主干。病斑环绕一周后,切断营养运输,引起松树枯死。发病初期,病斑极不明显,但皮层内已腐烂发黏,呈黄绿色,用手紧握病枝干向一方拧动时,皮层即从枝上撕离。病害发展到中、后期,病皮层内颜色逐渐加深,呈褐色至黑褐色。当皮层变为褐色时,呈不明显的小黑点。当空气潮湿时,黑色小点挤出深褐色丝状物。

防治上应及时修枝间伐,改善林内环境条件,使之通风透光,增加营养面积,促进林木健壮,增强抗病力。及时清除枯枝及死树,就地焚毁。

药物治理上,可对病区喷洒 50% 托布津 500~700 倍液,或 25% 多菌灵 500 倍液,或 40% 福美砷 800~1 000 倍液。

(二)油松针锈病

松针受害初期产生淡绿色斑点,后变成暗褐色点粒状疮疱,几乎等距排成一列。在疮疱的反面,产生橘黄色疱囊状锈子器,囊破后散出黄粉。最后在松针上残留白色膜状物。病针萎黄早落,春旱时新梢生长极慢,若连续发病 2～3 年,病树即枯死。

防治上可用 1:1:170 波尔多液,或 0.3～0.5 波美度石灰硫磺合剂(简称石硫合剂),或敌锈钠 1:200 倍液、退菌特 500 倍稀释液。每隔半个月左右喷药 1～3 次。

(三)臭椿白粉病

臭椿白粉病初发病时,叶表呈块状褪绿,以后在叶背显灰白色菌丝层及粉状分生孢子,均呈白粉状,至秋季在菌丝层上生有黄白渐变黄褐最后黑褐色的小点,病叶可早落,通常叶背面白粉状物明显,有时正面也产生白粉。

病原菌以闭囊壳在落叶、病枝梢上越冬,次年春放出子囊孢子,借气流传播,行初次侵染,6 月发病,以分生孢子重复多次侵染,8、9 月间开始形成闭囊壳,9、10 月间闭囊壳渐成熟,病叶脱落,病菌开始越冬。

防治时清除病叶、病枝,减少侵染来源。在春季子囊孢子飞散期喷 0.3 波美度的石硫合剂。

二、主要虫害防治

(一)松梢螟

松梢螟主要危害油松、马尾松等的顶梢,侧梢受害较少。中央主梢被害后,侧梢丛生,树冠呈扫帚状。成虫翅展 22～30 mm。前翅暗褐色,有 3 条灰白色波纹状横带,中室有一灰白色斑,外缘黑色,后翅灰白色。幼虫体长 15～30 mm,头及前胸背板褐色,胴部白色,体节两侧有黑色毛片。

河南省每年发生 2 代,幼虫越冬,次年 4 月越冬幼虫开始活动,转移到新梢内危害。蛀道较直,虫粪排在蛀道内。老熟幼虫转移到 2 年生梢中化蛹。5 月中旬至 7 月中下旬成虫羽化,卵多产于针叶基部。幼虫孵化后先自嫩梢下部开始蚕食,从 8 月上旬至 9 月下旬出现,这代幼虫危害至 11 月,在梢内越冬。

防治时可在成虫产卵孵化盛期,每隔 7 天喷洒一次杀虫剂,连续喷 2～3 次。常用的药剂有 40% 乐果乳油、50% 马拉硫磷 1 000 倍液、50% 杀螟松乳油 1 500 倍液、2.5% 杀虫菊酯乳油 3 000 倍液或 85%～90% 敌敌畏乳油 30～80 倍高浓度液,喷洒于被害枝梢,毒杀幼虫。

(二)侧柏小蠹

侧柏小蠹的成虫体长 3 mm,椭圆形。体黑褐色,鞘翅稍带赤色。体上密布小点刻和灰色绒毛。鞘翅上有深的刻点排列成行。每年发生 1 代,以成虫过冬,次年四五月间出现,喜在衰弱木或新伐倒木上蛀入,在皮层下钻纵的母坑道,迂回成波浪形。老熟幼虫在子坑道末端筑室化蛹,成虫 8 月向外穿孔钻出。

防治时可及时采伐衰弱木、风倒木,迅速处理,以免扩散为害。同时可设置诱饵木,待幼虫孵化后剥皮消灭。

(三)油松毛虫

油松毛虫的雌虫体长 23～30 mm,翅展 57～75 mm,触角栉齿状;雄虫体长 20～28 mm,翅展 45～61 mm,触角羽毛状。体灰褐色至深褐色;前翅外缘呈弧形弓出,翅面斑纹比马尾松毛虫清晰,横线纹深褐色,内横线与中横线靠近,外横线两条,亚外缘斑列黑褐色,其最后两斑点若连一直线与外缘相交,斑列内侧淡棕色,中室白斑较小。幼虫体灰黑色,体侧有长毛;中央有一块状褐斑;各节纵带上白斑不明显,每节前方由纵带向下有斜斑伸向腹面;腹面棕黄色,每节上生有黑褐色斑纹,两侧密被灰白色绒毛;老熟幼虫体长 54～70 mm。

防治时可喷洒 80% 敌百虫可溶性粉剂或 80% 敌敌畏 800～1 000 倍液等。

(四)斑衣蜡蝉

斑衣蜡蝉主要危害臭椿。雌虫体长 18～22 mm,翅展 50～52 mm;雄虫体长 14～17 mm,翅展 40～45 mm。体褐色,附有白色蜡粉,触角 3 节,刚毛状,足黑色,前翅灰褐色,有 20 余个黑点,后翅基部红色,中部白色,外缘黑色。卵灰黑色,长圆稻米状,长约 3 mm,宽 1.5 mm,卵块表面被灰色蜡粉。若虫,1～3 龄体黑色有白点,4 龄背面红色,有黑色斑纹和白点,腹及足黑色。1 龄若虫长 4 mm,4 龄若虫长 13 mm。

一年一代,以卵在树干上越冬,4 月中旬开始孵化,蜕皮 4 次,6 月中旬变为成虫,8 月中旬交尾产卵,多产于树干南向或树杈下部,呈不规则形、单层、块状,整齐排列。

防治时冬季人工刮除卵块。用石油乳剂毒杀成、若虫。

(五)侧柏毒蛾

侧柏毒蛾又名柏毒蛾,属鳞翅目毒蛾科,分布于北京、山东、河南、江苏、浙江、湖南、陕西、四川、贵州等地,主要危害侧柏、桧柏和扁柏。林木被害后,叶片尖端被食,基部光秃,随后逐渐变黄,枯萎脱落,严重影响林木生长。

成虫体灰褐色,体长 14～20 mm,翅展 17～33 mm。雌虫触角灰白色,翅面有不显著的齿状波纹,近中室处有一暗色斑,后翅浅灰色,带花纹。雄虫触角灰黑色,呈羽毛状,体色较雌虫为深,近灰褐色,前翅花纹完全消失。卵为扁圆球形,初产时为青绿色,后渐变为黄褐色。幼虫老熟时体长 23 mm,全体近灰褐色,胸部和腹部背面青灰色,形成较宽的纵带。在纵带两边镶有不规则的灰黑色斑点,相连如带。腹部第六、七节背面中央各有一个淡红色的翻缩线。身体各节均有黄褐色毛瘤,上着生粗细不一的刚毛。蛹为灰褐色,头顶具毛丛,腹部各节均有灰褐色的斑点,上生白色细毛,腹末具有深褐色的钩状毛。

一年两代,以幼虫越冬。次年 6 月上旬幼虫结茧化蛹,6 月中旬成虫羽化产卵,第一代幼虫于 8 月中旬化蛹,8 月下旬第一代成虫出现。第二代幼虫于 9 月间取食一段时间后,即在树干的缝隙间、树皮下或树孔内隐伏越冬。幼虫取食在夜晚进行,天亮停止取食,向树干下迁移隐伏,傍晚又由隐伏处向树冠迁移危害。老熟幼虫在叶片间树干缝隙处吐丝结薄茧化蛹,蛹期 5～18 天。成虫有强烈的趋光性,卵产在叶片或叶柄上,堆积成块。

防治时可用灯光诱杀成虫或喷洒 50% 敌百虫乳油 500～800 倍液。

(六)松针卷叶蛾

松针卷叶蛾属鳞翅目卷蛾科。幼虫危害油松、赤松、黑松的针叶。危害严重时针叶成丛枯黄,远望如同火燎一般,为幼林主要害虫。成虫体长 5.5～6 mm,翅展 19～20 mm,头部密被灰白色或棕色鳞片,体翅灰褐色,前翅翅面上有明显的棕褐色与银灰色相间的斑和横纹4条,近外缘下方有一三角形的棕色小斑,后翅缘毛淡灰褐色。卵扁平,长椭圆形,长约1 mm。初产时白色,半透明,很扁,后变赤褐色,有光泽。幼虫老熟体长8~10 mm,黄绿色,头部浅褐,前胸背板暗褐色,臀板黄褐色。蛹体长5~7 mm,腹部2~6节前后缘各有一排小刺,9~10节有一排稍短的刺,腹末有细毛数根,外被土色长椭圆形土茧。

一年一代,以老熟幼虫在地面吐丝缀杂草土粒作土茧越冬。来年2月下旬开始化蛹,四五月间成虫羽化产卵。孵化的当代幼虫9月上旬前危害松针单叶,9月中旬至10月间粘叶危害,从9月下旬至11月幼虫先后下树结土茧越冬。成虫羽化期很不整齐,3~6月都有成虫羽化,但以5月上旬为羽化盛期。成虫羽化后在林缘或疏林静伏,日落前成虫有绕树飞翔的习惯,夜晚多在蚜虫所排出的蜜露上取食,故有蚜虫的针叶上产卵较多。卵散产于两针叶之间近叶鞘基部,卵期4~5天。初孵幼虫多从两年生松针近顶部咬孔蛀入,先向上蛀食至顶部后回头蛀食,一个针叶内多为一个幼虫,9月中旬将一个针叶内组织吃光,幼虫咬孔而出,转至当年生松针上,吐丝粘缀5~10根针叶成一束,在其中啃食针叶一侧,当虫口密度大时呈现树冠枯黄。为害至10月下旬,先后脱落地面,在树穴等松土内作茧越冬。该虫多发生在高山,10多年生的幼林较重,一般扩展规律是先高山后低山,先细林后成林,林缘重于林内,疏林重于密林。

防治时可以适当合理密植,提早郁闭或营造针阔混交林,创造不利于此虫发生的环境。清理林地,冬季发动群众清除发生区树穴内的枯草落叶,破坏其越冬环境,是非常有效的防治方法。

(七)臭椿皮蛾

臭椿皮蛾属鳞翅目夜蛾科,是臭椿的主要害虫,幼虫取食叶片,致使被害叶伤、残,苗木受害也很严重。

成虫体长26~28 mm,翅展67~80 mm,头和胸部瓦灰色,前翅狭长,色黑灰,中间夹一条白色纵带,翅基有黑色小斑,后翅略呈三角形,杏黄色,外缘呈黑色宽带,腹部杏黄色,背面和侧面各有一列黑斑。幼虫橘黄色,老熟时体长48 mm,各节背面有不整齐的黑色横斑纹,并有瘤状突起,瘤突上生有白色细长毛。蛹红褐色,纺锤形。茧灰至灰黑色,长椭圆形,较扁平。

一年两代,以蛹越冬,因越冬成虫期个体差异,致使第一代和第二代幼虫期参差不齐、世代常重叠。约在9月中、下旬化蛹。成虫白天静伏于树干或叶下等阴暗处,夜晚交尾产卵,有趋光性,幼虫多栖于叶背,遇惊扰即弹跳。老熟幼虫在2~3年生臭椿枝干上结茧化蛹,蛹腹部背面有大齿形突与茧内壁摩擦发声。

防治时可在冬季刮毁在树干上越冬的蛹茧和设置灯火诱杀成虫。

三、森林鼠害防治

森林鼠害也是河南省飞播林生物危害之一。依据危害部位的不同,可大致分为危害根系的地下鼠,主要有中华鼢鼠;危害枝干的地上鼠,主要有棕背鼠平、红背鼠平、棕色田鼠、东方田鼠、布氏田鼠、根田鼠、社田鼠、黑腹绒鼠、大沙鼠、子午沙鼠和柽柳沙鼠。

（一）生态控制措施

要及时清除林内灌木和藤蔓植物,搞好林内环境卫生,破坏害鼠的栖息场所和食物资源;控制抚育及修枝的强度,合理密植以早日密闭成林。

根据自然界生物之间的食物联系,大力保护利用鼠类天敌,对控制害鼠数量增长和鼠害发生有较大的积极作用。

林区内要保持良好的森林生态环境,实行封山禁牧,严格实行禁猎、禁捕等措施,保护鼠类的一切天敌动物,最大限度地减少人类对自然生态环境的干扰和破坏,创造有利于鼠类天敌栖息、繁衍的生活条件。

在飞播林区内堆积石头或枝柴、草堆,招引鼬科动物;在人工林缘或林中空地,保留较大的阔叶树或悬挂招引杆及安放带有天然树洞的木段,以利于食鼠鸟类的栖息和繁衍。

有条件的飞播区,可人工饲养繁殖黄鼬、伶鼬、苍鹰等鼠类天敌进行灭鼠。

（二）物理防治

对于害鼠种群密度较小、不适宜大规模灭鼠的飞播林区,可以使用鼠铗、地箭、弓形铗等物理器械,开展群众性的人工灭鼠。也可以采取挖防鼠阻隔沟,在树干基部捆扎塑料、金属等保护树体的措施。

（三）化学灭鼠

对于种群密度较大、造成一定危害的治理区,应使用化学杀鼠剂进行防治。

化学杀鼠剂包括急性和慢性两种。急性杀鼠剂(如磷化锌一类)严重危害其他动物,破坏生态平衡,对人畜有害,应尽量限制其使用。

慢性杀鼠剂中的第一代抗凝血剂(如敌鼠纳盐、杀鼠醚类)需要多次投药,容易产生耐药性,在防治中不提倡使用此类药物。第二代新型抗凝血剂(如溴敌隆等)对其他动物安全,无二次中毒现象,不产生耐药性,可以在防治中大量使用。但应适当采取一些保护性措施,如添加保护色、小塑料袋包装等。大隆类药物因具有急、慢性双重作用,二次中毒严重,在生产防治中应慎用。

（四）生物防治

生物防治属于基础性的技术措施,要配套使用,并普遍、长期地实行,以达到森林鼠害的自然可持续控制。现在提倡使用的药剂可以分为以下三类:

(1)肉毒素。是指由肉毒梭菌所产生的麻痹神经的一类肉毒素,它是特有的几种氨基酸组成的蛋白质单体或聚合体,对鼠类具有很强的专一性,杀灭效果很好,在生产防治中可以推广应用。但是,该类药剂在使用中应防止光照,且不能高于一定温度,还要注意避免小型鸟类中毒现象。

(2)林木保护剂。是指用各种药剂控制鼠类的行为,以达到驱赶鼠类保护树木的目的,包括防啃剂、拒避剂、多效抗旱驱鼠剂等几类。由于该类药剂不伤害天敌,对生态环境安全,可以在生产防治中推广应用,尤其是在造林时使用最好。

(3)抗生育药剂。抗生育药剂是指能够引起动物两性或一性终生或暂时绝育,或是能够通过其他生理机制减少后代数量或改变后代的生育能力的化合物,包括不育剂等药剂。该类药剂使用时要进行试验。

第四节　森林防火

森林火灾,是指失去人为控制,在林地内自由蔓延和扩展,对森林、森林生态系统和人类带来一定危害与损失的林火行为。森林火灾是一种突发性强、破坏性大、处置救助较为困难的自然灾害。

按照对林木是否造成损失及过火面积的大小,可把森林火灾分为森林火警(受害森林面积不足 1 hm² 或其他林地起火)、一般森林火灾(受害森林面积在 1 hm² 以上 100 hm² 以下)、重大森林火灾(受害森林面积在 100 hm² 以上 1 000 hm² 以下)、特大森林火灾(受害森林面积在 1 000 hm² 以上)。

一、森林火灾的起因和种类

(一)森林火灾的起因

当森林中存在一定量的可燃物,具备引起森林燃烧的天气,有火源时即可引起森林火灾。通常情况下,引起森林火灾发生的火源,主要来自森林外界,因为可燃物本身由于温度升高达到燃点而引起自燃的情况十分罕见。

森林火灾分为自然火灾和人为火灾。

1. 自然火灾

自然火灾主要有雷击火、火山爆发、陨石坠落和泥炭自燃等。其中最主要的自然火是雷击火。多林的国家如美国、加拿大、俄罗斯等均有较严重的雷击火,约占森林火灾种类的8%。美国森林平均每年有 1 万~1.5 万次雷击火,所以雷击火造成的损失相当大。我国的雷击火占总火源的比例很小,仅为1%,主要发生在大兴安岭和新疆阿尔泰地区。

雷击火在干打雷不下雨的天气条件下容易发生。飞播林中油松、侧柏等易受雷击起火。由于雷击火主要发生于人烟稀少、交通不便的边远原始林区,很难及早发现和扑救,一旦着火,造成的损失相当严重。

2. 人为火灾

人为火灾是引起森林火灾的主要火源。根据世界各国火灾资料统计,人为火灾占总火源的比例很大,俄罗斯为93%,美国为91.3%,我国是99%。

我国人为火灾主要是生产、生活用火不慎或迷信用火造成的。概括起来可分为生产性火灾和非生产性火灾两大类。生产性火灾主要是:烧荒、烧垦、烧防火线、烧炭、烧窑、放炮采石、电击火等;非生产性用火主要为:家庭生活用火、野外生活用火、吸烟、迷信用火、小孩玩火、坏人放火、用火照明等。

河南省多年来查明的森林火灾中,野外吸烟占27%、烧荒烧炭占24%、烤火做饭占22%、小孩玩火占12%、人为纵火占3%、上坟烧纸占12%。火灾的出现和当地人们的生产活动密切相关。一般冬季农闲季节,烧炭、烧荒等引起火灾较多;春季生产性用火和上坟烧纸等火源较多,春节、元旦前后火灾多因燃放鞭炮失火。烟头在河南省是常年性火灾源,但主要分布在道路两旁、林区作业点、村屯附近。

各地区的人为火源不是固定不变的,随着时间的推移,社会经济的发展,人们的观念和生活习惯的改变,人为火灾也有所变化。一般来说,人口稠密的地区,人们生产、生活等活动频繁,人为火灾的种类较多;反之就少。正在开发的林区人为火源比未开发的林区多。近些年来,随着生产技术和社会的进步,许多地区积极开展营林用火,并改变了过去的不良习惯。如有的地区改上坟烧纸为种植纪念树,这既有效地减少了森林火灾的发生,也可改变旧的风俗习惯。因此,加强防火宣传教育,加强法制,提高人们的防火意识,是有效控制人为火灾、防止森林火灾的重要措施。

(二)森林火灾的种类

根据火烧的部位、火势蔓延的速度、树木受害程度等,一般将森林火灾分为地表火、树冠火和地下火三类。

一是地表火,这种火在林地表面燃烧和蔓延,能烧毁地被物、灌木、幼树,烧伤乔木干基和裸露的树根,有时造成大面积林木枯死。

二是树冠火,由地表火或雷击引起树冠燃烧,并沿树冠蔓延和扩展,上部能烧毁树叶,烧焦树干,下部能烧毁地被物、幼树、灌木。这种火破坏性大,不易扑救。树冠火多发生在长期干旱的针叶幼龄林。

三是地下火,在林地腐殖质或泥炭层中燃烧。这种火在地表不见火焰,只有烟,可一直烧到矿物层和地下层的上部。地下火蔓延速度缓慢,每小时 4 ~ 5 m,温度高,破坏力强,持续时间长,不易扑救。

三类火中,以地表火分布最多,大约占90%以上,其次为树冠火,最少为地下火。河南省的森林火灾主要为地表火,针叶林有时发生树冠火,无地下火。

二、森林火灾的预防

森林防火实行"预防为主,积极消灭"的方针,做好预防工作是防止森林火灾的先决条件。森林火灾的预防主要应做好建立组织、加强宣传、完善制度、隔离火源等工作。

(一)建立组织

我国森林防火最高指挥机构为国家森林防火总指挥部,现为国家林业局牵头的森林防火联席会议。各省、自治区、直辖市和市、县都成立了森林防火指挥部,乡、村、组和国营林场、林区企事业单位都成立有森林防火领导小组。省和省以下的森林防火指挥部领导都由当地政府的主要负责人担任,指挥部成员由有关部门的负责人组成。同时,为了做好行政区域交界处的森林防火工作,一些市、县还在接壤的地方建立了区域性护林防火联防组织,各单位轮流值班,定期召开联防会议,总结交流经验,平时互通情报,有了火情互相支援,共同做好联防工作。

(二)加强宣传

在我国,森林火灾99%是由人为原因引起的,其中大多数是用火不慎和小孩玩火引起的。因此,广泛开展森林防火宣传,增强群众的护林防火意识,显得尤为重要。为使宣传教育活动家喻户晓、人人皆知,应采取长期宣传、形式多样、内容突出的方式。

在宣传内容方面,主要是宣传党和国家关于森林防火工作的方针政策,宣传《中华人民共和国森林法》《中华人民共和国森林防火条例》以及地方人民政府关于森林防火的政策法规,宣传预防、扑救森林火灾的常识,宣传森林防火的规章制度和乡规民约,宣传森林防火的好人好事及好的典型经验。

在宣传形式方面,要力求因地制宜,因人而异,形式多样,童叟皆知。目前,各地常用的宣传教育形式:一是利用各种会议,如防火工作会、电视电话会、村民会等;二是在乡村印发各类通知、布告、公告、标语等;三是利用报纸、广播、电视等新闻媒体;四是利用文艺工作组等;五是在中小学校开设森林防火课,组织森林防火签名活动等。

(三)完善制度

森林防火的关键是靠制度防火,必须建立健全完善的规章制度,做到有法可依;同时,抓好落实,做到有法必依。

一是建立各级行政领导负责制、"一把手"负责制,省、市、县(市、区)全面签订森林防火目标责任书,明确任务,明确奖惩;二是在防火期内,林区实行封山,禁止野外用火,不带火种入林区,不准烧荒、烧田埂、烧秸秆等;三是制定乡规民约,严禁在林区内进行点火烧纸、点蜡、放炮等封建迷信活动;四是火情报告制度,在遇到森林火灾时,按照事先规定的程序立即上报,并随时上报扑救情况;五是在县(市、区)与县(市、区)、乡与乡、村与村之间建立联防制度,定期召开会议,不能存在死角,有火情相互通知,共同组织扑救。

(四)隔离火源

隔离火源主要是利用人为和自然物,对林火进行阻隔,达到对林火进行控制的目的。人为隔离物主要有防火掩护区、生土带、防火沟、防火线、防火林带、道路、农田等。自然隔离物有河流、湖泊、池塘、沼泽、水库、岩石区等。

三、森林防火的技术措施

防火措施的制定要从实际出发,充分利用现有的条件,采取综合措施。

一是营造防火林带,在防火线上营造防火树种,形成隔离带,用来阻挡树冠火和地表火的蔓延,如可利用果树、竹林等。

二是修建防火道路,充分利用林区生产路和其他道路,有计划地进行整修和布局,使其既有利于输送灭火人员和灭火器材,又可起到阻隔林火蔓延的作用。修整林区道路时,应尽可能与飞播林区的长远建设结合起来,并考虑到尽可能减少水土流失。

三是建立防火检查站,在防火期内火险等级高的林区,交通要道口应设立防火检查站,设有固定房屋,由专人负责,有公路栏杆。其主要任务是做好入山人员管理,严格控制火源。

四、森林火灾扑救

森林火灾扑救有多种方法:一是人工扑打法,这是最常用、最简单原始的方法,适用于扑打中、弱度地面火,多用阔叶树枝条和绑有湿麻袋的木棍。二是土埋法,多用于枯枝落叶层较厚、森林杂乱物较多的地方,单纯扑打不易熄灭火焰时,可覆土灭火,土可窒息火苗并使可燃物和火焰隔绝,多使用铁锹、铁耙等手工工具。国外常用移动式大功率喷土枪,每小时能扑灭 0.8 ~ 2.5 km 长的火线,比手工作业快 8 ~ 10 倍。三是水灭法,水是最廉价的灭火剂,但此法只适用于水源丰富、交通方便的地方。灭火时,用水柱直接对准火焰中心,直接喷射。四是人工降雨法,在火灾发生后,尽早降水或加大降水强度,就可降低火势,有利于扑救,甚至将林火浇灭。但人工降雨必须有一定的云层才能进行,且降雨时所用的催化剂价格昂贵,贮存、运输困难。五是风力灭火法,此法也是目前应用较广的方法。强风能把燃烧释放的热量吹走,使火焰温度降低到燃点以下;能将可燃性气体吹散,使其达不到燃烧浓度。但风力灭火机只能扑灭弱度和中等强度的地表火,不能扑灭地下火和树冠火,只适用于浅山、缓坡,不适用于高山陡坡。六是以火灭火法,这是一种有效的灭火方法,特别是在扑救大火时,常被采用,即用火烧的方法阻隔火灾蔓延。七是化学灭火法,即用化学药液或药粉进行灭火或阻滞火的蔓延。可用喷雾机具和飞机喷洒化学药剂。

五、火灾善后处理

森林火灾是不可能完全避免的,因为它是森林生态系统的组成部分。森林火灾发生后,及时总结经验教训,为森林火灾的预防提供科学依据,避免再次发生显得尤为重要。

(一)森林火灾调查

森林火灾调查主要是森林火灾原因调查、森林火灾灾害后果调查和火烧迹地森林恢复及生态因子变化调查。

(二)森林火灾统计

统计出森林火灾损失价值,投入人力、物力。统计时要求严格认真,一丝不苟,准确无误,反映出真实的火灾情况。

(三)森林火灾建档管理

森林火灾档案是真实的历史记录,可以记录和反映森林火灾的预防、扑救、后果、管理等一系列事件和工作的真实过程。经过分析,可以预测预报森林火灾的发生。工作中,将森林火灾的各类调查、统计资料及各种报表分门别类按年度和火灾类别进行整理,装订成册,妥善保管,并输入森林防火数据库,以便业务部门或科研人员随时调用。

第五节　森林防火的基础设施建设

森林防火的基础设施建设是防火的物质基础,主要建设内容有林火探测系统、阻火隔离系统、交通运输系统和通信联络系统等。

一、林火探测系统

林火探测系统是及早发现火情,实现"打早、打小、打了"的关键,是林火管理的重要系统。林火探测系统包括瞭望、巡护、探火、报警等方面。其功能是及时发现火情,迅速报警。人们常把林火探测系统比作人的眼睛,可见其意义和作用之大。

林火探测有许多方式,有些方式是配合使用的,有的则单独使用。目前我国主要以修建瞭望台(哨)、地面巡护和卫星探测火情为主。这些方式都有其各自的优越性,用瞭望台可以昼夜不断地观察,及时发现火情,以及观察火的蔓延和发展;地面巡护有条件限制,是一种补充手段,在发现火情时可及时扑救;卫星监测和航空监测速度快,探测面积大,能准确确定火场位置及大面积火场的界线,而且能较为精确地确定过火面积。

（一）瞭望台

林区一般山高林密，视野狭小，不易及时发现四周发生的森林火灾，通过建立瞭望台和瞭望网，采取登高望远来观察火情，确定火场位置，增强森林火灾报警能力，最大限度地减少森林资源的损失。瞭望台的建设必须尽可能扩大观察范围，尽量消除盲区，选择良好的制高点，四面应尽可能没有影响视线的障碍物，台与台之间具有互补性。一般两台距离 8 ~ 12 km 较适宜，最大不应超过 15 km，最小也不能小于 6 km。浅山丘陵地区，地势平坦，视野开阔，每台可平均监护 1 万 hm^2 林地；而深山地区峰峦叠嶂，地形复杂，视野狭窄，应平均监护 0.5 万 ~ 0.8 万 hm^2 的林地。

（二）地面、航空巡护

地面和航空巡护都能及时发现火情。地面巡护一般由护林员、森警等专业人员进行。巡逻观察方式为步行，骑自行车、摩托车等。对火险性高的重要林区要重点进行巡逻监护。地面巡护路线长度的计算方法，是所用运输工具的平均行驶速度乘上 3 ~ 4 h，即以每个工作日能对防护地段巡查两遍计算。航空巡护一般用固定翼飞机和直升机进行。飞机巡护时，要划分巡护区，主要根据飞机类型和林区具体条件来区划。划定巡护航线应按照以林为主，照顾全面，打破行政界线，保证重点林区，减少或消灭空白区域的原则进行。航线长度要符合飞机的性能，保证飞机安全。

（三）卫星

利用人造卫星搭载红外线扫描器和微波辐射仪，能在数百公里至数千公里的高空中接收来自地面的热红外线波段的各种反射和辐射信号，再将这些信息传送到地面站，从而达到监测林火的目的。利用卫星监测林火，巡护面积大、速度快，能准确确定大面积火场的界线，并根据连续图像了解火的蔓延速度和火场形状。此外，确定火烧面积时更加精确，并可确定火场内未烧的林地面积。

（四）红外线

以往监测火情的方法，无论是地面瞭望或是空中飞机巡逻，都是用肉眼观察烟雾来发现林火的。由于在森林火灾刚发生时，火小烟少，不易发现，一旦发现浓烟，已酿成灾。而且在大火蔓延时，烟雾弥漫，在地面或空中，都难以确定火场的准确位置和发展方向，夜间就更无法辨认。红外探测装置却能在黑夜和浓烟遮盖中工作，它不仅能探寻小火，而且能估测火势和火烧迹地面积。在地广人稀的偏远地区，利用红外线空中探火，优越性更为显著。

二、阻火隔离系统

阻火隔离系统主要有以下几类：

（1）自然障碍阻隔类，主要包括河流、水库、湖泊、池塘、岩石裸露区、自然沟壑、沙滩等。自然障碍对林火阻碍有重要作用，尤其是山坡陡峭、地形复杂的石质山区，自然障碍更具有明显的阻火作用。

（2）生物阻隔类，主要包括防火林带、农田、牧场、茶园、竹园、果园等区域。生物阻隔是生物工程防火的有效措施之一，是充分发挥自然环境经济效益和生态效益的一个重要途径。

（3）工程阻隔类，主要包括防火掩护区、生土带、防火沟、防火线、道路工程、水渠等。工程阻隔是根据防火需要和林区条件，因地制宜、因害设防的工程防火设施。利用人工开设防火线、防火掩护区、生土带、防火沟、防火林带等，常称限制性防火措施。这些预防措施能有效地阻止林中的火灾蔓延，或者能保护珍贵林分。

三、交通运输系统

（一）建立林区交通系统的意义和作用

有计划地修筑林区道路，是一项长远性的预防措施，对于落实林区各项防范措施、保证输送灭火人员和灭火工具到达目的地，迅速扑灭火灾以及其他林区生产活动，都具有重要意义。同时林区道路也是一项重要的阻火隔离工程，对阻止森林火灾的发展蔓延有重要作用。

林区道路的多少，往往是衡量一个国家和地区营林水平、森林防火管理水平和森林经营集约度高低的重要标志，从森林防火的角度要求，道路网的密度至少 $3 \sim 4$ m/hm^2，且分布均匀，才能发挥机械化和化学化的灭火作用。

（二）修筑林区道路的要求

第一，林区防火道路修建的重点应是闭塞林区、火灾多发区和边境地区，要尽可能与林区长远开发建设、木材生产相结合进行，既是防火公路，也是开发林区的公路。

第二，新开发林区应在规划设计生产性道路的同时，同步规划设计森林防火道路。

第三，林区防火道路的布设应尽量考虑与其他道路的联结成网，以利于森林防火的机械化和现代化。

第四，确立防火道路的走向时，在不降低技术标准的情况下兼顾道路的阻火作用，作为扑火的控制地带。

（三）林区防火道路的类型

林区防火道路一般由等级路和非等级路两类组成。

（1）等级路。县与县、国营林场（自然保护区）与国营林场之间的防火道路，一般采用林业三级路；国营林场（或乡镇）通往林区的道路，一般采用林业四级路；将林区木材生产或其他生产使用的断头等级路相连接而用于防火的道路，一般采用原断头路的等级。

（2）非等级路。指通往瞭望台、检查站、气象观测站的简易道路。非等级路一般要求能通行轻型载重车和摩托车即可。

四、通信联络系统

通信联络系统是林区传递信息的重要手段，也是林火管理的中枢神经部分。从发现火情到扑救森林火灾的全过程中，通信联络必须做到畅通无阻，这样才能及时报告火情，有效地组织指挥扑救工作。

（1）有线通信，是林区防火操作简便的原始方式，但线路维护困难，一旦线路中断，就会失去作用。

（2）卫星通信，具有覆盖面广、观察角度大的优点，缺点是建立地面接收站成本高、技术复杂。

（3）手机通信,是现在最方便有效的联络方式,但也有缺点,就是林区的信号可能不好。

第六节　成林抚育间伐

一、抚育间伐的目的与重要性

在未成熟的森林中,定期重复地伐去部分林木,为留存的林木创造良好的环境条件,以促进其生长发育的采伐,称做抚育间伐,简称间伐。

飞播幼林郁闭后至主伐前的整个生长发育过程,属于林分分化稀疏阶段,表现为林木株数减少,树高、直径和蓄积量增加。随着林龄和郁闭度的增大,林木个体之间争夺营养空间的矛盾随之加剧,明显分化,相继出现枯立木。

适时且合理地对飞播林进行间伐,可以达到调整林分结构,增加营养空间,改善林地卫生状况,促进林木生长,缩短采伐周期,提高森林质量和单位面积产量,增强和发挥多种效益的目的。同时通过间伐,能够生产一定数量的小径材和薪材,既可以支援生产建设和满足人民生活需要,又可以增加播区林场和群众的经济收入,做到以短养长,以林促林。它既是培育森林的方法,又是获得木材的手段。可见,开展飞播林抚育间伐具有十分重要的意义。

从科学的营林观点来说,林木从郁闭到主伐前一个龄级为止,一般需要抚育间伐两三次,而目前河南省的飞播林绝大多数还没有间伐过,这是营林生产上存在的一个突出问题。所以,搞好飞播林的抚育间伐,也是林业生产的当务之急。

二、抚育间伐的技术要求

（一）抚育间伐的原则、要求和方法

飞播林的抚育间伐,重点应放在飞密类型以上的飞播林分,要坚持"砍密留稀、砍小留大、砍双留单、砍弯留直"的"四砍四留"和照顾均匀的原则,砍去被压木、劣质木,保留优良木和辅助木。

优良木:生长迅速,树干圆满通直,天然整枝良好,树冠发育正常、健壮的林木。

辅助木:有利于促进优良木生长发育,以及对土壤起保护和改良作用的阔叶乔、灌木。

砍伐木:枯立木、被压木、弯曲木、病虫木、多头木、断顶木、霸王木和生长过密而影响优良木生长的立木。

适当修枝,也是成林抚育间伐的重要内容。适度修去下层活枝,可以改善树形和促进生长。但是,为薪材而修枝过度,则对林木的光合作用、蒸腾作用以及呼吸作用均产生不良影响,会造成生长量下降,甚至出现"小老树"。

修枝的工具应锋利,以求切口平滑。切口尽量贴近树干,应注意避免树皮劈裂。

在飞疏和飞中类型的飞播林分中,对团状分布和生长健壮的林木要适度修枝,对林中空地和稀疏林地要进行补植补造,并以阔叶树为主,培育混交林。

进行抚育间伐的林分,其郁闭度应在 0.7 以上。间伐后的郁闭度不得低于 0.6,要保持疏密均匀,不得造成天窗或疏林地。

飞播林抚育间伐,一般采用下层抚育法。鉴于飞播林分有别于人工林分和天然林分,且多数播区的间伐跟不上,间伐期被推迟了的实际情况,在近期内,抚育间伐的重点应放在间伐期被推迟的中龄林。采取透光伐、卫生伐与疏伐相结合的方法,因地制宜地实施。

(二)抚育间伐的开始期、次数和间隔期

抚育间伐的起始年龄,应根据经营目的、树种生物学特性、林木生长情况、立地条件、林分密度以及劳力、交通运输条件、间伐材的销路等因素综合考虑。对于松类飞播林,从飞密以上类型林分特点来看,当林龄为 6～8 年时,林木生长开始进入速生期,林分进入高郁闭状态,林木间争夺营养空间的矛盾突出,因此确定抚育间伐的起始年龄以 6 年左右为宜。此时,林木直径和树高尚小,作业方便,可节省劳力。在飞播林首次间伐后 5～6 年,即林龄 11～12 年、树冠再一次郁闭时,可进行第二次间伐。

(三)抚育间伐强度

从河南省飞播林的特点看,各地林分密度不同,立地条件不同,很难用一个间伐强度标准去控制间伐的数量,所以用保留木密度的方法使其控制在一个统一的标准上。

河南省从 1979 年开始飞播造林至今,进入抚育间伐的林分,其年龄、林分密度参差不齐,间伐时要因地制宜,区别对待。

飞密以上类型的林分,首次间伐后最适保留密度为 6 660 株/hm²,第二次间伐后最适保留密度为 4 995 株/hm²,第三次间伐后最适保留密度为 2 250～3 000 株/hm²。

飞疏、飞中类型的林分,在林龄达到 16 年时,进行首次间伐,间伐后每公顷保留株数以 2 250～3 000 株为宜。

抚育间伐强度一般要掌握陡坡小于缓坡、阳坡小于阴坡等原则,避免因林分环境的剧烈变化而影响林木生长和林分的稳定。

三、抚育间伐季节

间伐季节对间伐材的影响极大,一般来说,只要把劳力组织好,及时制材、集材、运输和调拨,可全年进行。但最好在树液停止流动或开始流动之前的冬、春季进行。

四、抚育间伐的实施

(一)搞好规划设计和作业设计

为了有计划、有步骤地开展飞播林抚育间伐,应以县为单位,在飞播成效调查、飞播林基地规划设计的基础上,对所有应该抚育间伐的林分进行规划设计,将近 5 年内应该抚育间伐的年度计划,报省辖市林业主管部门审查汇总,转报省林业厅平衡,然后下达抚育间伐的年度计划。

年度计划确定后,县林业局或国有林场,在施工前要制定作业设计方案。其内容包括:区划小班,估测作业面积;调查林分密度、蓄积、生长状况及分化程度;提出间伐方式、间伐强度、保留密度、出材量;编制收支预算;编写作业设计说明书和绘制必要的作业设计图表,并报上级主管部门审批实施。同时,搞好技术骨干的培训,安排好劳力。

(二)全面踏查,熟悉作业区情况

施工前,对当年需要间伐的范围,要组织有关技术人员、基层领导和经过培训的技术

骨干上山踏查,了解作业区情况,并根据不同林分类型,现场确定间伐方式、间伐强度和每公顷保留株数。为便于专业人员和民工掌握,也可将每公顷保留株数和保留木的株行距作为主要依据,通过反算后,得到间伐强度。

(三)设置标准地和对照区

间伐前,要进行标准地调查。每个播区按不同的林分类型设置的永久性标准地和对照区均不得少于 3 块。此项工作可结合技术骨干的培训一起进行,以便长期观察测定,分析和评定间伐效果。每个标准地和对照区的林木组成、立地条件、疏密度等因子都要基本相同。标准地的面积以 $0.07 \sim 0.1$ hm^2 为宜,为便于计算,要求标准地采用正方形设置,并在其四角埋设水泥桩,然后按各测树因子,计算出林分的平均直径,确定每公顷保留株数,并制订出施工方案,经审定批准后方可施工。

(四)先打号后间伐

打号工作要由培训过的人员负责,并提前进行。不宜边打号边砍伐,以免造成混乱。鉴于飞播林密度大,可对保留木打号,以减少用工量。打号应在胸高处用油漆朝同一方向标明,以便于识别,避免错砍和漏砍。打号的准确性要求达到 95% 以上。谁打号谁负责监督施工,以增强责任感。

(五)科学采伐,合理造材

间伐时要严格按照打号的规定执行,不得错砍。同时尽量降低伐根高度(一般不超过 10 cm),要注意伐倒木的倒向,防止损伤保留木,注意安全生产。

间伐下来的材木,要及时造材。造材时要本着优材优造、劣材巧造的原则,符合什么规格就造什么规格的材。凡符合造椽材的就造椽材,长度 $3.6 \sim 4.2$ m;不能造椽材的,可制成 $3.0 \sim 3.4$ m 的小木条;如果弯曲度超过 4% 的,可制成小径坑木,长度 $2.2 \sim 2.6$ m;凡 3 m 以下的,如不能造材,可作薪材处理。总之,要在合理造材的前提下,尽量提高经济效益,增加林场和群众收入。

在间伐制材后,及时清理林地剩余物。能利用的梢尖、枝桠尽量利用,难以利用且难以运出的剩余物要集中堆放妥善处理,以保持林地内良好的卫生环境。

(六)建立检查验收与奖惩制度

为了保证间伐任务的完成,施工前要制定必要的规章制度和奖惩制度,并组织好作业班组。每个班组都要配备经过培训的技术骨干,负责本组施工地段的技术指导和质量检查工作,发现问题,及时纠正。作业结束后,播区领导小组要组织有关技术人员、班组长一同上山逐块检查验收,兑现奖惩。

(七)建立技术档案

每年抚育间伐结束后,各有关单位要对间伐前后的林分状况、标准地材料、检查验收情况和各种设计资料、图表等,编号登记,填写卡片,整理归档,永久保存,以备查考。

五、抚育间伐的效益

(一)生态效益

通过抚育间伐,可以促进林木生长,提高林分的产量和质量。由于间伐后,调整了林分密度,使林木的个体空间营养面积和树冠都得到扩展,从而大大促进了林木的生长,特别是直径生长。随着间伐材积的增加,单位面积产量亦随之增多,材质也相应提高。栾川县的冷水播区,1979 年 7 月飞播造林,1985 年在飞播林内建立抚育间伐试验标准地和对照区,1990 年 11 月调查,试验标准地立木平均地径 8.7 cm,对照区为 6.2 cm,试验地比对照提高了 40.3%。另据栾川县 1996 年测定,1986 年进行抚育间伐的 6 年生油松林(间伐后保留密度为 5 145 株/hm²)平均胸径 7.5 cm,平均高 4.8 m,每公顷活立木蓄积 65.26 m³;而立地条件相似,没有进行抚育间伐的飞播林分,每公顷蓄积仅有 42.22 m³,且大部分植株胸径在 4 cm 以下。通过间伐,每公顷蓄积增加了 23 m³,年平均增长 2.3 m³。实践证明,间伐对促进林木生长效果显著。

通过抚育间伐,可以改善林分环境,为林木的生长创造良好的条件。间伐后,调整了林分密度,优化了环境,如营养空间和光照的增加,空气、温度、湿度的变化,都将有利于林木生长。

通过抚育间伐,可以增强林分抗性,减少森林病虫害的发生。由于抚育间伐,砍去了病虫害木、枯立木、长势衰弱木,保留了健壮木、长势旺盛木,加上林区通风、光照条件的改善,因此林分的抗性增强,病虫害也不易发生。如南召县有部分飞播林区,由于林分密度大,林内卫生状况差,松梢螟、油松草蛾等为害严重,影响了林木的生长。近几年,由于抚育间伐工作的开展,加之采取了积极的防治措施,基本上抑制了松梢螟、油松草蛾的发生。

(二)经济效益和社会效益

通过抚育间伐,可以得到一批间伐材。据河南省飞播林成效调查和飞播林基地调查统计,全省累计成效面积 37.33 万 hm²,其中成林面积 25.3 万 hm²。栾川县从 1990 年以来,通过对早期飞播幼林有计划地抚育间伐,已间伐出椽材 2 800 m³,薪材 6 500 万 kg,经济价值达 463.4 万元。内乡县通过幼林抚育,一次获小径材 36 万根,薪材 2 600 万 kg,收益达 60 万元。这为解决群众烧柴、建房用材,促进山区人民脱贫致富奠定了良好的物质基础。

通过抚育间伐,巩固了飞播林场。林业生产具有周期长的特点,造林后一般需要一二十年才有收入。飞播林也是这样,播种后七八年才能郁闭成林,10 年左右开始抚育间伐。在没有收入之前,许多播区都无力开展最起码的经营管理活动,使不少飞播林毁于火灾,损失巨大。开展抚育间伐之后,由于有了收入,管护工作也得到了加强。

通过抚育间伐,搞活了山区经济,促进了山区建设。俗话说:"靠山吃山,吃山养山。"由于飞播林前期以封山育林为主,群众得不到实惠,严重影响了群众的积极性。开展抚育间伐后不仅为剩余劳力找到了出路,而且从抚育间伐中增加了收入,搞活了山区经济。栾川县在飞播林场建立了小型加工厂,截至 2008 年,已生产松针饲料添加剂 30 万 kg,收入 80 万元;西峡县建成小径材加工厂,生产加工木质地板块;其他地方利用抚育间伐的枝桠建立了小砖窑,收入可观。由于广大群众从间伐中得到了实惠,所以对飞播林更加爱护,管理得更好了。

第七节 建立飞播林经营档案

一个飞播林区经营的好坏,与是否抓好飞播林的区划,实行分类指导,是否建立了完整的技术档案,关系极为密切。要按照有关要求和规定,组织力量做好这项工作。

一、林区区划

飞播林的区划工作是林区经营管理的基础。合理的区划是科学建立经营档案的前提。林区区划,一是以经营单位、经营权属划分,二是按立地条件来划分。河南省一般采用县—乡(营林区)—村(林班)—小班四级区划。

乡(营林区):这是飞播林经营管理的基本单位。在播区内一般以乡或飞播林场为单位进行划分,大都有明显的自然界线,如山脊、河流、道路。

村(林班):是永久性经营单位,也是播区资源统计单位,一般以行政界线划分,同时要结合经营权属来划分。同一小班,不得跨越两个村民小组。

二、经营档案的建立

在播区经营区划的基础上,逐步建立飞播林经营档案。经营档案是搞好林区管理、编制计划、组织生产和检查经营效果的重要依据。通过对各项生产活动和有关试验研究的系统记载与整理,一方面可及时掌握飞播林资源的消长变化情况,另一方面可对实施过的各项生产技术措施,从科学性和效益上去加以分析研究、总结提高,为进一步搞好飞播林的经营管理提供科学依据。

经营档案包括乡(营林区)经营档案和林班(小班)经营档案,具体内容见表10-1 和表10-2。上述两种档案可结合飞播区调查、飞播成效调查、飞播林基地规划设计建立起来,并绘制出飞播林经营管理现状图、规划设计图和施工图。

经营档案的记载,应从飞播区调查开始,乡(营林区)统计表以村(林班)为单位。

飞播林经营档案的管理工作,应由县(市、区)林业局统一领导,指定专人负责,逐年将各项生产活动进行定期检查、综合分析、记载入档,作为永久性档案保管存放。

表 10-1 乡(营林区)飞播林经营活动统计表(×× 年度)

时间	林班号	经营活动						森林保护								林副产品收获				
								火灾			病虫害									
		项目	面积(hm²)	树种	株数	用工(工日)	投资	起因	次数	损失面积(hm²)	名称	防治面积(hm²)	防治措施	防治效果		小计	(副产品)	(副产品)	…	盈亏情况

表 10-2　林班(小班)经营档案(卡片)

县(市、区)		乡(镇、场)	
村(林班)		小班	
权属		飞播时间	
面积	hm²	树种	
每公顷成苗株数		混交方式与比例	
建档时间			
成效面积	hm²	植被	

(一)自然条件

立地类型	海拔(m)	坡向	坡度/坡度级
土壤名称	厚度(cm)	质地	砾石含量(%)

(二)经营活动记载

日期(年、月、日)	地点	经营活动		
		技术措施	面积(hm²)	用工(工日)

(三)林分状况

标准地								林分总蓄积(m³)
间伐前			间伐后			蓄积		
株数	平均高(m)	平均胸径(cm)	株数	平均高(m)	平均胸径(cm)	间伐前(m³)	间伐后(m³)	

(四)森林保护

森林火灾			病虫害			
起因	次数	损失面积(hm²)	名称	面积(hm²)	防治措施	防治效果

第十一章　飞播林基地建设

飞播林基地建设就是在相对集中连片、立地条件相似的区域实施"飞、封、造、管"相结合的综合措施,尽快改变飞播林不成片的现象,促进早日郁闭成林,形成比较整齐的林相,改善林木群体结构,提高林地生产力和林分质量,形成比较理想的森林生态系统,尽早实现飞播林经营目的。建立飞播林基地是飞播营造林工作的一个有效措施,是飞播工作的补充和完善。

第一节　飞播林基地建设的必要性

河南省 30 年的飞播实践证明,在有条件的地方,积极开展飞播造林对于保持水土、涵养水源、改善山区生态环境、增加森林后备资源有着十分重要的战略意义。但由于飞播造林是模拟林木天然下种更新的一种大规模机械化造林方式,与人工造林相比,它存在以下几个问题:

一是飞播造林前对宜林地的调查、规划不可能像人工造林那样,区分立地类型采取不同的造林技术,而只能在一个播区内,通过对植被、坡向、海拔、土壤等主要因子的了解,设计采用一种与大面积立地条件基本相适应的造林措施,如造林树种、造林密度等,这就势必导致在一个播区内有的地段因立地条件等原因,不利于种子出苗成苗,达不到造林的目的。

二是在飞播造林作业时,由于作业技术和风力的影响,出现重播、漏播。

三是播种设备陈旧,撒播的种子分布不均,导致出苗不匀。

四是在北方,由于气候干旱,年降水量较少,降水年变率大,蒸发量远远大于降水量,且夏季易发生伏旱,常造成大量当年幼苗被淘汰。

五是在低山区阳坡和半阳坡地面温度过高(可达 60 ℃以上),不足一月生长期的幼苗因日灼死亡。

六是飞播苗出土后,在较密的杂草和灌木的覆盖下,得不到必需的水分、养分和光照,被压抑死亡。

七是在迎风坡、过风山口地带及海拔偏高且又日照时间过短的立地条件下,冬季低温造成幼苗冻害。

以上种种原因,使飞播幼林在播区内多呈片状分布,少则几公顷,多则几百公顷,苗木稀稠不匀,林木生长差异显著,分化明显,树种单纯,林地生产力低。成效较好的播区,有苗面积也仅占 45% 左右,还有 55% 的宜播地上苗木稀少或根本无苗。因此,土地资源不能被充分利用,块块片片的飞播幼林不能形成理想的森林环境,同时也不便于经营管理,难以引起当地干部、群众的高度重视。

另外,飞播区的规划设计由于受飞行作业特点的限制,四周多不是以自然地物为界,而是根据飞行作业的要求划出的几何地形,播区四周的宜林地及播区与播区之间的许多宜林地,因地形不规整等因素而没有播种造林。播区也没有以明显地物标识为依据的界线,不利于封护工作的落实。

以上这些问题,在河南和我国北方各地都不同程度地存在着。为此,河南省于1986年率先提出:飞播造林后,还必须采取一系列人工管理措施,实现飞一个播区成一片林,连几个播区为一个规模较大的林区,形成比较理想的森林生态系统,彻底改变荒山秃岭的自然面貌,把播区建设成符合经营目的的飞播林基地。

第二节 飞播林基地建设目标及意义

飞播林基地建设目标:选择飞播区集中连片,飞播成效显著,立地条件好,当地群众迫切要求发展林业且林农、林牧等矛盾能合理解决的地方进行飞播林基地规划设计,在5~10年时间内,根据总体规划设计,采用飞播、封山、补造、管理等一系列措施,使基地范围内有林地面积达80%以上,形成以飞播林为主体的多林种、多树种、结构比较合理的新林区,为建立商品林和生态公益林基地奠定基础。

飞播林基地建设意义:一是飞播林基地通过调查、规划设计,提高了经营管理的科学性,使各项任务得以逐行政村落实,有利于组织施工和检查验收。同时,因国家对种苗进行了适量投资,广大群众造林积极性提高,加快了造林绿化的速度。二是基地建设采取一次审批、分年度下达造林任务的办法,保证了飞播造林工作扎实有序地开展。

第三节 飞播林基地建设的条件和任务

一、飞播林基地建设的条件

(1)飞播区相对集中连片,飞播造林效果显著,当地干部群众积极要求发展林业。

(2)飞播林基地以县为单位,总面积一般应在 6 666.7 hm² 以上,最少不得小于 3 333.3 hm²。

(3)飞播林基地可以包括若干片,但每片最小面积应在 666.7 hm² 以上,每片之间的距离不得大于 3 km。

(4)飞播林基地中的播区面积应占基地总面积的70%以上。

(5)飞播林基地边界一般以自然界线为准,尽量避免把 33.3 hm² 以上的天然林、灌木林、人工林、经济林和 6.7 hm² 以上的非林业用地划入基地范围。

二、飞播林基地规划设计任务

(1)查清基地内各类土地面积。

(2)查清基地内林木生长、病虫害及人为危害情况。

(3)查清基地内各种立地类型的面积。

(4)查清基地内社会经济情况。

（5）根据调查，提出现有林各类型的经营管理措施。

（6）根据调查，提出无林地、疏林地、未成林造林地的造林和补造设计。

（7）制定工程建设和多种经营规划。

（8）根据基地建设工作量和当地的实际条件安排建设速度。

（9）进行投资概算和效益估算。

（10）编制基地规划设计说明书、基地现状图和规划设计图。

（11）建立基地资源管理档案。

第四节　河南飞播林基地建设成就

河南省建设飞播林基地的实践证明，只要认真地进行飞播林基地规划设计和积极地组织实施，就能够尽快改变飞播林不成片的现象，促进早日郁闭成林，形成比较整齐的林相，改善林木群体结构，提高林地生产力和林分质量，较好地发挥林分的综合效益。建立飞播林基地是飞播造林工作的一个有效措施，是飞播工作的补充和发展。

一、河南省飞播林基地概况

河南省自 1989 年起，相继对栾川县、林州市、辉县市、内乡县、南召县、卢氏县、淅川县、修武县等 8 个重点县(市)进行了飞播林基地总体规划设计，澄清了基地内各地类面积、有林地分布和林木生长状况以及社会经济等资源情况，编制了基地规划设计说明书及现状图、经营规划设计图，将飞播林按密度分为飞极密、飞过密、飞密、飞中、飞疏五种类型，并制定了相应的经营管理措施，对稀疏林地及林中空地进行了补植补造设计，同时制定了基地工程建设和多种经营等规划，建立了飞播林基地资源管理档案。至 1998 年年底，全省共建设飞播林基地面积 95 814 hm²，其中林业用地面积 94 759.9 hm²，占总规划面积的 98.9%；非林业用地面积 1 054.1 hm²，占总规划面积的 1.1%。在林业用地中，有林地面积 80 741.3 hm²，占林业用地面积的 85.2%（其中飞播林面积 65 864.6 hm²，占有林地面积的 81.6%；天然林、人工林和经济林面积 14 876.7 hm²，占有林地面积的 18.4%）；灌木林地面积 1 332.7 hm²，占林业用地面积的 1.4%；飞播未成林造林地面积 142.1 hm²，占林业用地面积的 0.1%；疏林地面积 741.9 hm²，占林业用地面积的 0.8%；无林地面积 11 801.6 hm²，占林业用地面积的 12.5%；其他地类面积 0.3 hm²。

随着飞播林基地建设的进展，有林地面积不断增加，飞播林的生态、社会、经济效益越来越显著，对改善当地的农耕条件产生了十分重要的作用。内乡县飞播林基地内，500 多条冲刷沟已被林草覆盖，水土流失面积减少了 75%，30 余条涸河又流出了清水，因干旱荒芜多年的 87 hm² 水稻田在 1990 年恢复了耕种。辉县市飞播林郁闭成林后，形成了森林环境，为野生动物和鸟类提供了觅食、隐避、繁衍场所，许多多年不见的野生动物和鸟类又重新出现，数量也逐渐增加，据调查，有猕猴、獾类、狐等 10 余种野生动物和黄鹂、杜鹃等 30 多种鸟类经常出没播区。栾川县飞播林基地的建立，加快了该县的绿化步伐，改变了该县东西部森林资源分布不均的格局，使全县有林地面积增加了 25%，森林覆盖率提高了 12.1%，生态环境得到明显改善，全县的粮食产量增加了 20.3%，水土流失面积减少了

25%。

事实证明,飞、封、造、管相结合,建设飞播林基地,不仅加快了绿化速度,改善了生态环境,而且也是山区人民脱贫致富,促进山区经济可持续发展的重要途径。

二、重点县(市)飞播林基地概况

(一)栾川县飞播林基地概况

栾川县飞播林基地位于该县西部,东西长 29 km,南北宽 21 km,呈西宽东窄刀把形。

基地内沟壑纵横,峰峦叠嶂,山势较陡,地势由东向西逐渐升高,海拔在 1 000~2 000 m。

基地属暖温带大陆性季风气候,年均气温 12.1 ℃,无霜期 198 d,年均日照时数 2 103 h,年均降水量 864.4 mm,降水量年际变化较大,且主要集中在 7~9 月三个月。

基地内土壤主要为花岗岩、片麻岩、砂岩、页岩等风化形成的棕壤,占基地总面积的 99%,此外,还有少量褐土分布。棕壤分布在海拔 1 000 m 以上的中山地带,呈微酸性。土壤厚度多在 20~60 cm,其中阴坡、半阴坡土层深厚,肥力较高,阳坡、半阳坡则土层较薄,肥力较低,且尤以海拔 1 000 m 以下的低山区更为明显。

基地包括 5 个营林区、43 个林班,总面积为 20 495 hm²,其中林业用地面积 20 301.1 hm²,占总面积的 99.1%;非林业用地面积 193.9 hm²,占总面积的 0.9%。在林业用地中,有林地面积 17 907.3 hm²,占林业用地面积的 88.2%(其中飞播林面积 13 331.2 hm²,占有林地面积的 74.4%;天然林、人工林和经济林面积 4 576.1 hm²,占有林地面积的 25.6%);灌木林地面积 278.6 hm²,占林业用地面积的 1.4%;疏林地面积 224.8 hm²,占林业用地面积的 1.1%;飞播未成林造林地面积 22.7 hm²,占林业用地面积的 0.1%;无林地面积 1 867.4 hm²,占林业用地面积的 9.2%;苗圃地面积 0.3 hm²。

(二)林州市飞播林基地概况

林州市飞播林基地位于该市西南部。基地内群峰耸立,沟壑纵横,山势陡峭,切割深邃,山地多呈台阶状,顶部则较平缓。地势由东向西逐渐升高,海拔在 500~1 657 m。

基地属暖温带大陆性湿润季风气候,年均气温 12.7 ℃,绝对最高气温 40.6 ℃,绝对最低气温 -23.6 ℃,无霜期 192 d。冬春干旱多风,年均降水量 697.7 mm,多集中在 7~9 月三个月,年际降水变化幅度较大。

基地海拔 1 000 m 以上为棕壤,成土母质多为基岩风化物,母岩有石灰岩、砂页岩以及少量的片麻岩和花岗岩,土壤质地较细,pH 值 6.5~7.0,碳酸盐反应弱或无。海拔 1 000 m 以下主要为褐土,有少量棕壤分布,母岩多为石灰岩和砂页岩,土质黏重,pH 值 7.0~7.5,碳酸盐反应比较强。土层厚度多在 15~60 cm,阴坡、半阴坡土层深厚,肥力高,阳坡、半阳坡干旱瘠薄,肥力差。

基地包括 5 个营林区、38 个林班,总面积 11 803 hm²,其中林业用地面积 11 691.1 hm²,占总面积的 99.1%;非林业用地面积 111.9 hm²,占总面积的 0.9%。在林业用地中,有林地面积 9 320.9 hm²,占林业用地面积的 79.7%(其中飞播林面积 7 799.8 hm²,占有林地面积的 83.7%;天然林、人工林和经济林面积 1 521.1 hm²,占有林地面积的 16.3%);灌木林地面积 161.5 hm²,占林业用地面积的 1.4%;疏林地面积 180.5 hm²,占林业用地面积的 1.6%；无林地面积 2 028.2 hm²，占林业用地面积的 17.3%。

(三)辉县市飞播林基地概况

辉县市飞播林基地位于该市西北部，南北长 26 km，东西宽 10 km。

基地内峰峦连绵，沟壑纵横，地势由南向北逐渐升高，海拔在 600～1 732 m。

基地属暖温带大陆性季风气候，其特点是四季分明，年均气温 13 ℃，≥10 ℃的年活动积温 4 687.6 ℃，无霜期 212 d，年均日照时数 2 293.7 h，年均降水量为 690 mm，年内分布不均，主要集中在 7～9 月三个月。

基地内成土母质多为砂岩、页岩和石灰岩。海拔 1 000 m 以上的中山区约占 40%，多以棕壤为主，土壤呈中性偏酸，pH 值 6.5～7.0，厚度一般在 30 cm 以上，阴坡、半阴坡及顶部土层深厚，土壤肥沃。海拔 600～1 000 m 的低山区约占 60%，多为褐土或淋溶褐土，土壤呈中性偏碱，阴坡、半阴坡土层较厚，肥力较高，而阳坡、半阳坡大部分土层较薄，植被盖度低，立地条件较差。

基地属暖温带落叶阔叶林、常绿针叶林地带，树种资源较丰富。

基地包括 6 个营林区、46 个林班，总面积 12 706 hm²，其中林业用地面积 12 582.7 hm²，占总面积的 99.0%；非林业用地面积 123.3 hm²，占总面积的 1.0%。在林业用地中，有林地面积 11 087.9 hm²，占林业用地面积的 88.1%（其中飞播林面积 9 596.6 hm²，占有林地面积的 86.6%；天然林、人工林和经济林面积 1 491.3 hm²，占有林地面积的 13.4%）；灌木林地面积 590.1 hm²，占林业用地面积的 4.7%；疏林地面积 160.1 hm²，占林业用地面积的 1.3%；无林地面积 744.6 hm²，占林业用地面积的 5.9%。

(四)内乡县飞播林基地概况

内乡县飞播林基地位于该县北部山区，南北长 25 km，东西宽 8 km，呈长方形。

基地内地貌类型过渡明显，地势由东南向西北逐渐升高，低山区坡度较平缓，与西峡、南召县接壤的界岭地段地形复杂，坡陡谷深，海拔多在 500～1 300 m。

基地属北亚热带季风型大陆性气候，年均气温 15 ℃，极端最高气温 42.1 ℃，极端最低气温 -14.4 ℃，无霜期 215 d。春季温度回升较快，有利于提早播种育苗，发生在 7～8 月的伏旱平均两年一次，幼苗易受灼伤。由于季风影响，降水年际变化较大，春秋季节降水适中，夏季偏多，冬季降水量少，年均降水量 800 mm。

基地内海拔 1 200 m 以上的中山地段土壤属棕壤亚类，植被盖度大，土层深厚，发育层次明显，呈微酸性。海拔 800～1 200 m 土壤多为黄棕壤亚类，呈中性微酸，植被盖度中等。海拔 600 m 左右土壤属粗骨性黄棕壤亚类，呈中性，阴坡、半阴坡土层较厚，肥力较高，而阳坡、半阳坡干旱瘠薄，植被盖度小。

基地处于北亚热带向暖温带过渡地带，木本植物种质资源十分丰富。

基地包括 5 个营林区 40 个林班，总面积为 14 763 hm²，其中林业用地面积 14 570.7 hm²，占总面积的 98.7%；非林业用地面积 192.3 hm²，占总面积的 1.3%。在林业用地中，有林地面积 13 953.6 hm²，占林业用地面积的 95.8%（其中飞播林面积 11 563.1 hm²，占有林地面积的 82.9%；天然林、人工林和经济林面积 2 390.5 hm²，占有林地面积的 17.1%）；灌木林地面积 12 hm²，占林业用地面积的 0.1%；疏林地面积 118.2 hm²，占林业用地面积的 0.8%；无林地面积 486.9 hm²，占林业用地面积的 3.3%。

(五)南召县飞播林基地概况

南召县飞播林基地位于该县的西北部,东西宽 14 km,南北长 20 km。

基地内地形地势由南向北逐渐升高,海拔在 400 ~ 1 400 m,东南部坡度较缓,中、北部地形复杂,坡度较大。

基地属北亚热带季风型大陆性气候,年均气温 14.8 ℃,≥10 ℃的年活动积温为 4 820 ℃,无霜期 216 d,年均日照时数为 1 978.8 h,年均降水量 839.5 mm,降水主要集中在 6 ~ 8 月份。

基地内成土母岩多为花岗岩、片麻岩、页岩、大理岩、云母片岩。中低山区一般土层较厚,土壤水肥条件较好,土壤 pH 值 5.5 ~ 5.7,有较厚的腐殖质层,肥力较高,植被盖度大。在海拔较低的南部,由于经营柞坡,人为活动频繁,水土流失严重,土壤石砾含量较多,肥力较差。山坡下部成土母质以坡积物为主,土层较厚,多为壤土,立地条件较好。

基地地处北亚热带向暖温带过渡区,植被资源丰富。

基地包括 2 个营林区、15 个林班,总面积为 6 750 hm²,其中林业用地面积 6 745.2 hm²,占总面积的 99.9%;非林业用地面积 4.8 hm²,占总面积的 0.1%。在林业用地中,有林地面积 6 003.9 hm²,占林业用地面积的 89.0%(其中飞播林面积 5 649.8 hm²,占有林地面积的 94.1%;天然林、人工林和经济林面积 354.1 hm²,占有林地面积的 5.9%);灌木林地面积 10.7 hm²,占林业用地面积的 0.2%;无林地面积 730.6 hm²,占林业用地面积的 10.8%。

(六)卢氏县飞播林基地概况

卢氏县飞播林基地由崤山和伏牛山南坡基地组成。崤山基地位于该县西北部,属崤山山系;伏牛山南坡基地位于该县南部,属伏牛山系。崤山基地属黄河流域,面积 18 162 hm²,包括 4 个营林区。该基地海拔多在 1 000 m 以上,最高峰为冠云山,海拔 1 856 m,最低海拔 800 m,相对高差一般在 100 ~ 300 m。基地内地貌简单,其特点是中山两侧山势缓和,山顶浑圆,呈馒头状,坡度为 5°~ 25°,而沟谷两侧陡峭,多呈"U"形,坡度大,多在 36°以上,坡面呈凸型。属暖温带大陆性季风气候区,夏季温暖多雨,冬季寒冷干燥,年均气温 12.6 ℃,极端最低气温 -17.9 ℃,极端最高气温 40 ℃,≥10 ℃的年积温为 4 127 ℃,年均降水量 700 mm,多集中在 6 ~ 9 月,占全年降水量的 60%,年蒸发量 1 444 mm,无霜期 186 d,主要风向为东北风。成土母岩为砂岩、砂页岩和页岩等,土壤为棕壤和褐土。棕壤分布在海拔 1 000 m 以上,土层厚度 30 ~ 60 cm,有机质层一般在 10 cm 左右,pH 值 6.5 左右;褐土分布在海拔 600 ~ 1 000 m,土层厚度 20 ~ 60 cm,一般多为 30 cm 左右,pH 值 7 ~ 7.5。乔木树种主要有油松、华山松、侧柏、刺槐、山杨、栎类等,灌木有棠梨、连翘、酸枣、胡枝子等,草本植物有白草、黄背草、蒿类、羊胡子草等。

伏牛山南坡基地属长江流域,面积 3 546 hm² 包括 2 个营林区。海拔 600 ~ 1 560 m,地形复杂,山势较陡,坡度在 20°~ 50°。该区气候温和,降水充沛,年均气温 12 ~ 13 ℃,年均降水量 819 mm,无霜期 220 d。土壤主要为黄棕壤,多发育在片麻岩等的残积母质上。土壤较疏松,湿度较大,pH 值 6.0 左右,土层厚度多在 30 cm 以上。主要树种有松类、栎类、漆树、油桐、乌桕等,灌木主要有杜鹃、连翘、胡枝子、绣线菊等,草本植物主要有羊胡子草、蒿类、黄背草、地柏等。

卢氏县飞播林基地包括 6 个营林区、44 个林班,总面积为 21 708 hm²,其中林业用地面积 21 358.5 hm²,占总面积的 98.4%;非林业用地面积 349.5 hm²,占总面积的 1.6%。在林业用地中,有林地面积 15 338.9 hm²,占林业用地面积的 71.8%(其中飞播林面积 12 466.3 hm²,占有林地面积的 81.3%;天然林、人工林和经济林面积 2 872.6 hm²,占有林地面积的 18.7%);灌木林地面积 194.6 hm²,占林业用地面积的 0.9%;无林地面积 5 825 hm²,占林业用地面积的 27.3%。

(七)淅川县飞播林基地概况

淅川县飞播林基地位于该县南部,东西长 20 km,南北宽 10 km。

基地内地貌过渡明显,地势由北向南逐渐升高,地形复杂,坡陡谷深,海拔在 300~1 040 m。

基地属北亚热带季风型大陆性气候,年均气温 15.8 ℃,极端最高温度 42.1 ℃,极端最低温度 −14.4 ℃,无霜期 228 d,年均降水量 804.3 mm,且多集中在 7~9 月份,约占全年总降水量的 49%。

基地内土壤属黄棕壤亚类,呈中性微酸,土层较厚,中等肥力,植被盖度 50% 左右。

由于基地地处北亚热带向暖温带的过渡地带,植物资源丰富,两带树种兼容并存。

基地包括 1 个营林区、12 个林班,总面积 7 589 hm²,其中林业用地面积 7 510.6 hm²,占总面积的 99.0%;非林业用地面积 78.4 hm²,占总面积的 1.0%。在林业用地中,有林地面积 7 128.8 hm²,占林业用地面积的 94.9%(其中飞播林面积 5 457.8 hm²,占有林地面积的 76.6%;天然林和人工林面积 1 671 hm²,占有林地面积的 23.4%);灌木林地面积 85.2 hm²,占林业用地面积的 1.1%;疏林地面积 58.3 hm²,占林业用地面积的 0.8%;飞播未成林造林地面积 119.4 hm²,占林业用地面积的 1.6%;无林地面积 118.9 hm²,占林业用地面积的 1.6%。

(八)修武县飞播林基地概况

修武县飞播林基地位于该县西北部山区西村乡境内,东西长 18 km,南北宽 13 km,基地区域总面积 8 275 hm²。

基地内山峦叠嶂,沟壑纵横,地势由南向北逐渐升高,海拔在 680~1 301 m。

基地属温带大陆性季风气候,年均气温 11 ℃,无霜期 200 d 以上,年均降水量 711~794 mm,且多集中在 7~9 月份,约占全年总降水量的 58%。

基地内成土母质多为石灰岩,间有页岩、砂岩分布。海拔 1 000 m 以上中山区,以棕壤为主,土壤中性偏酸,厚度 30 cm 以上,其顶部、沟底及平坦地带,土层深厚,土壤肥沃;海拔 700~1 000 m 的低山区为褐土,土壤呈中性偏碱,阴坡、半阴坡土层较厚,肥力较高,而阳坡土薄石厚,植被盖度低,立地条件相对较差。

基地属暖温带阔叶林带,树种资源丰富。

基地包括 1 个营林区、10 个林班,总面积 8 275 hm²,其中林业用地面积 8 141.2 hm²,占总面积的 98.4%;非林业用地面积 133.8 hm²,占总面积的 1.6%。在林业用地中,有林地面积 4 343.3 hm²,占林业用地面积的 53.3%;灌木林地面积 3 399.0 hm²,占林业用地面积的 41.8%;宜林荒山面积 199.8 hm²,占林业用地面积的 2.4%。在有林地中,飞播林面积 3 574.9 hm²,占 82.3%;天然林面积 761.8 hm²,占 17.5%;经济林面积 6.6 hm²,占 0.2%。

第五节　河南飞播林基地建设主要经验

一、健全管理体制,强化组织领导

健全管理体制是提高飞播造林成效和巩固飞播成果的首要问题。为此,各飞播林基地县(市)先后建立了两套管理体制。一是行政管理体制,县(市)政府成立了以县(市)长为指挥长,林业、计划、财政等有关部门参加的飞播造林指挥部,指挥部常年开展工作,一手抓飞播造林,一手抓飞播林基地建设;有飞播林基地建设任务的乡(镇)也都建立了相应的飞播造林领导小组,行政村明确一名副主任专抓飞播造林。二是技术管理体制,各基地县(市)均成立了飞播造林管理站,负责全县(市)的飞播造林及飞播林基地建设年度计划的制订、报批及经营活动的技术指导和检查验收等。飞播林基地建设任务较大的乡(镇)也相应地以乡(镇)林站为依托,建立了飞播林基地管理分站,负责基地的管理和年度计划的组织实施工作。同时,各基地县(市)政府还把飞播林基地建设纳入目标管理,县、乡、村层层签订目标责任书,严格奖罚措施,调动了基层干部的积极性,增强了责任心,有力地促进了飞播林基地建设。内乡县飞播林基地管理站被县编委定编 7 人,拨了办公经费,并于 1989 年在河南省林业厅飞播队支持下,建起一座 3 层 12 间飞播林基地管理站办公楼,做到了有人员、有房子、有牌子、有章子、有经费、有活动,保证了飞播林基地建设正常运行。

二、合理规划设计,实现科学经营

为了科学地建设和经营好飞播林基地,增强基地建设的科技含量,各地对基地进行了总体规划设计和经营区划。基地规划按照"以林为主,以短养长,长短结合,改善生态环境"的方针,本着"因地制宜,宜飞则飞,宜封则封,宜补则补,需抚则抚"的原则,合理布局,总体推进,在发展用材林和防护林的同时,积极发展经济林,使基地在短期内发挥最大的生态、经济、社会效益。各地查清了基地内的土地、林木、社会经济等资源情况,进行了立地类型划分、造林类型设计、林分经营类型划分,制定了工程建设和多种经营规划,提出了分年度实施计划,建立了基地资源经营管理档案,绘制了飞播林基地现状图和规划设计图,编写了飞播林基地规划设计说明书,为科学地建设、经营管理飞播林基地奠定了扎实的基础。

三、强化管护措施,巩固提高基地建设成果

基地建设飞播是基础,管护是关键。飞播造林要做到"一分造九分管,善始善终才保险"。为此,各地在飞播林基地管护中,立足科学管林的指导思想,对飞播林基地实行全封 5 年,再半封 3 年。在封山育林期间,严格实行"五不准、三固定、一健全":"五不准"即不准放牧、砍柴、割草,不准挖药、开山、采石取土,不准开荒种地,不准烧荒、狩猎,不准乱修枝、乱间伐;"三固定"即固定基地边界,固定牧坡边界,固定护林队伍;"一健全"即健全以村为单位的护林组织 5～7 人。同时,大力兴办飞播林场,实行基地办林场,林场管基

地。林场达到有房舍、有领导、有人员、有经营计划,并坚持以林为主、多种经营的原则,积极建立小果园、小菜园、小加工厂和小采矿业等,形成短、中、长相结合的经济结构,不断提高飞播林场"造血"机能和发展活力。在飞播林场的基础上,积极推进股份制林场建设。股份制合作林场具有特殊的活力,它是由国家、集体、个人对现有山、林作价后进行联合开发经营的新型农村经济实体。它明确了各股东的责任和权利,并使其利益与飞播林的管理现状息息相关,从而提高了各控股者的投入积极性和加强管理的责任心,使飞播林的各项经营活动落到实处。为了解决护林人员的劳动报酬,采取省级补助为辅,主要靠县里补助一部分、乡村拿一部分和义务工的办法,调动了护林员的护林积极性,做到了划分区域、分片管理、责任到人,增强了责任心。各飞播林基地县(市)真正做到了县(市)有机构、乡(镇)有人抓、村里有人管、山山洼洼有人看,巩固和提高了基地成果。

四、搞好补播补植,加快基地建设速度

通过飞播造林和封山育林,虽然基地内成苗效果较好,但由于受多种自然因素的影响,基地内仍有部分缺苗地段和林中空地,不能形成理想的森林环境,同时也给经营管理带来不便。为了充分利用基地内的土地资源,各地对基地内的小片荒山和稀疏林地,遵循"内补外扩"的指导思想,以提高造林质量和综合效益为原则,以培育混交林为目的,采取植苗、直播等方式,大力开展补播补植工作。各基地县(市)政府每年都将基地补造列入基本建设项目,下达文件,分配任务,组织检查验收。通过补植补播,不仅提高了林地利用率,而且逐步形成了以飞播林为主、树种配置合理、林相较整齐的飞播林基地。

五、实施营林措施,提高基地林分质量

飞播林基地建设是山区兴林富民的新契机,为了改善飞播林基地内卫生条件和群体结构,不断提高基地的林分质量,要着重抓好以下工作。

(一)加强基础设施建设,改善经营条件

按照全面布局,连接成网,既便于经营管理,又形成上下畅通的护林防火网络的指导思想,有计划地在基地内修筑林区道路,配备消防设备、通信工具,建造防火瞭望台等,保证经营活动的正常开展,以提高劳动工效,为今后合理开发飞播林基地奠定基础。

(二)搞好飞播幼林抚育管理

由于播后封育,林地灌木杂草丛生,部分地方飞播苗木过密,相互争水、争肥、争光,使幼苗受压,甚至得不到维持生存的基本条件,出现幼苗生长衰弱、死亡等现象。为此,各基地县(市)政府把飞播幼林抚育管理列入基地乡(镇)领导的责任目标,作为年终考核的一项内容。针对基地内飞播林龄不齐、密度过大的特点,按照"砍密留稀、砍小留大、砍双留单、砍弯留直、照顾均匀、合理密度"的原则,及时组织割灌除草、疏苗定株、抚育间伐等,以调整幼林密度,促进林木生长。这样既提高了林分质量和林地生产力,又增加了群众的经济收入。

(三)搞好病虫害防治

为保障林木健壮生长,根据"预防为主,综合治理"的方针,首先在营林措施上,着重培育混交林。其次加强植物检疫,对于基地内补植补造所用的种苗,经过检疫确认无病虫

害后方可用于补造,严格控制病虫苗木进入基地。同时,在基地内设置病虫害测报点,及时掌握病虫害发生、发展规律及危害状况,一旦发生病虫危害,选择物理防治、生物防治、化学防治等有效措施,及时组织力量消灭。

（四）加强基地防火管理

针对基地内针叶林比重大、火险等级高、扑救难度大等特点,各级飞播管理站应会同专业防火部门在飞播林区广泛开展防火宣传教育活动,树立全民防火意识,坚决贯彻"预防为主,积极扑灭"的原则,建立和完善林区防火设施,狠抓各项工作的落实,不断提高森林防火、灭火的综合能力。每年进入防火警戒期的前半月,各地应及时组织进行护林防火宣传教育,采用布告、宣传车、固定性标语、广播电台、电视等多种形式,深入宣传《河南省森林防火条例》等法规,并在基地的交通要道设立防火检查站,实行护林员巡逻值班制度,组织乡村成立义务扑火队等,把飞播林火灾受害率控制在最低水平。

六、积极开展科学研究,指导飞播林基地建设

建设飞播林基地是一项较大的林业工程,每项生产活动的开展,都必须有正确的依据作指导。为总结经验,在栾川县、林州市、辉县市、内乡县、南召县、卢氏县6个基地县(市)均建有飞播试验林区,为基地建设提供大量可靠的技术指标和经济指标,及时解决了生产中的难题。栾川县、内乡县、南召县等地通过试验,筛选出不同林分密度类型在一定时期的间伐强度,直接应用于生产后,不仅使林分蓄积量迅速增加,同时也增强了抵御自然灾害的能力。

第六节　飞播林基地建设发展思路

构建和谐社会,实现人与自然的和谐相处,已成为现代中国发展的主旋律。森林作为陆地生态系统的主体在实现人与自然和谐共处中起着至关重要的作用。因此,近年来国家高度重视林业工作,河南省紧抓机遇,先后实施了绿色中原建设、林业生态省建设等全省性大型林业建设,河南林业进入高速发展阶段。

随着河南省林业的快速发展,特别是2007年实施林业生态省建设以来,每年全省新造林面积都以百万亩计的速度向前发展,以前大面积的宜播工程区已所剩无几。因此,飞播工作必须摆脱以前的粗糙模式,转向精细化发展,才能达到预期的理想效果,而建设一定规模的飞播林基地、实行综合的精细化管理是实现这一目的的有效途径。

一、飞播林基地建设是实现飞播精细化经营管理的重要措施,要把飞播林基地建设作为飞播实施的前提条件

近年来,飞播工作的一大缺点就是播区面积小且较分散,加上人口众多,灾害天气频繁,难以实现精细化的综合性管理,导致有些地方飞播效果不佳。建设飞播林基地能有效解决这一问题,在飞播实施的县(市)选择相对集中连片、宜播面积所占比例较大的区域划定为飞播林基地,详细调查基地内各种地类情况,建设档案。县(市)林业主管部门统筹规划,制定相关措施,成立专门机构,指定专人负责基地管理工作,明确责任,确保飞播

作业质量和后期管理。把飞播基地建设工作作为飞播实施的前提条件,没有进行飞播基地规划的县(市)将不进行飞播。

二、集中力量,搞好重点区域飞播工作

有限的实力无限分割后,将变得微乎其微,不能发挥应有的功效。根据目前林业各工程建设单位投入资金情况,现有的飞播经费已不能同时实施多个区域大面积作业,必须转为集中力量、有重点地进行。具体办法为,每年根据各县(市)上报的飞播林基地情况,重点选择条件较好的 1~6 个县(市),选择其中的 1~3 个作为飞播造林实施区,在飞播基地内做好飞机播种工作,另 1~3 个县(市)作为飞播营林实施区,在飞播基地内做好补植、补造、抚育、封育等工作。

三、明确产权,落实责任,确保飞播效果

明确的产权制度是完善各项工作的重要保障,是充分发挥个人主观能动性的重要因素。飞播工作同样也必须建立在产权明晰的基础上才能健康发展:第一,详细调查飞播林基地内各地类,根据地块持有人的不同划分小班,落实在地形图上,配合相关文字记录,形成飞播基地按产权划分小班档案;第二,结合当前林权制度改革,明确基地内所有林地林木所有权,与所有人签订协议,明确权利和义务,落实经营管理责任;第三,制定相应的奖惩措施,经营管理符合要求、达到预期目的的给予适当物质奖励,没有按要求完成经营管理的必须给予一定惩罚。

四、设立专项经费,加大资金投入,保障飞播林基地建设顺利开展

飞播林基地建设是一项耗时长、任务量大的工程,需投入大量人力、物力,协调方方面面工作,因此没有专项经费的保障,不可能完成此项工作。

要多方协调争取资金,把飞播林基地建设经费作为飞播经费的一部分固定下来,加强监管,实行专款专用。飞播林基地建设经费划分为两部分:一部分设立为前期建设经费,另一部分设立为后期年度管理经费。

按照先建设后划拨的原则,每年根据各县(市)上报的飞播林基地情况,飞播站组织人员对其进行检查验收,合格的下拨前期建设经费。飞播基地建成后,每年根据检查验收的经营管理情况,下拨后期年度管理经费。

第十二章　重点市飞播营造林

第一节　南阳市飞播造林

一、自然条件

南阳古称宛,位于河南省西南部、豫鄂陕三省交界处,为三面环山、南部开口的盆地,因地处伏牛山以南,汉水以北而得名。地理坐标地处北纬30°17′~33°48′,东经110°58′~113°49′,全市现辖2区、10县、1个县级市,总面积2.66万km²,总人口1 085.48万人,是河南省面积最大、人口最多的市。

南阳市地处北亚热带向暖温带过渡地带,属于典型的季风型大陆性半湿润气候。冬季寒冷,夏季炎热,春季温暖,秋季凉爽,四季分明。年均气温14.4~15.8 ℃,年均日照时数2 121 h,年无霜期225~240 d,年均降水量800~1 000 mm,常见的自然灾害有干旱、雨涝、冰雹等。

土壤以地带性黄棕壤土类为主,兼有区域性砂姜黑土、潮土、水稻土、紫色土和棕壤,共有六个土类,pH值6.0~7.5。山地、丘陵以黄棕壤、紫色土、棕壤为主,垂直差异明显,土层较浅、质地较轻,粗骨松散。

南阳市的河流分属长江、淮河两大水系。流域面积5 000 km²以上的河流有白河、唐河、丹江三条,白河在本地区流域面积12 029 km²。区域内河川径流主要来自地表径流,并具有鲜明的季风气候区的特点。河川径流年内分布极不均匀,丰水期和枯水期明显,丰水年和枯水年相差悬殊,水位变化幅度大。

南阳地处北亚热带向暖温带过渡地带,植物资源丰富。全市共有维管束植物184科927属2 298种,其中蕨类植物26科62属179种,裸子植物8科15属27种,被子植物150科850属2 092种。列入国家重点保护的植物有30余种。

二、发展历程

南阳市飞播造林经历了试验与推广、大力发展和稳定发展三个阶段。

(一)试验与推广阶段(1978~1981年)

党的十一届三中全会以后,林业战线迎来了勃勃生机,荒山造林绿化成为各级林业部门的首要任务。为了探索加快造林步伐的新途径,在省林业厅主持下,1978~1979年在伏牛山区腹地的淅川县进行人工模拟飞播造林油松试验。由于设计合理、播期适时,试验效果显著,从而开创了南阳市飞播造林成功的先河,为加速山区绿化开辟了新途径。

为进一步验证飞播造林的可行性和适用范围,1981年南阳市又将试验区域扩大到伏牛山南坡的内乡、西峡、南召县和桐柏山区的桐柏县,均有较好成效,多数播区当年的成苗率在 40% ~60% 。参试主要树种有:油松、马尾松、华山松、侧柏、黑松、漆树、刺槐、沙棘、香椿、臭椿等,撒播期分春、夏、秋三季。通过飞播试验,从中筛选出成效好的树种有油松、马尾松、侧柏等,同时混播漆树亦有一定成效,其他树种因"出苗容易保苗难"或易遭虫害难成材而被淘汰。通过试验,也进一步总结了南阳各飞播树种最佳的飞播时期:即伏牛山区飞播油松宜在 6 月中、下旬,马尾松和侧柏宜于秋播;桐柏山区飞播马尾松宜于秋初或春末。

(二)大力发展阶段(1982 ~1985 年)

从 1982 年到 1985 年,在中央财政和省财政的支持下,南阳市开始加大了对南阳市飞播造林力度,每年平均飞播造林面积达 1 万 hm², 最高年份达到 1.4 万 hm²。

(三)稳步发展阶段(1985 ~2006 年)

经过前期大力发展,南阳市已基本完成了大面积宜林荒山荒地飞播造林任务。从 1985 年开始,南阳飞播进入了稳步发展阶段,向巩固、完善提高和集中连片的方向发展,每年的飞播面积在 0.3 万 ~0.7 万 hm²。同时从 1992 年起市(县)按 15 元/hm² 匹配了部分种子费,保障了飞播造林更好地稳步开展。

三、建设成就

飞播 30 年来,全市累计飞行 197 个播区,飞播设计总面积 17.1 万 hm², 有效面积 13.9 万 hm², 总成林面积达到 6.5 万 hm², 使昔日的荒山秃岭重新披上了绿装,取得了显著成效。

(一)加快了造林绿化步伐

通过对飞播造林满 5 年幼林的成效调查,2002 年以前南阳开展飞播造林地 6 个县 179 个播区,设计面积 15.4 万 hm², 有效面积 12.5 万 hm², 占 81.2%;成苗保存面积 7.0 万 hm², 占设计播种面积的 45.5%, 占有效面积的 56.0%, 每公顷保存苗木均在 3 000 株以上。全市现已形成四大片集中连片飞播林基地,面积 5.4 万 hm²(以内乡县夏馆镇为中心的内乡基地 1.9 万 hm², 以南召县马市坪乡、崔庄乡为中心的南召基地 1.3 万 hm², 以淅川县盛湾镇、老城镇为中心的淅川基地 1.2 万 hm², 以西峡县桑坪乡、米坪镇为中心的西峡基地 1.0 万 hm²)。30 年来,南阳年均飞播造林 0.6 万 hm², 最高年份达到 1.4 万 hm², 仅飞播造林就消灭宜林荒山近 10 万 hm², 在较短的时间内迅速绿化了大面积荒山,恢复和提高了森林资源总量。全市有林地面积从 1984 年的 64.7 万 hm², 发展到目前的 92.3 万 hm², 净增 27.6 万 hm²; 森林覆盖率从 29.2% 提高到 34.5%。仅飞播造林使全市净增森林面积 6.5 万 hm², 森林覆盖率提高 2.4 个百分点。

(二)改善了山区生态环境

坚持飞播造林与人工造林相结合,使山区生态环境得到了很大改善。播区成林后蓄水能力明显增强,野生动物明显增多,大部分播区呈现出山清水秀、山兔满山跑、雉鸡遍地飞、四季花香、万壑鸟鸣的喜人局面。内乡县 500 多条冲刷沟被林草覆盖,水土流失面积减少了 75%,30 余条涧河又流出了清水;淅川县大石桥镇毕家台村原有一无名泉,过去是季节性泉,下游河流经常断流,飞播造林后泉流量明显增加,在 1998 年大旱情况下,水流仍源源不断。据测算,淅川县飞播区土壤侵蚀模数由播前的每平方公里 5 195 t 减少到

1 000 t 以下,有效减少了水土流失,减缓了丹江水库淤积,净化了库区水源。依托飞播林区,全市已建成丹江口、内乡湍河两个国家级、省级湿地自然保护区。

(三)森林效益得到有效发挥

全市完成飞播造林 17.1 万 hm²,有近 6.5 万 hm² 已经郁闭成林,投入资金 1 020 万元。按成林面积计算,每公顷造林成本仅 157.5 元,而同期人工造林每保存 1 hm² 成本最低在 1 050 元左右,仅此一项节约资金 5 770 万元。根据《河南林业生态效益评价》标准,已形成的飞播林每年可减少土壤流失 201 万 t,按 36 元/t 计算,保土效益 7 236 万元,蓄积养分价值达 3 348 万元,每年可蓄水 2 000 万 t,涵养水源价值 1.5 亿元;每年释氧固碳价值 47.7 亿元;在改善环境、保护野生动物、减少地质灾害和森林景观旅游休闲等方面,产生功能价值 14.2 亿元。此外,通过飞播造林,改善了区域小气候条件,使生态系统趋于稳定,为农业发展营造了良好的生态环境。

四、基本经验

30 年来,南阳的飞播造林工作取得显著成绩,主要经验有以下几点。

(一)各级领导高度重视

南阳历届市委、市政府站在改善生态环境、促进经济社会发展、建设生态大市的战略高度,重视、支持飞播工作,科学规划,精心组织,强化措施,在财政十分困难的情况下,将飞播造林经费列入财政预算,一任接着一任抓,一张蓝图绘到底,使飞播造林工作实现了制度化、规范化。在飞播造林实施中,南阳历届领导深入一线,靠前指挥,检查指导飞播工作。相关县成立了指挥机构,县、乡主要领导亲自组织飞播造林。1981 年,时任淅川县盛湾乡党委书记的黄玉均,亲自带领有关人员,坚持 21 天不下山,直到 0.2 万 hm² 飞播造林任务全部完成。

(二)各部门密切协作

飞播造林跨行业、跨部门,涉及面广。20 世纪 80 年代,在经济落后、物资匮乏、交通不便、通信困难、群众温饱不能解决的情况下,各有关部门立足本职,顾全大局,积极支持飞播工作。财政、计划等部门挤出资金;粮食、商业等部门提供紧缺物资;公安、电信、气象等部门派出专人深入山区,现场搞好服务;交通部门提供车辆;民航十六大队飞行员深入播区现场查看净空条件,有时冒着生命危险尽可能压标飞行;驻宛部队派出通信分队,携带电台,深入播区,确保了通信畅通;空军内乡机场动用了大量的设备,出动数千人次,保障了飞行顺利安全,济南军区空军运输团亲自执行飞行任务。30 年来,全市累计飞行 1 456 h、1 170 余架次。飞播造林取得的成功,是多部门通力协作、密切配合的结果,凝聚着无数人的心血和汗水。

(三)依靠科技提高飞播成效

在飞播造林工作中,围绕提高造林成效,我们做到了"四个坚持":一是坚持科学设计,选定播区。20 世纪 80 年代初期,以大播区设计为主,做到大播区与小播区设计相结合,市(县)林业技术人员深入播区,逐块踏查,精心设计,提高了播区宜播率。1990 年以后,针对南阳境内地形复杂的特点,改变播区设计方式,多以小播区为主,形成大连小不连的小播区群,既节约了投资,又提高了成效。二是坚持适地适树,优先选用乡土树种。在海拔800 m以下,以马尾松、侧柏为主;在海拔较高山区,以油松、漆树混播为主。三是坚持因时选好播期。根据南阳水热条件和多年飞播经验,南阳市选定夏季6、7月份作为最佳适播期,进行飞播。四是坚持推广应用新技术、新成果。运用GPS卫星导航,确保飞机按航线精确飞行,运用黄连素、R-8、HL、多效复合剂等技术,做好种子处理,减少了鸟鼠危害,提高了飞播成效。

(四)加强飞播后管护

飞播造林"一分造,九分管",播后管护是飞播成败的关键。从20世纪80年代到90年代初,南阳市在管护上采取播后封山、划片管护,不定期在播区组织割藤、砍灌、修枝、林间空带补植等措施,收到良好效果。1992年以来,该市实行"飞、封、造、管"相结合,全市划分为四大飞播林基地,实施封山育林,在基地周边开展人工补植补造,达到"飞一个播区成一片林、飞几个播区连片成林"的良好效果。每年飞播结束,各飞播县区及时召开乡村干部会议,部署播区管护工作,签订管护责任状,把飞播管护任务与乡村干部当年报酬挂钩。同时,利用新闻媒体,广泛宣传,调动播区林农自觉护林爱林的积极性。飞播林纳入"国家重点公益林"管理后,市(县)对播后管护更加重视,重点乡镇配备了5~10名专职护林员,各村也配备多名兼职护林员。据不完全统计,全市6个飞播山区县,共配备专职护林员200多人,兼职护林员400余人,长年从事飞播林区管理工作,基本杜绝了毁林事件的发生,巩固了飞播造林成效。

五、经营管理

飞播造林结束后,首要任务是要加强对飞播区管护工作的领导,建立健全管护制度和管护组织。飞播结束,管护上马,真正做到"一分造,九分管"。30年来,南阳市针对飞播造林面积大、树种单纯、种子发芽困难的3大管护特点,重点抓住以下几个关键环节,促进飞播管护工作的全面发展。

(一)坚持开展飞播成效调查

为及时掌握飞播造林出苗、成苗情况,从飞播造林初,南阳市每年都坚持开展一次飞播出苗情况调查,即飞播造林结束后,于当年10~11月开展一次飞播出苗情况调查,摸清飞播区出苗基本概况,制定补救措施。同时,还在每年12月份前后,在省飞播队的指导下,对5年前飞播造林的苗木保存情况进行全面调查,并在调查的基础上,制定相应管护措施,封山育林、配专职和兼职护林队伍等多种管护措施一起上,确保造林经营管护工作的全面落实。

(二)认真抓好飞播幼林的补植工作

多年来,为全面提高荒山飞播造林质量,南阳市在抓好荒山飞播造林的同时,针对飞播林地的"天窗"、"漏条"等问题,每年都采取人工播种和植苗相结合的办法,对飞播林地进行补植补播,收到较好效果。30年来,南阳累计完成人工点播补植面积0.8万 hm^2,通过对飞播林的人工补植补造,提高了飞播林分质量,巩固了飞播造林成果。

(三)搞好飞播中幼林抚育间伐管理

1993年,全市共抽调100多名工程技术人员,组成50余个外业调查组,对历年飞播造林开展了全面调查。在摸清家底的基础上,全市6个县均编制了飞播中幼林抚育间伐规划,1994 年开始在南召县马市坪乡黄土岭村等 10 个播区连续 4 年进行了飞播林间伐试点,全市共投入抚育间伐经费 20 余万元,完成抚育间伐 3. 5 万多 hm²,抚育间伐收入 17 多万元。通过抚育间伐,改善了林分结构和林地环境,促进了林分的正常生长,加快了飞播林后备资源培育步伐。

(四)加强飞播林森林防火和病虫害防治

由于全省飞播造林树种比较单一,导致了飞播林区火灾和病虫害容易发生的客观现实。多年来,由于对飞播林区森林防火特别重视,还没有发生过森林火灾。目前全市飞播林区主要有油松草蛾、松梢螟、扁叶蜂等虫害。在病虫害防治方面,主要采取两个方面的措施,一是在现有针叶纯林中,补植补种阔叶树种,改变林分结构,提高抗病能力;二是加强对现有发病林分的药物防治,控制发病面积。着重采取"预防为主,积极消灭"的方针,实行生物防治、化学防治相结合的办法,收到较好效果。

(五)试点折股林场,探索经营新途径

1992 年,该市组织内乡、南召两县的有关技术人员和地方干部,到陕西省商洛地区的洛南、商州、丹凤等县,参观学习了当地的飞播林折股林场,并把这一新的管理模式带到南阳,先后在内乡县夏馆镇的黄龙村、南召县马市坪乡的黄土岭村设立了两个试验型折股林场,为搞好后期大面积飞播林的经营管理进行了有益的探索。

(六)抓好飞播造林档案建设

南阳市在开展飞播造林的同时,注重飞播造林的档案工作,以县市林业局为单位,持续多年按照播区建立飞播造林技术档案。档案内容包括:飞播造林计划申请、批复,飞播造林管理办法等方面的文件;飞播造林出苗调查、保存调查、检查验收报告等技术材料;飞播林区区划林班、小班资料卡等方面材料;飞播林标准地调查、林木生长情况等材料。这些飞播档案,为飞播林分经营管理、抚育间伐、森林资源变化和指导生产等提供了科学依据。

六、问题与对策

(一)主要问题

随着飞播工作的不断深入,造林面积逐年增加,飞播幼林先后进入抚育管理阶段,一些问题逐渐暴露了出来:一是部分地方飞播保存率较低,目前全市历年飞播保存率达 55. 5%,但是部分播区保存率仅有 10% 多。二是幼林抚育间伐跟不上。全市有 1 万 hm² 以上飞播幼林密度偏大,多数在 6 667 株/hm² 以上,过密的达 10 000~15 000 株/hm² 以上。并且这些林分多处在偏远山区,劳力不好组织,加之缺乏资金扶持,大面积的森林抚育管理还很难全面展开,步伐十分缓慢。三是飞播林森林防火、病虫害防治任务重。形成的飞播幼林多为针叶纯林,火险等级高且易遭病虫害,"两防"任务十分繁重。

(二)发展对策

(1)加强人工补植,提高飞播林分质量。从全市飞播资源清查情况看,飞播中幼林地中,仍有"天窗"、"漏条",缺苗面积达 1. 3 万 hm²,对这一部分飞播林地,采取人工补植和封山育林相结合的措施,双管齐下,提高飞播林分质量。

(2)加快中幼林抚育间伐步伐,培植飞播后备森林资源。今后 5 年,南阳市计划每年

抚育间伐飞播中幼林 1.3 万 hm²,5 年内将全市飞播中幼林全部抚育间伐一遍。

（3）加强折股林场经营管理,提高经济效益。目前全市现有飞播林场仅 10 个,经营面积 2.0 万 hm²,仅占飞播有效面积的 30.8%,今后 5 年,全市计划新建飞播林场 30 个,新增管护面积 2.5 万 hm²,使全市飞播林场面积占飞播有效面积的 69% 以上。并实行集约经营,定向培育,多种经营,增加森林蓄积和多种经营收入。

（4）实现重点转移,提高飞播林经营管理水平。经过 30 年的飞播造林,特别是近年来全市造林步伐的加快,目前已基本消灭适宜飞播的荒山荒地,全市飞播造林也将结束。今后一个时期,飞播造林的重点转移到飞播林经营管护上来,有关部门将认真总结经验,不断提高管理水平,让飞播林成效得到更好的发挥,加快推进"生态大市、绿色南阳"建设进程,为林业生态省建设作出应有的贡献。

第二节　三门峡市飞播造林

改革开放以来,随着生态建设、植树造林的工作需要,飞播造林进入全面发展的新阶段。从 1979 年至今,三门峡市已累计飞播造林 30.8 万余 hm²,其成为该市造林的三大方式之一,为该市荒山绿化作出了重要贡献。抓住当前林业生态市建设这个大好机遇,认真总结与回顾,使飞播造林事业健康、稳定、快速发展,对国民经济建设起到积极推动作用。

一、自然条件

（一）地理位置

三门峡市位于河南省西部,地处东经 110°21′~112°01′,北纬 33°31′~35°05′,是河南省的西大门。东临洛阳,西接陕西,北隔黄河与山西相望,南连伏牛山与南阳接壤,东西长 153 km,南北宽 132 km,国土总面积 10 496 km²,占全省总面积的 6%,居全省第六位。

（二）地形地势

地势西南高,东北低,海拔一般在 300~1 500 m,地表形态复杂多样,有山地、丘陵、河谷、平原等多种类型,大体为"五山四陵一分川",地貌类型主体上属于山区。其中:卢氏县全境、灵宝市和陕县南部以及渑池县北部地区,属于山区,海拔高差大,地势陡峭,森林植被茂密,为河南省长江和黄河支流的源头;义马市全境、陕县东部、渑池县南部部分地区属丘陵区;湖滨区全境、灵宝市北部及陕县西北部沿黄河的部分地区属黄土沟壑区。

（三）气候、水文

三门峡市地处中纬度内陆区,属暖温带大陆性季风气候。历年平均气温 13.2 ℃,年均日照 2 354.3 h,历年无霜期 184~218 d,平均年降水量 550~800 mm。全市多年平均水资源总量 29.3 亿 m³(不含黄河入境水),人均水资源占有量达 1 350 m³,黄河干流年过境流量 420 亿 m³,三门峡水库容量 96 亿 m³,正常调蓄量 18 亿~20 亿 m³。

（四）土壤

根据土壤分类系统命名原则,经逐级归纳整理,共分为 4 个土纲 7 个亚纲 11 个土类,即:褐土、棕壤、黄棕壤、红黏土、紫色土、风沙土、潮土、新积土、粗骨土、石质土和山地草甸土,其下分为 27 个亚类 63 个土属 125 个土种。卢氏县熊耳山以南地带性土壤为黄棕壤,熊耳山以北地带性土壤为褐土。在垂直带谱中,海拔 900 ~ 1 100 m 以上的中低山区分布着地带性土壤棕壤和山地草甸土。除地带性土壤外,非地带性土壤有红黏土、紫色土、风沙土、潮土、新积土、粗骨土和石质土等。

(五) 生物多样性

三门峡市境内森林资源丰富,有维管束植物 144 科 780 多属 2 100 多种,其中木本植物 82 科 211 属 512 种。本区的伏牛山、小秦岭等山地不但植物种类极其丰富,而且有不少珍贵的稀有树种,主要有领春木、望春花、铁杉、银杏、红豆杉等。广泛分布有油料植物资源,产量和蕴藏量以卢氏县和灵宝市为最多。油料用植物种类主要有核桃、黄连木、油松、文冠果等。有陆栖脊椎动物 187 种,其中两栖类 8 种,爬行类 22 种,鸟类 115 种,哺乳类 42 种。珍稀保护动物 26 种,主要有大鲵、丹顶鹤、天鹅、狐、猫头鹰等。

二、林业现状

据三门峡市 2007 年森林资源二类调查初步统计,全市现有土地总面积 99. 37 万 hm²,其中林业用地面积 68. 50 万 hm²。在林业用地中,有林地 46. 11 万 hm²,疏林地 0. 63 万 hm²,灌木林地 9. 44 万 hm²,未成林造林地 2. 77 万 hm²,苗圃地 0. 04 万 hm²,无立木林地和宜林地 9. 46 万 hm²,辅助生产林地 0. 05 万 hm²。森林覆盖率 46. 73%,居全省第一位。全市现有活立木蓄积量 1 832 万 m³,湿地(不包括水稻田)面积 4. 90 万 hm²。

三、飞播造林发展历程

飞播造林,即采用飞机撒播树种进行造林,是一种模拟林木天然下种更新的机械化直播造林作业方式,具有速度快、省劳力、成本低、投资少等特点。1960 ~ 1961 年,在省林业厅统一组织下,三门峡市开始在灵宝市进行首次飞播造林试验,但是由于缺乏经验,在树种选择、播期确定等关键技术上失误较大,致使试验失败,后因多种原因中断了 17 年。

党的十一届三中全会以后,为了进一步探索加快山区绿化的新途径,在借鉴外省区飞播成功经验的基础上,于 1978 年在伏牛山区进行了人工模拟飞播造林试验。1979 年 6 月,在模拟试验的基础上,在卢氏县飞播油松。由于设计合理、树种选择正确、播期适时,获得了良好的试验效果,当年出苗率达 40%,为河南飞播造林的发展奠定了基础。

飞播造林试验成功以后,为推广这一技术,加快山区绿化步伐,1981 年经省机构编制委员会批准成立了河南省林业厅飞播造林工作队。三门峡市积极响应上级号召,抽调具有高级职称的专业技术人员组成飞播工作队,专职全市飞播造林的管理工作,并在全市范围内进行飞播知识系统培训,为搞好飞播造林工作打下了良好的基础。

为进一步验证飞播造林的可行性和适播范围,在继续飞播卢氏荒山区的基础上,1981 年又将试验区域扩大到灵宝市和陕县,1982 年,又增飞渑池县,均取得了良好的效果。同时,在部分山区继续进行多地点、多树种分春、夏、秋三季进行的人工撒播模拟试验,参试的树种有油松、侧柏、刺槐、臭椿等,多数播区的当年成苗率在 40% ~ 60%。2000 年,增加义马市飞播造林 333. 33 hm²,主要播区在义马市北部青龙山林区,由于义马市是第一次飞播,受地理条件限制,飞播成效不理想。至今,该市飞播造林工作仍然在继续,主要集中在卢氏县、灵宝市和渑池县,进入一个有计划快速发展的新阶段。

四、飞播造林的成就

30 年来,三门峡市飞播造林取得了显著的成效,主要表现在以下几个方面。

(一)加快了造林绿化步伐,建成了一定规模的飞播林基地

1979~2008 年,全市共设计 172 个播区,面积达 30.91 万 hm²,其中宜播面积 19.79 万 hm²,重播面积 9.47 万 hm²,用种量 206.083 4 万 kg,成效面积达 7.06 万 hm²,成林面积达 5.88 万 hm²。由于飞播林面积的增加,使森林覆盖率提高了 4 个百分点,全市已形成相对集中连片的飞播林 20 余处,使边远荒山呈现出葱葱郁郁的景象。飞播造林以其独有的多、快、好、省的优势和工效,在三门峡市的造林绿化中发挥了重要的作用。

从 1986 年开始,通过采取飞、封、造、管等综合措施,建立了一批飞播林基地。卢氏县建成了熊耳山北坡、崤山、洛河上游、老灌河流域四大飞播林基地;灵宝市建成了以朱阳、五亩、阳店、焦村、苏村为主的娘娘山飞播林基地,以阳平、豫灵为主的秦岭脉线飞播林基地;陕县建成了张汴乡草庙和店子乡小方山飞播林基地;渑池县建成了红花窝飞播林基地。通过"飞封造管相结合,建设飞播林基地",将飞播林基地与乡、村林场建设和造林责任目标结合起来,努力巩固和提高飞播造林成效。

(二)显著改善了山区生态环境,加快了群众脱贫致富步伐

飞播造林形成的林区,在涵养水源、保持水土、防风固沙、调节气候、改良土壤等方面,发挥了显著的生态效益,保障了水利设施效能的发挥,促进了农牧业稳产高产。卢氏县飞播造林受益乡 14 个,涉及 170 个行政村,目前,成林面积的蓄积(每公顷按 7.5 m³)按 313 万 m³ 估算,价值(每立方米 200 元计)6.3 亿元左右,是作业总投资 1 250 万元的 50.4 倍,为这些山区的农民真正建起了"绿色银行"。另外,卢氏县飞播林减少水土流失面积 4.17 万 hm²,每年可减少流失水土 15 600 万 t,庇护农田 0.66 万余 hm²,使飞播受益区的生态环境得到了明显改善,为农业的高产、稳产和促进当地的经济发展建起了一道绿色屏障。灵宝市飞播造林面积累计达到 6.39 万 hm²,成林面积已达 1.33 万 hm²,使森林覆盖率净增了 3% 之多,极大地改善了生态环境。

(三)建立了市、县两级飞播专业队伍

自 1980 年成立省飞播队以来,经过多年努力,三门峡市重点飞播县都建立了飞播专业队伍,都有专人负责。目前,卢氏县建成 1 个飞播专用机场,全市共有县级飞播管理机构 3 处,拥有飞播技术人员 20 人。同时,还先后培训了 200 多名技术骨干,形成了一支业务素质高、能吃苦耐劳的飞播专业队伍。

(四)取得了丰硕的科研成果

三门峡市飞播造林工作始终把依靠科技进步贯穿整个过程,也是实践—研究—推广—提高的过程。根据各地的气候特点和自然条件,合理地进行了飞播类型区划分、播种期确定,开展了树种选择、播种量确定、种子保护、地面植被处理、幼林抚育、病虫害防治等课题的试验研究,均取得了突破性进展,及时解决了生产中的难题。

在继续扩大飞播战场的同时,又增加了苦楝、臭椿、紫穗槐等飞播树种,实现了由单一树种向多树种混交的转变;2006 年,响应国家节能节耗号召,飞播黄连木,当年出苗率达 40% 以上,取得了显著的成效。还先后引进了多效复合剂、ABT 生根粉和 GPS 卫星定位

导航等新产品、新技术，并进行了试验和推广，在全省的飞播造林技术不断提高和发展中起到了领航作用。30 年来，多次受到省林业厅表彰，在各类刊物上发表学术论文 10 余篇，刊发各类信息 100 多篇，组织出版论文期刊 10 期。

五、飞播造林的基本经验

（1）领导重视，明确责任。各级党委、政府给予高度重视和支持，专门成立工作组，召开飞播造林筹备会议，主要领导亲自动员部署工作。分设现场指挥所，实行分工不同、统一协调和责任明确、奖惩到人，形成系统的管理和运作模式，保证了飞播工作的顺利进行。

（2）扩大宣传，提高认识。利用电视、广播、标语、宣传车等各种形式，采取走林区、进学校、到街道等有效方式，在全市范围内广泛宣传飞播造林的重要性、优越性、科学性和紧迫性，使各级领导和广大干群充分了解飞播造林知识和作用，进一步提高认识，积极承担自己应尽的责任和义务，全力支持和投身飞播造林事业。

（3）贯彻政策，规范管理。严格按照国家林业局、财政部等五大部门《关于进一步加强全国飞播造林工作的决定》要求，对飞播造林实行项目管理，坚持按规划设计、按项目审批、按设计施工、按工程验收的原则。实行项目行政、技术和施工负责人制度，层层签订责任书，明确职责，奖罚兑现。加强对飞播造林每个环节的检查验收，建立健全各项规章制度，实现规范化管理。

（4）制定措施，加强管护。飞播作业结束后，严格要求当地政府及时制定管护制度，建立管护组织，确定管护人员，签订管护责任状，印发护林公约，将管护与经济利益直接挂钩，实行封山育林，全封 5 年，半封 3 年，并积极组织群众搞好防火、森林病虫害防治及补植补造工作，力求使飞播造林早见成效。

（5）播管并重，稳固成效。在对飞播成效林进行割灌、间苗和定株的基础上，坚持林业经营的原则和要求，对飞播成效林进行探索性抚育管理。2007 年，采取间隔修枝、除劣留优、样地对比的方法，首先在卢氏县飞播基地抚育 333.33 hm²，取得了良好的效果。2008 年，继续在卢氏县和灵宝市试探性地抚育 666.67 hm²，效果显著。同时，通过研究利用间伐油松剩余物和幼树林间种植中药材茯苓等，既解决了间伐费用，又执行了砍大留小、砍劣留优的原则，可谓一举两得。

（6）转换机制，提高效益。转换林业经营机制，兴办乡村集体林场、股份合作林场、个体林场，把经营者的责、权、利有机结合，充分调动经营管护积极性。卢氏县杜关镇梁家坡股份合作林场，积极转换经营体制，努力改变管理策略，对辖区内的飞播区全部进行抚育间伐和补植补造，成为全市飞播造林的精品林区。

（7）完善档案，加强管理。高度重视飞播造林档案管理工作，做到与飞播造林工作进展的各个环节同步。对工作过程中直接形成的各种文字、图表、证卡、声像等资料实行集中统一管理，并保证档案工作所需要的人员、资金、设施和设备。在加强常规档案管理的同时，采用先进技术和手段，逐步实行档案的数字化和网络信息化。

六、科技进步

1982 年 6 月，采用大粒化种子，飞播成效非常明显。1997 年飞播造林采用油松、侧柏、臭椿混种和对种子进行防病虫害处理。

1997 年,首次采用 GPS 卫星定位导航技术,结束了飞播人工导航的历史,解决了人工导航的各种弊端,节约了大量的人力、物力、财力,实现了数字化精确导航。

2001 年,利用多效复合剂拌种,既可以驱鼠,又可以提高肥效,促进种子发芽。

七、飞播林的经营管理

由于飞播造林的特殊性,飞播林分与天然林分和人工林分相比,有其独特的林分特征。对飞播林进行系统有效的经营管理,是一项重要的工作。三门峡市经过 20 多年的摸索实践,形成了一套具有地方特色的管护、经营、管理模式,起到了良好效果。

(一)播区管理

(1)建立护林组织,落实护林人员。通过建立一整套的管护体系,制定各种行之有效的管护制度,同时制定监督措施,保证管护制度的落实,真正做到播后死封 5 年,确保飞播成效。

(2)开展封山护林。在飞播区广泛开展爱林、护林宣传教育活动,建立健全各项封山护林责任制。

(3)开展播区补植补造。飞播林受立地条件影响,往往出现稠稀不均和林中大块空地。为提高播区整体效益,开展了以阔叶树为主的播区补植补造。

(二)林区建设

(1)完成播区林道网规划,主要分播区公路和林区便道、农用车道和人行道。

(2)完成各播区防火线和营造生物防火林带总体规划,在每年的营造林中加以实施。设置建成瞭望台、瞭望哨。在播区的主要进出路口,设立护林防火检查站。

(3)加强播区病虫害测报和防治。贯彻以预防为主、积极消灭的方针,同时建立健全病虫害预测预报体系,配备 2～3 名技术人员,购置相应的器具,做到预报准确、上报及时。

(三)飞播林抚育间伐

为探索飞播林合理的抚育间伐标准、操作规程,我们选择了不同的树龄、立地、季节进行间伐比较试验。1996 年以来有计划、有步骤地开展抚育间伐,累计完成抚育间伐 2 666.67 hm²,完成油松林抚育 1.7 万 hm²。

(四)建立飞播林经营档案

在完成播区经营区划的基础上,逐步建立了飞播林经营档案,包括县乡经营档案和林班经营档案,飞播区调查、飞播成效调查、飞播林基地规划设计等档案结合起来同时建立,指定专人负责,永久保存,为进一步搞好飞播林的经营管理提供科学依据。

八、存在的问题与对策

由于早期飞播林面积大,飞密型林分占相当部分,这些林分密度过大,林木个体生长竞争十分激烈,林内卫生状况极差,急需加大抚育间伐力度;对于飞中型林分,完全是自然生长,某些林区林木被压木、纤细化数量明显过多,树冠偏倚,需要进行修枝抚育;成林的树种多为油松纯林,树种单一,火灾、病虫害隐患很大。

今后,将适时做好规划设计和选择适当的飞播时间,在播前和播时掌握播区状况及中长期气象预报;把飞播林的经营管理作为飞播造林的工作重点,特别是加大对飞播林基地建设的投入力度,开展飞播林抚育间伐,加强飞播林区内的林道网、通信网建设,结合生态建设,营造以阔叶树为主的生物防火林带,开设防火线;结合飞播造林,开展飞防工作;加大科技投入,利用先进的技术,按照现有的荒山立地条件,开展多树种的飞播造林;以国家林权制度改革为契机,拓宽融资渠道,吸引社会的广泛参与,建设多元化的飞播林经营模式。

九、建议

(1)加大对飞播林经营管理的资金投入,尤其是后期管理、护林员工资、护林防火、病虫害防治的经费。

(2)加强基层飞播基础设施建设和人员培训、考察学习,并配备电脑、打印机、GPS、数码相机、摄像机、车辆等基础设施。

第三节　洛阳市飞播造林

一、自然条件

洛阳市位于河南省西部,介于东经 111°08′~112°59′,北纬 33°35′~35°05′。自古为"天下之中",是享誉中外的历史文化名城。辖 8 县 1 市 7 区,总面积 15 229.83 km²,占河南省总面积的 9%,其中市区面积 544 km²,城市建成区面积 120.85 km²。

洛阳辖区处于东西南北自然地理分界线的十字交叉口,北面的黄河小浪底峡谷谷口是中国东部大平原与中国西部高地的分界点;南面伏牛山主峰一带是长江、黄河和淮河三大水系的分水岭,是北暖温带和北亚热带的分界线。境内地形西南高,东北低,大体以伊、洛河的走向逐段以中山、低山、丘陵、河谷、平原等地貌扩延至全区,伏牛山、熊耳山、外方山、崤山、嵩山五大山系自西南向东北呈扇形分布。

全市地处北暖温带,属北亚热带向暖温带过渡气候带,表现出显著的大陆性、季节性、多样性气候特征,可称春暖、夏热、秋凉、冬寒。年降水量 550~860 mm,7~9 月降水量占全年降水量的 50%~60%。年均气温 13.4~15 ℃,极端最高气温 44.4 ℃。无霜期从 3月下旬至 11 月上旬共 184~224 d,全年日照时数 2 140 h。

境内河流分属黄河、淮河、长江三大水系,流经区域内的主要河流有黄河流域的黄河、洛河、伊河、涧河,淮河流域的汝河,长江流域的白河、老灌河。境内黄河流域面积12 354.7 km²,淮河流域面积 2 091.8 km²,长江流域面积 670 km²。全市地表水资源总量26.67 亿 m³,地下水资源总量 16.79 亿 m³,人均占有量不足 450 m³,属于严重缺水地区。

各土壤类型分布区域主要是以棕壤为主的西南部中山区,以褐土、粗骨土为主的西南部低山区,以褐土、红黏土为主的北部黄土丘陵区,以潮土为主的伊洛河平原区。另外,洛阳境内还有紫色土、石质土、水稻土、火山灰土等零星分布。

辖区地跨古北界和东洋界的分界线——伏牛山主峰,境内地形复杂,野生动物种多量

大。全市拥有野生陆脊椎动物 365 种,占全国野生陆脊椎动物的 15.89%,占河南省的
77.2%,其中国家一级保护野生动物 12 种,国家二级保护野生动物 58 种。

区内气候温暖湿润,自然环境复杂,为植物繁衍生长提供了良好的场所,全市维管束
植物 2 308 种 198 变种,隶属于 173 科 830 属。其中蕨类植物 24 科 56 属 146 种 10 变种 3
变形,裸子植物 6 科 16 属 33 种 1 变种,被子植物 143 科 758 属 2 129 种 187 变种 3 变形。
属于国家重点保护的有 16 科 20 种,其中一级保护的有 3 科 3 种,二级保护的有 13 科 17
种,属于河南省重点保护的有 22 科 42 种。

二、发展历程

洛阳是河南省的主要林区,林业用地面积大,具有发展林业的有利条件。据史书记
载,远古时代洛阳曾是一个森林繁茂、景色宜人的好地方。但是随着时代变迁,人口急速
增长,大量毁林开荒,历史朝代更替,战乱频繁,森林遭到了严重破坏,水土流失、生态失调
愈演愈烈,农业产量低而不稳,人民温饱得不到保障。新中国成立后,特别是党的十一届
三中全会后,植树造林成为林业部门的首要任务。为了加快造林步伐,探索荒山绿化的新
途径,洛阳市学习和总结了陕西、四川、河北等省飞播造林经验,结合本地实际,在 1978 年
进行了人工模拟飞播林试验,取得了良好效果。1979 年,河南省在栾川县进行了首次
飞播造林,飞播油松 0.67 万 hm²,由于设计合理、播期适时,效果显著。飞播造林的成功,
增强了洛阳开展飞播造林的信心。在当时的省林业厅飞播造林队的指导下,全市大力开
展飞播造林技术的推广工作,成立了飞播造林指挥部,组建队伍,培训技术,做好协调,并
与原南阳地区飞播指挥部联合印发飞播传单和倡仪书,广造舆论,普及飞播知识。栾川县
也以县人民政府名义发布了多期播区管理布告。广泛的宣传引起了各级领导的高度重
视,广大群众的认识也得到了提高,各县要求飞播造林的积极性越来越高,飞播造林工作
由点到面,稳步发展。据统计,从 1979 年到 2009 年,全市共在栾川、嵩县、汝阳、洛宁、宜
阳、新安、伊川等 7 个县飞播 20.79 万 hm²,宜播面积 17.06 万 hm²,有效比 82.1%,总投资
3 012.06 万元。经过广大飞播工作者的辛勤努力,飞播造林这一低成本、高效益,并能深入
边远山区作业的造林方式受到了各级领导和干部群众的认可与支持,步入了"讲究实效、
稳步发展"的正常轨道。1982 年"洛阳地区飞播造林技术研究与推广"获得省、地重大科
技成果二等奖。1996 年将 GPS 卫星定位导航技术引入飞播造林,大大降低了人工地面导
航的难度,提高了导航精度,节省了人力、物力和财力,将飞播造林引入了一个快速发展的
空间。1998 年"利用 GPS 卫星定位导航系统进行飞播造林试验与推广"项目获得省科学
技术进步三等奖。1983 年中央财政开始对河南省飞播造林试验进行经费补助,省财政也
多次追加飞播资金,市属各县自 1992 年起按每公顷 15 元配套飞播资金,使飞播造林步伐
进一步加快。在 1996 年的全国飞播造林 40 周年纪念大会上,栾川县被评为全国飞播造
林先进县,洛阳市作为先进典型进行了发言;在 1999 年河南省飞播造林 20 周年纪念大会
上,洛阳市林业局被评为先进单位。2010 年,借助全省林业生态建设的春风,洛阳市林业局
在播区管护和补植补造等方面对飞播造林给予补贴,更使全市的飞播造林事业如虎添翼。

三、成绩和效益

(一)加快了荒山绿化步伐

大规模的飞播造林,加快了洛阳荒山绿化进程。1979~2009 年先后在栾川、嵩县、洛宁、汝阳、新安、宜阳、伊川等县飞播 20.79 万 hm^2,宜播面积 17.06 万 hm^2,有效比 82.1%。其中 2000 年到 2009 年全市飞播总面积 4.58 万 hm^2,宜播面积 3.79 万 hm^2,共设计播区 48 个,飞行 379 个架次 497.09 h,用种量 30.3 万 kg。自 2000 年以后,借助天然林保护工程封山育林项目的实施,飞播成效显著提高,封育的主要树种和目的树种明显增多。截至 2002 年,全市飞播直接成效 4.98 万 hm^2,封育后的飞播成林面积达 5.93 万 hm^2,占全市有林地面积的 9.5%,使全市的森林覆盖率提高了 3.9%,森林覆盖率达到了 42.8%。早期的飞播林地已郁郁葱葱,近期的幼林幼苗生长良好,发挥了明显的生态、经济、社会效益。特别是在交通不便、造林难度大的深山地区,飞播造林发挥了攻坚的决定性作用,有效地扩大了造林范围,使不少人工植苗造林难以绿化的地方,在短时间内披上了绿装,如栾川和嵩县南部的伏牛山地区,山大人稀,坡陡草密,长期采伐留下的大面积荒山,人工植苗造林难度很大,而飞播造林正好弥补了这一缺陷。如今的伏牛山地区,松涛阵阵,溪水潺潺,已成为人们向往的天然氧吧。

(二)取得了良好的生态效益和社会效益

洛阳的飞播林区集中在伊、洛、汝河发源处,现已形成集中成片的生态防护林,在涵养水源、保持水土、改良土壤等方面发挥着显著的生态效益。栾川县祖师庙村过去春秋两季经常发生山洪暴发和山体滑坡,冲毁房屋和农田,人畜伤亡时有发生,飞播造林成林后,灾害不再发生,有效地保护了公路、农田和群众的生命安全。生态环境的改善,保障了水利设施效能的发挥,旱涝保收,粮田逐年扩大,促进了农业的高产稳产。飞播造林促进了生态多样性恢复和物种多样性恢复,以先锋树种为主直接改变森林被破坏后植被的逆向演替为顺向演替,使水文、气候、立地条件向良性方向发展。播前的一些耐旱、耐瘠薄、酸性指示植物,现已被耐阴、喜肥、喜湿的林下植被所替代。由于飞播林内植被的明显恢复,山上有了林,沟里有了水,招来了鸟,引来了兽,林中生物链也随之得到了恢复和平衡,保护了生物多样性。飞播区内山兔、野鸡、野猪、鸟类、蛇、蚂蚁明显增多,狼、豹、鹿、獾、果子狸、狐狸、锦鸡等保护动物日夜出没。飞播林净化空气的作用明显,不但可以有效地减缓温室效应,还可成为洛阳乃至全省人民赖以生存的"绿肺"。

(三)经济效益显著

据估算,全市飞播成林面积 5.93 万 hm^2,根据 2007 年二类调查数据分析,每公顷飞播成林平均蓄积 67.5 m^3,立木蓄积总量 400 万 m^3,按照 65% 的出材率计算,可生产木材 260 万 m^3,价值 22.36 亿元。35% 的剩余物作薪材折 140 万 m^3,价值 4.48 亿元。两项合计为 26.84 亿元,相当于飞播造林直接投资 3 012.06 万元的 89 倍多。若加上历年飞播林的抚育出材、松针加工等收入,飞播造林投入产出比达到 1:90。飞播造林显著的经济效益还体现在以下几个方面。

一是与植苗造林相比节省了造林资金。据估算,洛阳市 30 年飞播造林直接投入平均每公顷 144.90 元,仅为同期人工一般造林平均投资 1 200 元/hm^2 的 12%,30 年节省造林成本6 260万元。

二是在偏远山区、人力难为区域效果显著。飞播造林以其速度快、效果好、不受地形限制等优势,为交通不便、人力难及的偏远山区实现绿化作出了巨大贡献。

四、特点与经验

(一)各级领导高度重视

洛阳的飞播造林工作,始终是在各级主要领导同志的关心和支持下,从无到有、从小到大逐步发展起来的。多年来,市领导始终把飞播造林作为加快荒山绿化速度的一项有效措施来抓,经常督促和检查飞播工作,每年坚持到播区和机场调查了解飞播情况,帮助解决实际问题,协调各有关部门共同支持飞播造林。2009年,市林业局又在播区管护和补植补造等方面飞播造林给予经费补助,进一步加大投资。在全市飞播成效最好的栾川县,各级领导对飞播工作十分关心,多次召开各级干部会议,广泛动员,全力支持。各播区有关乡、村领导既挂帅、又出征,指挥在现场,吃住在现场,与群众一起同甘共苦、风餐露宿,保证了飞播工作的顺利进行。国家林业局和河南省的领导对飞播造林工作更是关心。1985年9月,林业部在洛阳召开了飞播造林座谈会。1989年9月,副省长宋照肃到栾川县的陶湾、冷水、三川飞播区视察,对飞播造林加速全市荒山绿化作出的贡献给予了充分肯定,促进了洛阳飞播事业的发展。

(二)加强领导,依靠群众

飞播造林工作是一项社会性强的系统工程。为了加强领导,充分发动和组织广大群众,搞好部门协调,洛阳市成立了飞播造林指挥部,由主管行政领导任指挥长,各飞播县、乡、村也都成立了相应机构,固定专人负责飞播造林,在市、县、乡、村四级形成了一个专业的飞播造林管理队伍,加强了对飞播造林工作的领导。飞播造林每一个环节都离不开广大群众的支持与配合,为了充分发动和组织广大群众,首先,我们加强宣传,提高群众的认识。通过多种形式,向广大群众讲清飞播造林的意义和迫切性,讲清飞播造林与群众利益的关系,提高农民参加飞播造林的积极性和自觉性。其次,认真贯彻政策,维护原有的山林所有者和承包者的利益,实行"谁山、谁有、谁管、谁受益"的原则,消除群众顾虑,稳定群众情绪,坚定群众信心。再次,组织乡、村干部以及群众参观典型,亲眼看看飞播区群众克服眼前困难而终于从中受益、脱贫致富的事实,提高认识,统一思想,从而调动了广大群众飞播造林的积极性。

(三)多部门密切协作,相互支援

飞播造林工作是全民办林业的缩影。洛阳飞播造林取得的成绩,是与各级有关部门的紧密配合和倾力协作分不开的,这种协作不仅贯穿于飞播造林作业的整个过程,而且贯穿于30年飞播造林工作的全部历史。为了保证飞播造林质量和飞行安全,林业部门和民航、空军等飞行单位共同研究作业方案,地面与空中密切配合,气象、通信部门按时做好飞行天气预报,保证飞行通信联络始终畅通,公安部门认真负责,保卫好飞机、机场和地面安全,财政、商业、粮食等部门积极帮助解决资金和生活物资供应。特别是三门峡市卢氏县,在机场使用、人员食宿、通信联络方面给予了无私的帮助。名个部门的密切协作、兄弟地市的相互配合,对善始善终地做好飞播造林工作起到了保证作用。

（四）因地制宜，合理设计

播区作业设计合理与否，直接影响飞播成效的高低。飞播造林 30 年来，在省林业厅飞播站的指导下，洛阳市对播区条件、适宜播期、适宜树种、合理播种量等方面进行了积极试验，在此基础上，按照播区必备的四大条件，深入播区乡村、山头地块，精心规划、设计，使各播区的设计质量都达到了省定要求。

（五）飞、封、造、管相结合，保证飞播成效

一是认真搞好飞行作业。在搞好播区调查设计的基础上，动员各方面力量，抓住有利时机，积极配合飞行部门做好飞行作业，为取得好的飞播成效打下了坚实基础。

二是坚持封山，保护飞播成果。洛阳市坚持了"以播促封，以封保播"的原则，实行播后封山。主要做法是播后坚持封山 5 年，结合当地具体情况再进行半封、轮封，直到成林。尤其在 2000 年以后，结合封山育林工程，飞播造林取得了很好的成效。

三是搞好补植补造，提高飞播成效。洛阳因降水量变化较大，飞播成效很不稳定，播区内有大量的无苗、少苗地段地块，播区之间互不连接，形不成规模，为管护工作带来一定难度。为此，大力开展补植补造，提高飞播成效，即在当年成苗调查的基础上，摸清苗木分布状况，根据不同情况分别采取措施。分别是：

——对失败的播区第二年进行重播；

——间苗移栽，对 3 年生苗木过于稠密地段，发动群众在春季或雨季疏苗移栽；

——植苗造林，按适地适树原则，在阳坡无苗、少苗地段栽植刺槐、栎类、漆树等阔叶树种，或对封山后长起的阔叶幼苗通过抚育，促其生长，形成针阔混交林；

——点播或撒播油松种子，人为加大播种密度，增大播区成效。

四是加强管护，巩固飞播造林成果。"播是基础，管是关键"，"一分造，九分管"，"种子落地，管护上马"，说明了管护工作在飞播造林中的重要性，围绕飞播林的管护，采取了以下措施：

——建立健全飞播机构，加强播区管理；

——落实山界林权，核发林权证，明确管护责任；

——管护措施得力，逐级签订封育合同，奖罚分明；

——合理解决护林人员报酬，稳定护林队伍；

——切实做好防火工作。

（六）依靠科技，提高飞播成效

洛阳市从 1979 年开始飞播造林以来，配合省飞播站，紧密结合生产，先后开展了飞播造林树种选择、适宜播种量确定、油松大粒化试验、飞播林管理研究、多效复合剂拌种试验及推广、GPS 卫星定位导航技术在飞播造林中的应用推广等科研课题的研究，完善了飞播造林技术，指导与促进了全市飞播造林工作的顺利开展。

五、问题与对策

洛阳的飞播造林经过 30 年的发展，现已形成多处成片的飞播林基地，成为群众的"绿色银行"和县域经济的"绿色屏障"。但由于飞播经费有限，管理力度不够，致使存在的问题不能及时解决。一是飞播林密度过大，中幼林抚育跟不上，影响林木生长，全市约有 1.9 万 hm² 飞播林需要抚育间伐;二是部分油松飞播林病虫害严重,如栾川、嵩县都发生过松扁叶蜂、中华松梢蚧、松树大小蠹等;三是森林防火力度不够,虽然部分林区建有防火带、瞭望塔等防火设施,但多数飞播林区的防火设施缺乏;四是近几年飞播成效不好,播区内有大量的无苗地块,播区之间互不连接,形不成规模。鉴于以上存在的问题,我们认为:

一是要加大抚育间伐力度,增加抚育间伐经费。从 2008 年的全省林业生态建设开始,每公顷中幼林抚育项目补助资金 450 元,这些经费对飞播林的抚育只是杯水车薪。据全国飞播造林先进县——栾川县测算,每公顷飞播林抚育间伐约需 4 500 元,嵩县和汝阳县的测算是 3 000 元左右,全市近 2 万 hm² 飞播林按 10 年间伐完成,每年要 600 万~900 万元,如此庞大的数字必须各级政府都加大投资力度。

二是要在每年的飞播经费中增加病虫害防治项目。洛阳市飞播林以油松纯林为主,尤其是大面积成片飞播林,一旦发生病虫害,后果严重。

三是要加快飞播林区的防火设施建设,对大规模飞播林区可以设专项防火经费。

四是要对近几年的飞播树种进行调整,从历史成功经验来看,油松的成效最好,飞播还是要以油松为主。针对播区无苗地块,可以采取多种形式进行补植补造,如人工植苗、撒播等,结合封山育林加大飞播成效。

党的十七大明确提出建设生态文明的奋斗目标,对林业建设提出了新的更高要求。洛阳市还有部分地区仍属于生态脆弱地区,水土流失严重,难以满足经济社会可持续发展的需要,生态建设任务依然十分繁重,必须进一步加强林业生态建设,加快造林绿化进程。实践证明,飞播造林是符合洛阳实际的重要造林绿化方式,为全市生态建设作出了重大贡献。今后,要继续采取有效措施,进一步加大飞播造林和播区抚育间伐力度,造管并举,充分展现飞播造林的成绩,为加快林业生态建设,构筑生态安全屏障,改善生态环境作出积极的贡献。

第四节　安阳市飞播造林

安阳市位于河南省最北部,地处晋冀豫三省交会处。位于北纬 35°12′~36°12′,东经 113°38′~114°59′。南距省会郑州市 170 km,与鹤壁市、新乡市相连,北濒漳河与河北省邯郸市毗邻,东与濮阳市接壤,西隔太行山与山西省长治市交界。南北最大纵距 128 km,东西最大横距 122 km。国土总面积 74.13 万 hm²,耕地总面积 41.24 万 hm²。

飞播造林区位于安阳市西部,涉及林州市全境和安阳县西部山区,总面积 28.62 万 hm²。其中山地面积 24.53 万 hm²。

该区山峦连绵起伏,沟谷纵横分割,西部山岭陡峭,东部丘陵连绵,西高东低,由西向东呈阶梯状分布,最高海拔 1 632 m,最低海拔 97 m。

总的气候特征是:春季干旱多风,夏季炎热多雨,秋季温凉干燥,冬季寒冷少雪,四季分明,年均气温 12.7 ℃,极端最高气温 41.4 ℃,极端最低气温 −23.6 ℃;≥10 ℃活动积温历年平均 4 298.1 ℃;年均降水量 606.1 mm,最高年份达 1 182.2 mm,最少年份仅 271.9 mm;年均日照时数 2 480.6 h,日照率 57%;无霜期 200 d 左右。

该区水资源缺乏,供需矛盾非常突出。区内有漳河、洹河、淅河、淇河等4条主要河流,均属海河流域的卫河水系。为解决人畜吃水和保证工农业生产用水,区内先后修建了红旗渠、跃进渠、万金渠等灌区和一大批水库。

该区土壤共有棕壤和褐土2个土类6个亚类11个土属14个土种。棕壤分布在区内西部海拔1 000 m以上的阴坡和半阴坡,以及植被较好的阳坡,呈一狭长带状分布,面积较小;其余均为褐土,广泛分布于低山丘陵和山间盆地地带。土壤有机质平均为1.5%,全氮含量0.08%,速效氮50.23×10^{-6},速效磷16.4×10^{-6},速效钾148.86×10^{-6}。

该区属暖温带落叶阔叶林带,原始植被遭破坏。现有植被主要有天然次生栎类林,侧柏、油松、刺槐等人工林,以及以胡枝子、鹅耳枥、虎榛子、黄栌、连翘、绣线菊、马角刺、酸枣、荆条等为主的灌丛或灌草丛和由黄背草、白草、羊胡子草、苫草、蒿类等组成的草地或草灌地。此外,乔木树种还有臭椿、黄连木、杨树、泡桐、楸树、栾树、柳树、国槐、元宝枫等,经济树种有山楂、苹果、梨、桃、杏、李、花椒、核桃、板栗、柿树、漆树等。农作物和经济作物有小麦、玉米、红薯、谷子、豆类、棉花、油菜、萝卜、白菜等。

该区是河南省造林条件最为艰巨的地区之一,属典型的干旱石质山区。改革开放以来,该区人民发扬艰苦创业的红旗渠精神,咬定荒山不放松,持之以恒抓绿化,林业生态建设取得了显著成绩。截至目前,该区共有林业用地13.04万hm²,其中有林地5.88万hm²,占林业用地的45.1%;疏林地0.75万hm²,占林业用地的5.8%;灌木林地1.32万hm²,占林业用地的10.1%;未成林造林地1.20万hm²,占林业用地的9.2%;无立木林地0.26万hm²,占林业用地的2%;宜林荒山荒地3.43万hm²,占林业用地的26.3%;其他0.20万hm²,占林业用地的1.5%。

该区森林覆盖率较低,涵养水源能力较差,水土流失严重,旱涝灾害频繁发生,生态环境非常脆弱。据统计,全区水土流失面积8.23万hm²;土壤侵蚀模数达到2 100～3 000 t/(km²·a),春季、初夏干旱年年发生,河溪断流,库塘干涸,人畜吃水困难;雨季又因降水集中,易暴发山洪。脆弱的生态环境严重影响和制约着该区经济社会的可持续发展。

该区多为基岩裸露的石质山地,植被覆盖率低,降水量少,蒸发量大,土壤瘠薄,植被恢复困难,林木生长缓慢,生态环境极为脆弱,是全省治理难度最大、任务最艰巨的地区。

一、发展历程

飞播区山多坡广,林业用地面积大,具有发展林业的有利条件。林县(现林州市)在1982年始进行油松撒播试验,为飞机播种做准备。1983年飞机播种造林试验0.15万hm²,试验播种区为轿顶山播区和红土甲播区。1984年始大规模进行飞机播种造林。2001年,首次进行黄连木飞机播种试验取得成功,试播面积0.28万hm²。截至2003年,累计飞播42个播区,主要分布在西部和南北两端的深山区,涉及原康、临淇、五龙、任村、合涧、东岗、姚村、茶店、城郊、石板岩、东姚、横水等乡镇,历时20年,总飞播面积4.5万hm²,其中宜播面积4.1万hm²,成效面积1.6万hm²,总用种量544.8 t,总投资268.9万元。安阳县曾于1984年在都里乡阳城播区进行过飞播造林,由于树种选择不当(油松适生于海拔600 m以上的山地和个别海拔600 m以下的阴坡),当时主播树种为油松,且播后持续无雨,导致飞播效果不佳。近年来,随着荒山绿化进程的加快,一些立地条件较好,离村比较近的造林地已先后通过人工造林得到绿化,剩余的多是山高地远、人口稀少、造林难度大的偏远山地,人工造林难度很大,广大干部、群众迫切要求飞播造林。时隔20年之后,安阳县于2003年开始重新启动飞机播种造林。截至目前,共完成飞播造林6 794.1 hm²(重播2 666.7 hm²),其中宜播面积5 811.7 hm²(重播2 454.8 hm²),成效面积2 685.52 hm²,总用种量4.8 t,总投资145.3万元。累计飞播12个播区,主要分布在西部山区,涉及都里、马家、善应三个乡镇。

二、成绩和效益

(一)加快了荒山绿化

大规模的飞播造林,加快了安阳市荒山绿化进程。1983～2008年,该市共飞播造林5.18万hm²。经成效检查,有效面积4.68万hm²,占飞播总面积的90%;成效面积1.9万hm²,占有效面积的40%,占全市有林地面积的29%,使全市的森林覆盖率提高了8%。早期的飞播林早已郁郁葱葱,近期的幼林幼苗生长良好,发挥了明显的生态、经济和社会效益。特别是在交通不便、人力难及、造林难度大的深山地区,飞播造林发挥了攻坚的关键性作用,有效地扩大了造林地类和范围,使不少人工植苗造林难以绿化的地方,在很短的时间内披上了绿装。林州市飞播最早的轿顶山、红土甲两个播区,飞播面积1 461 hm²,其中宜播面积1 149 hm²,现已成林639 hm²,1983年的油松林树高已达6 m,最大胸径35 cm。

(二)良好的生态、社会效益

该市的飞播林区集中在漳河、淅河、淇河、洹河和大中型水库周围,现已形成集中成片的飞播林基地,在涵养水源、保持水土、改良土壤等方面发挥着显著的生态效益。林州市临淇镇峰峪村过去雨季经常暴发山洪和发生山体滑坡,冲毁房屋和农田,人畜伤亡时有发生。飞播造林成林后,灾害不再发生,有效地保护了公路和农田。生态环境的改善,保障了水利设施效能的发挥,旱涝保收粮田逐年扩大,促进了农业的高产稳产。现在已利用飞播林于1993年成立了森林公园,每年旅游收入10余万元。飞播造林促进了生态多样性恢复和物种多样性恢复,以先锋树种为主直接改变森林被破坏后植被的逆向演替为顺向演替,使水文、气候、立地条件向良性方向发展。播前的一些耐旱、耐瘠薄、酸性指示植物,现已被耐阴、喜肥、喜湿的林下植被所替代。由于飞播林内植被的明显恢复,山上有了林,沟里有了水,招来了鸟,引来了兽,林中生物链也随之得到了恢复和平衡,保护了生物多样性。飞播区内山兔、野鸡、野猪、鸟类、蛇、蚂蚁明显增多,獾、狐狸、豹猫、锦鸡等保护动物日夜出没。飞播造林净化空气的作用明显。据测算,该市现有的飞播林,每年可固定二氧化碳59.2万t,提供氧气52.4万t,吸收二氧化氮0.6万t,每株松树每天还可从1 m³空气中吸收二氧化碳20 mg,不但有效地减缓了温室效应,并且成为本地乃至安阳地区人民赖以生存的"绿肺"。

(三)经济效益显著

全市飞播成效面积1.9万hm²,按每公顷平均蓄积40 m³计算,立木蓄积量76万m³。10年后现有飞播林将相继进入近熟期,每公顷平均蓄积可达80 m³,按65%的出材率计算,可生产木材98.8万m³,价值6.7亿元。35%的剩余物作薪材折53.2万m³,价值1.7

亿元。两项合计为8.4亿元,相当于飞播造林直接投资414.2万元的200倍。飞播造林显著的经济效益还体现在以下几个方面。

(1)节省了造林资金。据统计,安阳市20年飞播造林直接投入平均每公顷60元,仅为同期人工造林平均投资的1/4,共节约造林成本1.2亿元。

(2)提前绿化,早期获益。飞播造林以其速度快、效果好、不受地形限制等优势,对安阳市交通不便、人力难及的偏远山区实现绿化作出了巨大贡献。

(3)利用飞播林区特有的景观成立的太行大峡谷景区,五龙洞国家森林公园,白泉省级森林公园,水河、柏尖山市级森林公园,促进了林区群众的脱贫致富,促进了资源、环境、经济与社会的协调发展,为该市经济发展起到了明显的推动作用。

三、特点与经验

(一)领导重视

飞播工作要做好,领导重视是关键。安阳市的飞播造林工作始终是在主要领导同志的关心支持下,从无到有、从小到大逐步发展起来的。多年来,市领导始终把飞播造林作为加快山区绿化速度的一项有效措施来抓,经常督促和检查飞播工作,每年坚持到播区和机场调查了解飞播情况,帮助解决具体问题,并要求各有关部门大力支持飞播造林。每次飞播开始政府都要召开有关干部会议,广泛动员,要人给人,要物给物,全力支持。各播区有关乡、村领导更是重视这项工作,既挂帅、又出征,吃住在现场,指挥在播区,与群众一起同甘共苦、风餐露宿,保证了飞播工作的顺利进行。部、省领导对该市的飞播造林更是关心,多次深入该市召开现场会,有力地促进了该市飞播事业的发展。

(二)加强领导,依靠群众

飞播造林工作是一项社会性强的系统工程。为了加强领导,充分发动和组织广大群众,搞好部门协调,该市成立了飞播造林指挥部,由主管行政领导任指挥长,各飞播乡、村也成立了相应机构,固定专人负责飞播造林,在市、乡、村三级形成了一个专业的飞播造林管理队伍,加强了对飞播造林工作的领导。

飞播造林每一个环节都离不开广大群众的支持与配合,为了充分发动和组织广大群众,首先,该市加强宣传,提高群众的认识,通过多种形式向广大群众讲清飞播造林的意义和迫切性,讲清飞播造林与群众利益的关系,提高农民参加飞播造林的积极性和自觉性。其次,认真贯彻政策,维护原有的山林所有者和承包者的利益,实行"谁山、谁有、谁管、谁受益"的原则,消除群众顾虑,稳定群众情绪,坚定群众信心。再次,组织乡村干部以及群众参观典型,亲眼目睹播区群众克服眼前困难而最终从中脱贫致富的事实,提高认识,统一思想,从而调动了广大群众飞播造林的积极性。

(三)多部门密切协作,相互支援

飞播林工作是全民办林业的缩影。安阳市飞播造林取得的成绩,是与各级有关部门的紧密配合和大力支持分不开的,这种协作不仅贯穿于飞播造林作业的整个过程,而且贯穿于20多年飞播造林工作的全部历史。为了保证飞播造林质量和飞行安全,林业部门和民航、空军等飞行单位共同研究作业方案,地面与空中密切配合,气象、通信部门按时做好飞行天气预报,保持飞行通信联络始终畅通;公安部门认真负责,保卫好飞机、机场和地面安全;财政、商业、粮食、卫生等部门积极帮助解决资金和生活物资供应。

(四)因地制宜,合理规划

播区作业设计合理与否,直接影响飞播成效的高低。飞播造林20多年来,在省飞播队的指导下,该市在对播区条件、适宜播期、适宜树种、合理播种量等方面进行积极试验的基础上,按照播区必备的四大条件,深入播区山村、山头地块,精心规划、设计,使各播区的设计质量都达到了要求。

(五)飞、封、造、管相结合,保证飞播成效

(1)认真搞好飞机播种工作。在认真搞好规划设计的基础上,动员各方面的力量,抓住有利时机,积极配合飞行部门做好飞播作业,为取得好的飞播成效打下基础。

(2)坚持封山,保护飞播成果。我们坚持"以播促封"的原则,实行播后封山。主要做法是播后坚持死封5年,结合当地具体情况再进行半封、轮封,直到成林。

(3)搞好补植补造,提高飞播成效。安阳市年降水量较少且变化大,飞播成效不稳定,播区内有大量的无苗、少苗地段地块,播区之间互不连接,形不成规模,为管护工作带来了一定难度。为了提高成效,在省飞播队的指导下,大力开展补植补造,始终贯彻"内补外扩,连片成林"的宗旨,建设飞播林基地。原则是:无苗造,稀苗补,密苗间;受压苗扶,天然苗留。具体做法是:在成苗调查的基础上,摸清苗木分布状况。一是对失败的播区进行重播;二是间苗移栽,对3年生苗木过于稠密地段,发动群众在春季或雨季疏苗移栽;三是植苗造林,按适地适树原则,在阳坡无苗、少苗地段栽植侧柏、刺槐等树种,或对封山后生长起来的幼苗进行抚育,促其生长;四是点、撒播油松。

(4)加强管护,巩固成果。"播是基础,管是关键","一分造,九分管",说明了管护工作在飞播造林中的重要性。围绕飞播林的管护,该市采取了如下措施:

——建立健全组织,加强领导。各飞播相关的乡、村都成立了播区管护领导小组,由主要领导任组长,发挥政府宏观管理职能,协调各方面的关系,落实人员和措施,建立健全了飞播林区的管理体制,全市成立护林组织50个,共有护林人员356人。召开不同形式的管护工作会议20余次,发放管护文件30余份、布告条例105条。

——落实山界林权,明确管护责任。依照《中华人民共和国森林法》等有关法令,贯彻执行国家有关稳定林权的规定以及有关土地管理政策,明确"谁山、谁有、谁管、谁受益"的原则,集体荒山上飞播林归集体所有,由集体兴办的乡村林场,或承包到户,或组织专业护林组织进行管护;播区内的自留山、责任山实行户有户管户受益。在摸清落实山林权属的基础上,核发林权证,签订管护合同。由于权属清楚,责、权、利明确,增强了管护人员的责任心,调动了管护积极性。

——措施得力,奖惩分明。制定了切实可行的管护措施。市与乡、乡与村逐级订立了播区封山育林合同,建立健全护林制度和乡规民约。普遍做到了乡乡有禁令、村村有民约,家喻户晓,人人皆知。播区严格实行"六不准"制度,即不准毁林开荒、不准挖土取石、不准放火烧山、不准挖药割草拾柴、不准放牧牛羊、不准狩猎。完善奖惩制度,1983年以来,处理毁林案件近千起,罚款5万余元,拘留10人,处理护林员25人。同时,也表彰了一大批先进护林集体和个人。

——切实做好防火工作。飞播林区树种单一,易着火燃烧;集中连片,林分密度大,火险等级特别高;处于边远山区,一旦发生火灾,扑救不便,防火工作极为重要。该市本着预防为主、积极消灭的方针,完善防火体系建设,建立健全防火队伍,严格加强火源管理。在飞播林区开设防火线、营造防火林带、设置瞭望台、建立通信网络,建立起比较完善的林区防火设施,加强林区防火工作的领导,从而保证了播区的安全。

(六)依靠科技,提高飞播成效

安阳市从1983年开始飞播造林以来,配合省飞播队,紧密结合生产,先后开展了造林树种选择、适宜播种量确定、油松大粒化试验、飞播林管理、防鼠鸟取食拌药、GPS卫星定位导航技术在飞播造林中的应用推广等科研课题的研究,完善了飞播造林技术,指导与促进了全市飞播造林工作的顺利开展。

(七)多渠道筹措资金,加大飞播投入

为确保飞播造林和资金投入,安阳市多方筹措资金,保证了飞播的顺利开展。据统计,1983~2003年,全市用于飞播的资金达414.2万元,其中省227.81万元,占55%;县91.12万元,占22%;乡、村、个人95.26万元,占23%。这些资金是在财政挤一点、群众筹一点、部门拿一点的办法下筹集的,对推动播区的荒山绿化和经济建设起到了一定的保证作用。

四、存在问题与对策

(一)飞播幼林抚育间伐任务重

安阳市大部分飞播林区已经郁闭或将郁闭成林,如不抚育间伐将严重影响油松的生长。但是由于间伐材太小,用途不大,销路不广,面积大,任务重,用工多,价格低,税费重,收入少,群众不愿干,林业部门在经济上支持困难,抚育间伐工作并未全面开展。

(二)管护资金严重不足

过去20多年飞播的油松林,多分布在偏远山区,人口稀少,交通不便,留守人员多为老弱病残,管护不到位,扑火防虫人员工资无法保证,且村级财政不足,给管护工作带来了严重的困难。

针对以上问题,安阳市将积极向上争取项目经费,组织专业的防虫防火队伍,对重点林区重点保护,确保飞播造林成果。对于需要抚育间伐的乡村,积极安排林业抚育工程,并与木材加工企业合作,利用播区资源,适时抚育间伐,解决销路问题,使油松林能够茁壮成长。

在市委、市政府的正确领导下,在省林业厅有关部门的指导下,安阳市以生态市建设为契机,以新农村建设为突破口,继续加强播区管护,深入挖掘旅游潜力,大力开展林下种养,使播区群众走上富裕道路。

第五节　济源市飞播造林

天女当空舞,散秀织新装,飞播造林在济源开展25年来,经过试验、总结、研究、推广,不断得到提高和发展,使济源的生态环境明显改善,取得了令人瞩目的成就。

一、自然条件

济源市位于河南省西北部,地理坐标介于北纬34°54′~35°17′和东经110°02′~112°45′。北部和山西阳城、晋城交界;南临黄河,与孟津、新安两县隔河相望;东接沁阳、孟州;西与山西省垣曲县相连。市境略呈长方形,东西长66 km,南北宽36.5 km,市域总面积1 931.26 km²。

济源市境内山峦起伏,沟壑纵横,地形复杂,呈西高东低、北高南低之势。山区、丘陵面积占全市总面积的88%。该区属暖温带大陆性季风气候,平均气温14.3 ℃,1 月平均气温-0.1 ℃,极端最低气温-20 ℃。7 月平均气温27 ℃。总的气候特点是:春旱多风,夏秋多雨,冬寒干燥,四季分明,光、热、水三大气象要素同步。境内小气候区域甚多,有"三里不同风、五里不同天"之称。

济源市土壤种类比较复杂。全市林业用地土壤有棕壤和褐土两个土类,其中棕壤为山地棕壤亚类,褐土包括淋溶褐土、典型褐土、碳酸褐土和粗骨性褐土四个亚类。济源市北部分属太行山系和中条山系,分布着以栎类为主的天然次生阔叶林、针阔混交林和沟谷杂木林,森林覆盖率达70%以上。该区珍稀动植物资源繁多,集多样性、典型性、脆弱性于一体,河南省人民政府已于1982 年在该区界定了2 万 hm² 猕猴自然保护区和禁猎禁伐区。在西部及济邵公路以南低山区,森林覆盖率较低,不足20%,主要是人工刺槐林和侧柏幼林。

二、飞播发展历程

50 年前,在毛主席发出"绿化祖国"的伟大号召下,广东省林业厅与中国人民解放军广州军区空军合作,于1956 年3 月在广东省吴川县首次进行飞播造林试验,拉开了我国飞播造林的序幕。1959 年6 月,四川省林业厅与中国民航总局成都管理局在凉山彝族自治州飞播造林获得首次成功,奠定了我国飞播造林的基础。20 世纪60 年代开始,江西、广东、湖南、云南等南方12 个省区连续20 多年开展飞播造林,大大加快了荒山绿化步伐,为实现"灭荒"目标作出了不可磨灭的贡献,有力促进了我国飞播造林蓬勃发展。1982 年7 月,邓小平同志在林业部《关于飞播造林情况和设想的报告》上作出重要批示,把飞播造林"完全纳入国家计划,地方做好规划和地面工作,保证质量。这个方针,坚持二十年,可能得到较大实效"。从此,我国飞播造林走上了正轨,纳入国家发展计划,得到了快速发展。

河南省飞播造林始于1960 年。1960 ~ 1961 年先后在灵宝、辉县飞播了0.84 万 hm²,由于技术、天气、管理等方面的原因,飞播试验失败,后因种种原因中断了17 年。党的十一届三中全会确定了以经济建设为中心的战略方针,林业如何在经济建设中发挥作用,是摆在林业部门面前的一项紧迫任务。为了探索加快造林步伐新途径,河南省林业厅在飞播省(自治区)特别是邻省飞播造林成功经验的启示下,1978 年,在栾川、卢氏、灵宝三县按立地条件、树种和不同播期进行人工撒播试验,取得良好效果。1979 年6 月进而在栾川、卢氏两县飞播油松9 760 hm²,播后经实地调查,效果显著,直接成效面积达到35.3%,从而开创了河南省飞播造林成功的先河,为加速山区绿化开辟了新途径。1980 年开始进行较大面积飞播造林。1982 年,邓小平同志对我国飞播造林作出重要批示后,全省飞播造林进入快速发展阶段,飞播范围扩大到太行山区和桐柏山区以及大别山区的 11 个县。飞播造林由人工模拟试验,扩大到集中连片、大规模生产应用。

济源市山区、丘陵面积大,占总面积的 88%,北部山陡、地险,南部沿黄地带人烟稀少,灌木丛生,虽然立地条件适应树木生长,但人工造林难度大,投资成本高,效率低。飞播造林技术的应用为其开辟了新的绿化途径。

因为有机场的优势,济源市是 1984 年较早在河南省开展飞播试验的县(市、区)之一,当年设计了两个播区,面积 0.17 万 hm²,为全省开展大规模飞播造林工作积累了经验。随后,济源市飞播造林工作的序幕正式拉开,组建了专业的队伍,负责飞播造林的规划设计、施工协调、后期管护。从此,飞播造林成为林业工作的一项重要内容,每年都在 0.33 万 hm² 左右,最多的一年飞播了 0.53 万 hm²。

在最初开展飞播造林时,受到测量技术、飞机定位技术条件的限制,每年都要在飞播前打航标线,由于飞播地点一般都在深山区,坡陡路窄,人烟罕至,给作业工作带来相当大的难度。飞播时,要采用人工信号导航,作业量非常大,精确度也比较低。每年飞播作业季节,从外业测量设计到地面导航,从整地技术指导到飞播种子的调剂,都要人工操作,耗费大量的人力、物力。随着科技的进步,飞播造林技术也在不断成熟和创新,飞播种子使用了包衣剂,提高了抗旱能力,有效减少了鸟、鼠的危害,播后进行人工补植容器苗,设专职护林员管护等措施,为全区飞播造林上了保险。从 1996 年开始,采用 GPS 卫星定位系统进行飞机播种造林,大大地减轻了工作量,为开展更大范围、更大规模的飞播造林创造了条件。2000～2008 年,济源市共飞播了 1.87 万 hm²,取得了理想的效果,为该市的生态条件改善作出了极大的贡献。

三、建设成就

济源开展飞播造林 25 年来,飞播造林实现了历史性跨越,为该市林业生态保护和建设发挥了重要作用。

自 1984 年以来,济源市已飞播面积近 5.33 万 hm²,成效面积约 1.33 万 hm²。现在济源市济邵公路以北的山区,东起五龙口箭过顶,西至邵原茶房,随处可见成片郁郁葱葱的侧柏林、油松林。在黄河小浪底库区北岸,在那片片"黄沙皮"、"红沙皮"上,矗立着一棵棵诱人的臭椿、榆树……

这些树木,为济源市昔日的荒山秃岭,特别是交通不便、人力难及、造林难度大的深山区披上了绿装,为保障该市的生态安全发挥了决定性的作用,改善了生物多样性,发挥了明显的生态效益、社会效益和经济效益。同时,经过多年的飞播实践,该市总结出了一系列成熟有效的飞播造林技术经验,组织管理日臻完善,科技含量不断加大,飞播成效显著提高。

四、基本经验

(一)因地制宜,科学规划

飞播造林具有速度快、省劳力、规模大、成本低等优点,特别是在高山、远山人工造林无法开展的地区,有其独特的、不可替代的作用。但并不是说,在任何地方都可以飞播,都可以见到成效,因地制宜、科学规划是保证成效的基础性工作。济源市 2001 年、2002 年连续两年在下冶镇陶山播区进行了飞播,效果非常差,经过充分调查分析,认为是该播区植被(以野皂角为主)盖度太大,超过 80%,影响了种子发芽。

(二)多方协作,密切配合

飞播造林工作是全民办林业的缩影,飞播造林工作取得的这些成就与各级各部门的紧密配合和大力支援是分不开的,这种协作贯穿于飞播造林作业的整个过程。首先离不开航空部门、机场的配合与支持,他们是飞播作业最基本的条件;其次是气象部门,只有他们及时提供天气预报,才能在良好的天气状况下作业,保障飞行安全,只有他们提供准确的天气预测,才能保障飞行作业完成后,得到及时的雨水补充,从而提高造林成效;公安、财政、通信等部门也都在飞播过程中发挥着重要作用。

(三)飞管结合,提高成效

因地制宜、科学规划是飞播的基础;多方协作,抓住有利时机完成飞播是关键;加强管护、提高成效是手段。根据多年的工作实践,飞播造林要做到"一分造,九分管"才能收到良好的成效。对飞播造林地,要坚决实行全封 5 年,再半封 3 年的管护措施,在封育期间,严禁放牧、砍柴、割草、挖药、开山、采石、狩猎等一切人为活动。实践证明,这种做法是非常有效的。

(四)适时补播,补充完善

飞播能否见到成效,不仅受到主观因素的影响,还受到多种自然因素的影响。因此,播区内出现部分缺苗和林中空地也是很正常的现象。遵循"内补外扩"的指导思想,以提高造林质量和综合效益为原则,以培育混交林为目的,适时采取植苗、植播、撒播等方式,全力开展补植补播工作,也能收到良好的成效。济源市在小浪底库区北岸播区撒播臭椿、在邵原镇北寨村歇马店播区点播侧柏,成效显著。

五、存在问题

飞播造林在河南经历了 30 年,在济源也走过了 25 年,其间,积累了大量的经验,也吸取了不少的教训。但是,飞播造林还不是一个完全成熟的事物,其中还存在着许多问题有待我们去解决。

(一)对飞播造林的作用认识不足

飞播造林作为一种重要的营造林手段,目前还没有被广泛认识。飞播造林由于飞行受限多、播种效果受气候因素影响大,相对于人工直播造林来说,造林比较粗放,见效慢。部分领导在功利思想的影响下,只强调人工造林,忽视其他方式造林,对飞播造林重视不够,只管飞,不管护,致使飞播造林管护等措施落实不到位,飞播机构不健全,制度不完善,管护组织、人员不能正常地开展工作,甚至少数护林组织名存实亡,影响了飞播造林工作稳步健康的发展。

(二)对后续管理缺乏科学合理的规划

飞播造林只有持续进行,累进式、多覆盖,辅之封山育林、护林防火,这样坚持数年,才能大见成效。可实际进行飞播规划时,往往对当地的立地条件、人为活动情况没有进行详细的调查研究,对后续管理、管护措施规划简单、笼统,没有针对播后可能出现的具体情况做出可行的具体方案,可操作性差。

(三)飞播造林投入严重不足

每年的飞播造林经费全部用于飞播造林生产,而经营管理诸如抚育间伐、病虫害防治、基础设施建设等没有专项经费。随着飞播用种价格上涨、飞行费用增多,飞播成本不断增加,同时由于大多数飞播林区属于贫困山区,地方财政入不敷出,飞播造林和飞播林经营管理经费集资困难,造林经营管理工作相对滞后,飞播造林资金投入不足的矛盾越来越突出,严重制约了飞播林的可持续发展。

(四)科技应用水平低

飞播工作开展几十年来,我国科技水平突飞猛进,但飞播造林工作还停留在较原始的水平,除应用 GPS 定位系统进行导航外,没有大的技术改革。目前种子处理、树种结构、飞播林更新改造等方面没有发生革命性的变化。

六、发展建议

(一)深入宣传教育,进一步提高对飞播造林工作重要性的认识

充分利用全国和全省飞播造林取得的成就,通过多种形式进一步加大宣传力度,提高各级领导和广大干部群众对飞播造林工作重要性的认识,增强绿化祖国、改善生态环境的责任感和紧迫感,调动一切积极因素,推动飞播造林事业的发展。

(二)准确把握飞播造林规律,高度重视飞播造林的可持续发展

持续发展森林资源、防止水土流失、确保生态安全、促进农牧民增收,是飞播造林的根本任务和目标。因此,要不断总结飞播造林规律,充分发挥其特点和优势,从飞播造林的规划设计、施工作业、抚育管理等多方面,全面树立质量管理和可持续理念。要从建立多层次的生物结构,促进飞播林与环境的协调友好,保障植被建设的稳定性、多样性、安全性的高度,深刻认识可持续发展对飞播造林的重要意义,增强责任感和紧迫感,采取积极有效的措施,加快建设高质、高效、持续发展的飞播林,杜绝一飞了之,一飞任之。

(三)进一步丰富飞播造林植物种,努力提高飞播林的生物多样性

经过多年的飞播实践,济源市已总结出一些行之有效的飞播造林模式,特别是在植物种选择和配置上,优选出了一系列成功模式,成效显著。在今后的飞播造林工作中,对于新飞播区,还要认真研究探索进一步丰富飞播植物种的问题,积极选用当地的乡土植物种配合进行飞播造林,大力开展乔、灌、草混播飞播造林。对原飞播区,要积极采取定植适生乔、灌木树种等措施,加快改善其林分结构,增强稳定性,促进飞播林的生物多样性。

(四)切实加强飞播造林种子管理,严格保障飞播种子质量

飞播造林种子质量是飞播造林的重要基础保障,是飞播造林取得成功最重要的物质基础。各地要高度重视飞播造林种子的质量管理,严格按照有关技术规程和工程管理要求,严格把关,确保飞播种子质量。飞播造林种子必须达到 GB 7908 规定的二级以上(含二级)质量标准,外调种子应符合 GB/T 8822.1 ~ GB/T 8822.13 规定。用于飞播造林的种子必须具有种子使用证、森林植物(种子)检疫证、检验证及种子标签。飞播造林种子必须经过多效复合剂等种子包衣处理。要结合实际需要,科学确定合理播量及植物种配

比,不断提高飞播成效。

(五)全面加强播区管护,有效保护飞播成果

要进一步加强飞播区的管护工作,把飞播区管护与飞播作业摆在同等重要的位置,切实做到"种子落地、管护上马、抚育跟上",常抓不懈。飞播区一律要进行标准围栏封禁,明确播区标牌、四至警示牌,建立健全播区管护制度,加强各级管护队伍建设,确保围栏设施完整,严禁人畜危害。要加大播区防火和病虫害防治工作力度,确保飞播一片,成效一片,成林一片。

(六)大力推广应用先进技术,不断提高飞播造林技术管理水平

针对飞播造林技术的薄弱环节,要结合飞播生产,加强科技攻关和新成果推广应用,不断提高飞播造林科技含量。大力推广新一代 GPS 卫星定位导航、飞播种子科学化处理等先进适用技术,积极开展丰富飞播植物种和飞播林更新复壮等技术的推广应用,促进飞播造林可持续发展。要进一步加强飞播造林生产技术管理,认真贯彻落实飞播造林技术规程和技术标准,全面提高济源市飞播造林现代化水平。

第六节　鹤壁市飞播造林

飞播造林具有速度快、省劳力、投入少、成本低、不受地形限制等优势,能深入交通不便的偏远山区,在短期内恢复植被,遏止水土流失和土地荒漠化,在加速鹤壁市生态建设过程中具有不可替代的作用,飞播造林使鹤壁市山区生态环境明显改善。自 1984 年启动飞播造林项目以来,完成飞播造林 22 161.33 hm²。

一、基本情况

(一)自然地理条件

1. 地理位置

鹤壁市地处河南省西北部,位于太行山东麓,地理坐标介于北纬 35°26′~36°02′和东径 113°59′~114°45′。总面积 2 182 km²,西部是山区、丘陵,分别占 20% 和 30%,东部是平原,占 50%。

2. 地形地貌

鹤壁市由山区、丘陵区及平原区组成,境内西部属于山区,中部属于丘陵区,东部属于平原区。整个地势西高东低,海拔在 80~600 m。山区多为石灰岩低山,山体浑圆,坡度 15°~46°。丘陵区多为土质,少部分为石质,坡度平缓。

3. 气候

鹤壁市属暖温带大陆性半湿润季风气候,总的特点是:春季干旱多风,夏季炎热多雨,秋季温凉少雨,冬季寒冷少雪,四季分明。年日照时数 2 480.6 h,年均气温 14.2 ℃,极端最高气温 43.4 ℃,极端最低气温 -15.5 ℃,≥10 ℃的年均积温 4 650 ℃,年均日照时数 2 374.9 h,无霜期 205 d,年均降水量 683.2 mm,多集中在 7、8、9 三个月,平均三个月降水 448 mm,占年降水量的 65.6%。

4. 土壤

该市土壤主要有褐土和潮土两大类。褐土广泛分布于西部低山、中部丘陵和山间盆地。潮土分布于东部平原区。成土母岩母质主要有奥陶纪石灰岩、深灰至黑色厚层状石灰岩和冲积母质。这些岩石风化慢、漏水性强，地表干旱，地下水贫乏，水土流失严重，土层较薄，质地较黏，厚度在 20～40 cm，在部分山地岩石裸露，土层很薄，且不成层次。冲积母质由黄、海河冲积而来，土层较厚，质地多为沙土或沙壤。项目区土壤主要种类是褐土，pH 值一般为 7.5～8.0，多为碳酸盐反应。

5. 水文

境内主要河流有淇河、汤河、卫河、共产主义渠等 4 条，淇河、卫河全年有水，其余皆为季节性河流，均属海河流域。淇河发源于山西陵川，境内长 79 km；盘石头水库库容量达 1.5 亿 m³。

6. 植被

鹤壁市属暖温带落叶林地带，植物种类繁多。现有植被主要由黄连木、侧柏、刺槐等人工林，以及以黄荆条、胡枝子、黄栌、连翘、绣线菊、马角刺、酸枣等为主的灌木丛和以黄背草、白草、羊胡子草、芦草、蒿类等为主的地被物组成。

（二）社会经济条件

鹤壁市辖 2 县（淇县、浚县）3 区（淇滨区、鹤山区、山城区），共 25 个乡（镇）872 个行政村，总人口 145 万人，其中农业人口 88.0 万人，劳力 35.0 万人；总耕地面积 10.67 万 hm²，粮食总产量 23.7 万 t，全市工农业总产值 221.7 亿元，其中第一产业 35.7 亿元，第二产业 134.2 亿元，第三产业 51.8 亿元。农林牧渔总产值 63.8 亿元，其中林业产值 3.2 亿元。

（三）林业生产经营条件

1. 林业机构情况

鹤壁市林业局作为市政府的行政职能部门，下设造林科、林政科、公安分局、防火办、林技站、森防站等，各县区均设有林业局，配备专业技术人员，自上而下已形成了完备的生产、技术服务体系。林业系统共有干部职工 340 余人，现有林业技术人员 76 名，其中林业高级工程师 7 名，工程师 19 名，初级技术人员 50 名。这些人员技术素质好，管理经验丰富，为飞播造林提供了技术保障。

2. 林业现状

全市林业用地面积 6.4 万 hm²，其中有林地 5 万 hm²，全市保存农田林网面积 8.4 万 hm²，林木蓄积量 88 万 m³，林木覆盖率达 22.93%，森林覆盖率达 17.14%。林业总产值 3.3 亿元，经济林总面积 1.82 万 hm²，干鲜果品年产量 6.4 万 t；花卉苗木种植面积 333.33 hm²，年销售额 1 500 万元；生态旅游景区 18 处，其中省级森林公园 2 个（云梦山森林公园、黄庙沟森林公园）。实施国家林木种子工程项目 2 个，建立了 2 个林业科技示范园，建立扑火物资储备库 6 座，各类防火设施 7 座，建立野生动物疫源疫病监测站点 1 个。

二、飞播造林发展历程

鹤壁市自 1984 年实施飞播造林以来，共飞播造林 22 161.33 hm²（其中人工撒播造林

3 982 hm²)，其中淇县 17 206.33 hm²，淇滨区 4 955 hm²。该市飞播造林共分三个阶段：

第一阶段：1984～1988 年为飞机播种试验阶段，这一阶段累计完成飞播造林 2 133.33 hm²，其中 1984 年人工撒播 133.33 hm²，1988 年飞播 2 000 hm²。

这一时期，主要是探索适宜的飞播树种和最佳的飞播造林时间。主要特点是：成立飞播造林组织机构，分为机场指挥组、现场指挥组、机场作业组、后勤组，统一协调工作；采取"烟雾剂、红白旗"导航，以"对讲机"通信为主，飞行播种采取"单程式"、"复程式"、"串联式"等方式进行播种；结合工作广泛开展科技试验，丰富飞播造林技术，先后开展了飞播窄带试验，雪播试验，油松、侧柏、黄连木、麻栎等多树种试验。

第二阶段：1989～1994 年，大面积推广实施飞机播种和人工撒播造林阶段，面积 14 626 hm²，其中飞机播种 10 644 hm²，人工撒播造林 3 982 hm²。

在飞播造林的同时，选择立地条件较好且飞机播种方式不适应的地方，采取了更有针对性的人工撒播作业。其中，1990 年飞播 4 020 hm²；1991 年飞播 671 hm²，人工撒播 1 280 hm²；1992 年飞播 2 014 hm²，人工撒播 759 hm²；1993 年飞播 1 959 hm²，人工撒播 787 hm²；1994 年飞播 1 980 hm²，人工撒播 1 156 hm²。

人工撒播的特点是：规划设计更加细致合理，采取了更具有针对性的造林措施，并增加了容器苗补植补造，这一时期飞播造林的特点是以播区为单位组织生产，全面提高、巩固飞播造林成效，具体做法是：加强植被处理和粗放整地力度，采取"炼山"、"人工割灌"、"穴状整地"等措施，从而有效地提高了造林成效；采取专业队施工，并进行相关技术培训，技术人员现场监督，有效地确保了造林质量；采用机动喷雾器播种，有效降低了人工撒播效率低下、播种不均等不利因素的影响，使得人工撒播质量显著提高。

第三阶段：1995～2008 年，高新技术在飞播造林中运用阶段，飞播面积 5 402 hm²。

这一阶段，推广应用了鼠鸟驱避剂、种子催芽处理及 GPS 定位仪，提高了飞播的成效，减少了飞播造林的人工投入。采用 GPS 导航飞播造林可大大节省施工中的人力、物力，传统的人工导航人数是 GPS 导航人数的 6～9 倍，并能保证落种的准确度及均匀度，从而节省种子，能缩短播种作业时间，更有利于适时播种。1995 年飞播 1 134 hm²，1996 年飞播 287 hm²，2007 年飞播 1 276 hm²，2008 年飞播 2 705 hm²。

这一时期飞播造林投资大幅度增加，为进一步规范造林、提高质量奠定了基础。这一阶段造林的特点是：规划设计更加细致，准备工作也更加充分，在规划设计过程中，除地类因子以外，对造林地周边人畜情况、林地所有者情况以及造林后管护情况均进行了详细调查；进一步强化了工程的组织实施。专业队在人员、数量、技术掌握情况等方面较以前有了大幅度提高。工程的管理趋于正规化，分层、分类签订协议，从施工质量、安全、工期、效果等方面做出明确规定；技术措施更加系统、有效，采取了水平带状割灌，在割灌带上进行粗放整地的方法。根据雨情播种，播后覆土，柴草覆盖，出苗后及时揭除柴草。

三、建设成就

鹤壁市飞播造林经过试验、总结、研究、推广，不断得到提高和发展，取得了令人瞩目的成就。一是加快了山区绿化进程。截至 2008 年，全市累计完成飞播造林面积 22 161.33hm²，其中成效面积 5 318 hm²，占山区人工林保存面积的 1/5，为山区森林面积和森林蓄积双增长作出了重要贡献。二是有效改善了重点地区生态状况。多年来,通过开展飞播造林,有效增长了生态脆弱地区的林木植被覆盖率,促进了这些地区生态状况逐步好转,使昔日的荒山秃岭变成了满目青山,有效控制了水土流失,自然环境得到了有效改观。

四、主要做法和经验

这些成果的取得主要得益于以下几方面:

一是加强组织领导,健全管理体制。县区党委、政府把飞播造林摆上重要议事日程,成立了飞播造林指挥部,一手抓协调管理,一手抓飞播具体工作。县区政府与有关乡镇、乡镇与村层层签订飞播造林目标管理责任书,下发文件,明确责任范围。林业部门成立了规划设计组、质量检查组、后勤保障组和机场服务组4个工作小组,细化分工,明确责任,全力保障飞播造林工作的顺利开展。

二是因地制宜,科学搞好规划设计。组织技术人员对播区进行了实地外业勘察,按照"因地制宜、适地适树、宜飞则飞、宜封则封"的原则,合理布局,科学设计。根据播区立地类型确定播区,选择当地优良的适宜树种臭椿、黄楝、侧柏、油松等作为飞播种子,调整树种类型,增加林分结构,提高出苗成活率。

三是有关部门通力合作。多年来,林业、公安、气象、农业、水利、国土等部门密切配合,为该市飞播造林事业提供了有力保障。

四是推广实用科技成果。随着该市飞播造林的逐步开展,研究探索、推广应用了种子和地面植被处理、树种配置、飞播导航、飞播林经营等一批实用科技成果,有效提高了飞播造林成效。

五是有一支技术熟练、相对稳定的专业队伍。飞播造林明确专人负责,具体操作飞播造林的设计规划、施工、成效调查和飞播试验等工作。多年来,该市飞播造林队伍工作责任心强、综合技术水平高,而且人员结构合理、相对稳定。

六是有一个扎实的施工质量保证体系。从1990年飞播造林大面积实施以来,该市在工作中,不断改进工作方法,提高工作效率,相继出台了飞播造林工程管理办法和质量管理办法,完善了飞播造林标准体系,并在生产中推行检查验收制度和技术监理制度。对制约飞播造林成效的地面处理、飞播种子质量和播后管护等关键环节进行联合检查,不符合质量要求的,及时纠正。在机场施工中派员跟班作业,进行技术指导和技术监理,严把施工质量关。

七是有一套完整的管护责任制。该市非常重视飞播后的管护工作。把管护制度的建立、管护责任的夯实、管护措施的落实当做重头戏来唱。所有播区一播就封,死封5年,严禁人畜进入播区,确保了飞播幼苗的正常生长。采取了"分片划段、固定专人、责任包干","成立乡村林场,集体管理","专业队管护","村、组、群众管护"相结合的管护责任制,确保了飞播造林成效。

八是搞好补植补造和经营管理。由于飞播造林时机械化作业,受风力、风向等自然因素影响,重漏播现象时有发生,再加上立地条件的差别,导致飞播苗木分布不均、密度不均。为此,该市适时开展了补植补造工作,结合树种分布情况,积极营造火炬松、黄楝、椿树等混交林,增加林分结构。对于集体所有林木,由县区、乡、村选聘专业工程队进行经营;对于由承包拍卖等手段流转到个人的林木,由林木承包者个人进行经营。在管理上,采取专业队统一管理和村集体选派护林员相结合的管护办法。

五、存在问题和对策

(一)存在问题

一是飞播林潜在病虫害和火灾隐患。该市飞播造林成功地选择了油松、侧柏、黄连木、麻栎等几个树种,但飞播成林后,林木覆盖度过大,光照严重不足,易遭受病虫危害,火险等级高。如纣王殿播区,因松梢螟等危害,形成大面积虫害,影响了幼林成林成材;同样由于资金缺乏、生产技术落后等因素,林区没有建立防火线、隔离沟等森林防火基础设施,在小区域内森林火情、火灾时有发生。二是播后管护不力。个别乡村管理机构不健全,有关规章制度执行不力,制度不完善,管护措施不得当,管护人员积极性不高。这些因素在经济相对发达、交通条件较好、人口密度较大的区域更为明显,播区被开垦、放牧、乱挖、滥伐等现象时有发生,严重影响飞播成林成材。三是飞播造林投入严重不足。近年来,飞播造林每公顷投资为75元左右,仅能用于飞播设计、购种、施工几个方面。随着种子价格上涨、飞行费用增多,飞播成本不断增加且大多数飞播区属贫困山区,地方财政配套不足,影响了飞播造林的质量。人员管护、封山育林、抚育间伐、病虫害防治、基础设施建设等没有专项经费,造成后期工作滞后,影响造林成效。四是飞播造林技术仍然存在薄弱环节。在施工作业过程中,飞播造林技术的薄弱环节需要不断提高和完善:种子处理技术不十分科学,飞播造林时间制约因素很多,播区植被处理方法有待进一步研究。

(二)对策

一是加强领导,深入宣传教育,提高广大干部群众对飞播造林工作重要性的认识。二是巩固播区造林成果,加大播区病虫害预测预报工作,并及时进行病虫害防治,强化林木防火工作。三是开展抚育间伐工作,使飞播造林实现播一片,成林一片。四是多方筹资,确保飞播造林的资金投入,集中各种项目资金捆绑使用,弥补经营管护经费的不足。五是提高播区设计质量,搞好播前立地条件调查,科学地选择树种,科学合理地设计作业时间和植被处理方式。六是搞好飞播施工作业,加大飞播科技含量,充分运用现有的科学技术,确保飞播质量。

六、发展展望

党的十七大明确提出建设生态文明的奋斗目标,对林业建设提出了新的更高要求。目前,鹤壁市林业生态建设虽然取得了一定成效,但水土流失、土地荒漠化等问题依然严重,生态产品严重短缺,特别是西部地区生态状况依然十分脆弱,难以满足经济社会可持续发展的需要。生态建设任务依然十分繁重,必须进一步加强林业建设,加快造林绿化进程。实践证明,飞播造林是符合该市实际情况的重要造林绿化方式,为该市生态建设作出了重大贡献。今后,要继续采取有效措施,进一步推动飞播造林工作。

一是要更加重视飞播造林的作用。随着造林绿化事业的推进,该市造林绿化的重点和难点地区自然条件更加恶劣、立地条件更差,且大多处于生态脆弱地区。这些地区人工造林难度越来越大,要充分发挥飞播造林的优势,重点加强这些地区公益林建设中飞播造林的比重。二是要加强飞播林经营管理。要切实抓好飞播林经营管护工作,做到"种子落地、管护上马、抚育跟上",大力推广"播封结合、以播促封"的成功经验,加强飞播林中幼林抚育,提高森林质量,巩固建设成果。三是要继续加强相关技术研究。要针对飞播造林技术的薄弱环节,加强科技攻关和新成果推广应用,不断提高飞播造林科技含量。四是要进一步加强部门协调与合作。要继续发扬部门协作精神,在计划、资金、飞行作业、气象预报、安全保障等方面加强协作与配合,确保飞播造林顺利开展。五是要进一步加强飞播林地的后续管护工作。在飞播林地要及时进行病虫害防治,对于已成林的要及时进行抚育管理,更要重视飞播林的防火工作。六是加大人工撒播造林力度。人工撒播造林虽然成本高,劳动强度大,但施工作业限制因素少,作业时间易于控制,造林质量比较高,成林成效大。七是建立完善的飞播造林体系。进一步加强飞播造林管理工作,建立起完善的飞播造林管理体系,对飞播造林进行动态监测和管理。

第七节　新乡市飞播造林

飞播造林是采用飞机撒播树种,模拟林木天然下种更新的机械化直播造林作业方式,具有速度快、省劳力、投入少、成本低、不受地形限制等优势,能深入交通不便、造林难度较大的偏远山区,在短期内实现遏止水土流失、恢复森林植被的目的,大大改善山区生态环境,促进当地经济的发展和社会的进步。

一、基本情况

(一)自然环境概况

1. 地理位置

新乡市地处河南省北部,位于东经113°23′~114°59′,北纬34°53′~35°50′。南临黄河,与郑州、开封隔河相望,距省会郑州73 km;北依太行,与鹤壁、安阳毗邻;西连煤城焦作,并与晋东南接壤;东接油城濮阳,隔河又与山东省东明相望。

2. 地形地貌

境域除西北隅太行山地及山麓一带地势自晋豫边界向东南呈台阶式下降外,广大黄河冲积平原地势西南高而东北低,总体自西南向东北倾斜。新生代以来,除西北隅京广铁路以西大部地区为隆起抬升的太行山地外,其余均为凹陷下沉的洪水冲积平原。现辖两市六县四区以及高新技术产业开发区、工业园区和西工区。在辖区8 169 km² 中,山区1 015 km²,占12.4%;丘陵509 km²,占6.2%;平原6 645 km²,占81.4%。

3. 气候

新乡市地处中纬度地带,属暖温带大陆性季风气候,四季分明,降雨集中。春季干旱多风,夏季炎热多雨,秋季秋高气爽,冬季寒冷少雨雪。年均气温14 ℃,最冷农历元月平均气温为 -0.5 ℃,最热7月平均气温27 ℃。极端最低气温 -19.2 ℃,极端最高气温42 ℃,≥10 ℃的年均积温4 647.2 ℃。年降水量573.4 mm,多在7、8月间,约占年降水量的59.5%。风多为东北风,年均风速2.3 m/s。

4. 水文

全市分属黄河、海河两大水系。其中黄河水系流域面积 4 184 km²，占全市面积的51.2%，主要支流有天然文岩渠和金堤河。金堤河水系有西支大沙河、东支文明渠，前者为古黄河(禹河支流沙河)故道的一段；海河水系流域面积 3 985 km²，占全市面积的48.8%，主流卫河西北侧山区流域广阔，支流多而长，东南侧平原流域狭长，支流少而短。在新乡县合河村以西，卫河又称运粮河、沙运河及小丹河。

5. 土壤

全市土壤有 12 个土类 25 个亚类 37 个土属 156 个土种，主要有棕壤土、褐土、粗骨土、石质土、潮土、风沙土、水稻土等 7 个土类。其中潮土占 72.33%，褐土占 13.76%，为境域主要的农业土壤。

6. 生物多样性

新乡市野生动植物资源较为丰富。野生动物有 480 余种，其中脊椎动物约 174 种，水獭、猕猴和山豹为国家二级保护动物；鸟类 85 种，黑鹳、白尾海雕、斑嘴鹈鹕和丹顶鹤为国家一级保护动物，天鹅、金雕、秃鹫为国家二级保护动物；鱼类 50 种；爬行类 10 种；两栖类 5 种。植物种类属温带类型，主要树种有 79 科 193 属 476 种，其中裸子植物有 8 科 16 属 28 种，被子植物有 71 科 177 属 448 种；药用植物 999 种。此外，尚有淀粉和含糖植物 60 种、芳香植物 40 种、纤维植物 50 种、饲料植物约 48 科 225 种以及草本植物 100 种。

(二)播区基本情况

播区位于新乡市的西北部，属太行山的南麓和东坡，构成黄淮海平原西北部的天然屏障，在全市国民经济和社会发展中具有较为重要的战略地位，涉及辉县市、卫辉市和凤泉区 3 个市(区)的 14 个乡(镇)，总面积为 12.43 万 hm²，占全市总面积的 15.21%。

播区位于太行山南坡，由于断层影响，山势陡峻、多峭壁和深切的沟谷，海拔在 1 500 m 左右，山前有海拔 300～400 m 的丘陵；气候属暖温带大陆性季风气候，四季分明，降雨多集中在 7～9 月份，年降水量 600～700 mm，春季干旱多风，夏季炎热多雨，秋季秋高气爽，冬季寒冷少雨雪；山区土壤主要为褐土、棕壤土；植被主要有天然次生栎类林、侧柏、油松、栎类、刺槐、杨树等人工林，以胡枝子、虎榛子、连翘、绣线菊、马角刺、荆条、酸枣、黄刺玫、杜鹃等为主的灌木林和少量由白草、羊胡子草等组成的荒草坡。

二、飞播造林的发展历程

20 世纪 60 年代初期，在全国开展飞播造林试验的号召下，该市于 1960 年在水土流失比较严重的辉县太行山区进行飞播造林试验，但是由于缺乏经验，缺少关键技术，飞播试验成效较差。为进一步探索飞播造林的成功经验，1982 年在辉县、卫辉的太行山区再次进行飞播造林试验。通过科学规划设计，合理确定播期，采取适宜树种，提高作业技术，加强后期管护等一系列技术提高和措施强化，试验一举获得成功并取得良好效果。特别是 1997 年以后，全省飞播造林开始采用 GPS 全球定位系统和多效复合剂包衣技术，在太行山低山石灰岩区开展阔叶树种飞播造林技术试验，取得比较令人满意的效果。新科技、新技术、新模式的应用，打破了该市单一树种的局限性，促进了山区树种结构的调整，避免了森林病虫害的发生，提高了飞播造林的技术水平，加快了山区绿化步伐。

三、飞播造林成效

飞播造林已成为恢复山区森林植被、改善山区生态环境的主要造林方式之一,发挥着人工造林不可替代的作用,为新乡市的林业建设立下了不可磨灭的功勋。

(一)加快了荒山绿化步伐,提高了森林覆盖率

市委、市政府始终把林业生态建设摆在十分重要的位置,坚持常抓不懈,取得了显著成效。特别是针对立地条件差、造林难度大的太行山区,在大力开展人工造林和封山育林的同时,积极实施飞播造林,有效地增加了森林植被,改善了生态环境。根据2006年的二类调查和2004年以来新乡市林业生产统计资料,截至2006年年底,全市现有林业用地17.94万 hm²,飞播造林面积7.31万 hm²,宜播面积6.73万 hm²,成效面积2.08万 hm²。随着早期的飞播林已郁闭成林,形成了大面积的飞播林基地,山区森林覆盖率达到36.7%。昔日的荒山已是绿意盎然,处处充满生机,开始发挥森林的多种效益。飞播造林也以其独有的优势和功效,在该市山区造林绿化中发挥了重要作用,作出了积极贡献。

(二)建立了飞播基地,巩固了飞播出苗与成效

1979~2008年,通过实施飞播造林,在该市山区建成了两种类型的飞播林基地2.08万 hm²。一种是1982~1997年以油松、侧柏为主的针叶树种飞播林基地1.21万 hm²,作业面积5.55万 hm²,宜播面积4.61万 hm²,成效面积1.21万 hm²;另一种是1998~2008年以侧柏、臭椿、黄连木、五角枫等为主针阔混交飞播林基地0.87万 hm²,作业面积4.37万 hm²,宜播面积3.77万 hm²,成效面积0.87万 hm²。2005年对辉县、卫辉播区的调查表明:每公顷飞播油松林达2 250~4 950株,平均胸径4~10 cm,平均树高2.5~6 m。飞播林基地建设,不仅推动了基地与乡、村林场建设相结合,实现了"基地办林场,林场管基地"的目的,还巩固和提高了该市飞播造林成效,增加了山区森林植被,加快了山区绿化步伐。

(三)培养了专业队伍,承担了飞播造林重任

该市30年飞播造林过程中,锻炼和培养出了一批专业的飞播技术人才。目前,从事飞播造林的专业技术人员有76人,护林员300人。其中高级工程师6人,工程师14人,初级技师人员35人。为提高飞播造林成效,按照省飞播管理站要求,该市积极组织工程技术人员参加飞播造林专业培训,培养出了更多的业务素质高、工作能力强的飞播专业队伍,为飞播造林提供了有力的技术支撑。由于明显的区位优势和较强的专业素质,该市被省林业厅确定为豫北飞播造林基地之一,担负着安阳、鹤壁、焦作、新乡四市的飞播作业重任,每年完成飞播造林作业面积达0.67万 hm²以上,不仅圆满完成了本市的飞播造林任务,还有力地支持和服务于豫北其他市的山区绿化事业。

(四)改善了生态环境,增加了综合效益

飞播造林经历30年的发展,不但具有直接经济效益,而且在调节气候、涵养水源、保持水土、改良土壤等方面具有显著的生态效益,还能产生巨大的社会效益。根据《河南林业生态效益评价》测算,该市2.08万 hm² 飞播林每年综合效益达63.68亿元。一是直接经济效益2.1亿元。该市飞播林面积为2.08万 hm²,有蓄积面积1.00万 hm²,按每公顷出材30 m³,目前可产木材30万 m³,按现行价格700元/m³ 计,价值达2.1亿元。二是生

态效益 55.08 亿元。飞播林调节水量、净化水质年效益价值 3.62 亿元,减少土壤水分流失年效益价值 0.31 亿元。年固土保肥效益价值 0.33 亿元,吸收二氧化碳、释放氧气年效益价值 50.82 亿元。生态环境的改善,使该市山区生物链得以快速恢复和发展。据当地群众介绍,播区内猕猴、山兔、野猪、鸟、蛇等动物明显增多。三是社会效益 6.5 亿元。郁闭成林的飞播林使该市山区的旅游业得到蓬勃发展,辉县市的南坪、郭亮、八里沟、齐王寨、回龙、宝泉等,卫辉的跑马岭、皮定军指挥部(柳树岭)等,如颗颗璀璨的绿色明珠镶嵌在太行山中,吸引了众多的游客前来观光旅游,极大地带动了当地经济和社会的发展,年效益价值为 6.5 亿元。

(五)取得了丰硕的科研成果,增加了科学技术含量

该市飞播造林工作经过 30 年的艰辛历程,始终坚持把科技创新贯穿于整个飞播工作当中,取得了丰硕的科研成果。一是通过引进先进 GPS 定位系统,准确定位、测算,使人力不及的险峻地段飞播造林成为可能,提高了山区森林覆盖密度,更加省力、省时、省钱;二是采用多效复合剂包衣技术,预防鼠、鸟、虫等灾害的发生,提高种子出苗率,确保飞播造林成效;三是在太行山低山石灰岩区进行阔叶树种飞播造林技术试验,选择乡土树种,采取多种树种混播,防止森林病虫害及森林火灾的发生,巩固了飞播成果。新科技、新技术、新模式的应用,大大提高了飞播的质量和成效。

四、基本经验

(一)领导重视,强化宣传,是保证飞播造林顺利实施的基础

飞播造林是在领导重视下诞生的,更是在领导重视下发展的。自该市实施飞播造林以来,市委、市政府高度重视飞播造林工作。一是加大投入,将飞播经费列入年度财政预算,确保飞播造林顺利实施;二是成立组织,成立了由政府主管领导任组长,林业、财政、气象等有关部门参加的飞播造林指挥部,一手抓飞播造林,一手抓基地建设;三是加强协调,积极与济南军区、五十四军、新乡陆航机场进行沟通,争取支持,形成"军民共建、绿化太行"的统一行动;四是强化宣传,通过电视、报纸等新闻媒体,加大飞播造林宣传力度,形成全社会关注、支持、参与飞播造林的舆论氛围。

(二)搞好作业,严格检查,是确保飞播造林成效的关键

飞播造林能否成功,播前准备和飞播作业是关键。一是搞好科学规划。组织工程技术人员对播区全面踏查,根据播区自然环境,搞好作业设计,并坚持因地制宜、适地适树。二是选择合理播期。按照省、市气象资料,选择合理、适宜的播种时间,做到播前有墒,播后有持续阴雨天气,确保飞播质量和成效。三是保障飞行作业。认真配合民航部门,搞好飞行作业,保证飞播质量和飞行安全。四是加强质量检查。组织专业技术人员对飞播种子进行全面监督、检查,确保种子质量,提高飞播成苗率。

(三)加强管护,落实责任,是巩固飞播造林取得成效的重要保证

健全管理体制是提高飞播造林成效、巩固飞播造林成果的重要保证。一是建立健全管护组织,落实护林责任。县、乡、村三级层层签订飞播造林责任目标,将管护责任落实到人,全力解决好护林人员的工资报酬,确保"种子落地,管护上马"。二是坚持以法治林,保护森林资源。严禁在播区割草、放牧和垦荒,严厉打击破坏森林资源的违法犯罪活动,保护和巩固飞播造林成果。三是采取"飞、封、造"相结合,提高绿化成效。对天然次生林较多、植被较好的区域,大力推广"播封结合、以播促封"的成功经验,坚持"死封三年不动摇,活封五年不放松",注重提高生态系统的自我修复能力。对立地条件差、植被破坏严重的浅山丘陵区,采取补植补造,重点治理,切实增加山区森林植被。

五、问题与对策

(一)主要问题

(1)飞播资金相对短缺。一是由于受多种因素的影响,前期费用如飞行费、种子费,作业期间的食、宿、物品等费用大大超出预算支出,增加了工作难度。二是受天气影响,施工作业时间长,增加了飞播造林成本。

(2)飞播林经营和管护相对滞后。一是已郁闭的油松林密度大,林木个体生长竞争十分激烈,部分地方飞播林过密,出现个别林木生长衰弱、死亡等现象,急需进行抚育间伐。二是由于飞播林树种单一,多是针叶纯林(油松),林地积淀大量松针,宜发生病虫害和森林火灾。三是由于飞播经费较少,难以及时进行抚育和管理。

(二)对策

(1)一是积极争取飞播资金,确保不因为资金问题而影响飞播进度。二是根据季节气候因地制宜地合理安排飞播时间,在播前及播时及时掌握播区中长期气象预报,确保在雨季顺利完成飞播造林任务,保证播后出苗率。

(2)一是以林权制度改革力度为契机,积极推进股份制造林、承包造林等形式,开展森林抚育间伐和幼树管护,既达到增加营养空间,促进林木生长,提高森林多种效益的目的,又可以使各项经营管理活动得以落实,充分利用社会上的闲散资金开展经营活动和飞播林的综合开发,形成短、中、长相结合的经济结构,使山区经济得到发展,群众增加收入,飞播成果得到巩固。二是根据适地适树的原则,根据太行山的自然立地条件,加大阔叶树种的飞播力度,改善飞播树种单一的局面,避免纯林病虫害和森林火灾的发生。三是加大政府财政投入,把飞播林的经营管理(主要是抚育间伐和病虫害防治等)纳入每年财政计划,并给予一定的补助,确保森林抚育和间伐的顺利实施,加快林木生长速度。

六、发展展望

(一)加大宣传,改变观念,提高飞播经营水平

飞播造林是一项全社会受益的公益事业,要充分认识30年来我们所取得的成绩,了解飞播造林的优势和重要作用,进一步提高认识,采取不同形式,加强宣传,承担起我们的责任和义务,全力支持和做好这项有益的事业。该市将进一步加大资金投入力度,按照《河南林业生态省建设规划》和《新乡市创建国家森林城市暨现代林业发展总体规划》总体要求,改善和提高该市山区生态环境建设水平。

(二)挖掘潜力,巩固和扩大现有飞播造林成果

牢固树立"三分造,七分管"的思想,大力推广"播封结合,以播促封,以封保播"的成功经验,强化管护责任,落实管护经费,健全管护制度。我们将进一步加强集体林权制度改革,强力推进抚育和管护,明确"谁山、谁造、谁管、谁收益",落实责任和措施,确保飞播

成效,提高飞播林的生态效益和经济效益。

(三)加强研究,不断开拓新的飞播造林领域

飞播造林是一项技术性很强的工作,必须把科技贯穿于飞播全过程。针对薄弱环节,一方面要加强播区树种播期选择、种子包衣、地类的扩大、乔灌混播等技术的研究。该市尚有 2.67 万 hm² 灌木林需要改造,将进一步转变工作思路,积极研究和探索,拓宽飞播造林区域。另一方面要加强专业技术人员的研究和培训力度,不断提高飞播造林的技术含量,提高飞播成效。

新乡市飞播造林工作经过 30 年的努力,取得了丰富经验和可喜成绩,赢得了各级领导的高度赞誉。飞播造林也以一种成功的造林方式,为山区绿化发挥出愈来愈重要的作用。今后将进一步加大飞播造林工作力度,加强飞播林的管护,充分发挥飞播造林的优势,为加快该市国土绿化进程,构筑生态安全屏障,推进林业现代化建设作出更加积极的贡献。

附　录

附录一　飞播造林技术规程

GB/T 15162—2005

1　范围

本标准规定了飞播造(营)林宜播地、播区选择条件、树(草)种选择和种子要求、规划设计、飞播施工、成效调查以及档案管理等技术内容和要求。

本标准适用于全国范围内具备利用飞播开展营造林活动的地区或项目。

2　规范性引用文件

下列文件中的条款通过本标准的引用而成为本标准的条款。凡是注日期的引用文件,其随后所有的修改单(不包括勘误的内容)或修订版均不适用于本标准,然而,鼓励根据本标准达成协议的各方研究是否可使用这些文件的最新版本。凡是不注日期的引用文件,其最新版本适用于本标准。

GB 2772 林木种子检验规程

GB 7908 林木种子质量分级

GB/T 8822.1～8822.13 中国林木种子区

GB/T 10016 林木种子贮藏

GB/T 15163 封山(沙)育林技术规程

GB/T 15776 造林技术规程

GB/T 17836 通用航空机场设备设施

GB/T 18337.3—2001 生态公益林建设规划设计通则

3　术语和定义

下列术语和定义适用于本标准。

3.1　飞播造(营)林　afforestation or forest management by aerial seeding

　　　　飞播　aerial seeding

根据森林植被自然演替规律,以树种天然下种更新原理为理论基础,结合树种生态、生物学特性,人工模拟天然下种,利用飞机把林木种子播撒在一定的地段上,集"飞、封、补、管"等综合营造林作业措施为一体,以恢复、改善和扩大地表植被为目的的营造林技术措施。

3.1.1　飞播造林　afforestation by aerial seeding

通过飞机播种,为宜林荒山荒地、宜林沙荒地、其他宜林地、疏林地补充适量的种源,并辅以适当的人工措施,在自然力的作用下使其形成森林或灌草植被,提高森林植被覆被率的技术措施。

3.1.2 飞播营林 forest management by aerial seeding

通过飞机播种,为低质、低效有林地、灌木林地补充适量的种源,并辅以适当的人工措施,在自然力的作用下促使并加快森林植被正向演替进程,改善和提高森林植被质量的技术措施。

3.2 播区 aerial sowing compartment

连成一个整体、单独进行设计并进行飞播造(营)林作业的区域单位。

3.3 小播区群 aerial sowing group

若干个相对集中,不相连接,而可以实施串联飞播造(营)林作业的播区地块群。

3.4 宜播地 suitable sites for aerial sowing

适宜开展飞播造(营)林的各种地类,分造林宜播地和营林宜播地。

3.5 宜播面积 suitable area for aerial sowing

播区内宜播地面积之和。

3.6 非宜播面积 unsuitable area for aerial sowing

播区内不适宜飞播造(营)林的各类土地面积之和。

3.7 播区面积 area of aerial sowing compartment

播区内宜播面积与非宜播面积之和。

3.8 播区作业面积 operational area for aerial sowing

实施飞播作业的播区宜播面积与非宜播面积之和。

3.9 航高 navigation height

飞播作业时,飞机距离地面的高度。

3.10 播幅 navigation width

飞机在播区作业的有效落种宽度。

3.11 航标点 point of navigation mark

飞播作业的导航信号标志点。该点位于播带的中心线上,飞播作业时飞机在其上空沿线压标播种。

3.12 航标线 line of navigation mark

同一序列彼此相邻不同序号航标点的连线。

3.13 GPS 导航飞播作业 GPS – guided aerial sowing

利用 GPS(全球卫星定位系统)导航技术进行飞播造(营)林作业。

3.14 航迹 navigation route;flight path

飞机飞播作业时的飞行轨迹。GPS 导航仪可以记录飞机的飞行轨迹。

3.15 飞行作业航向 flying direction of navigation

飞机在播区飞播作业时飞行的方向。一般用飞行方位角表示。

3.16 飞行作业方式 operation system for flight

飞机在播区作业时的飞行方法和顺序。

3.17 接种样方(点) sample plot

飞播作业时用于检查播种质量、统计落种情况的接种点。接种样方(点)一般为

1 m×1 m。

3.18　接种线　line of connecting sample plots

播区内同一序列彼此相邻不同序号接种样方(点)的连线。

3.19　有效苗　available seedling

播区宜播面积范围内,播种苗或天然更新的同一类型、同一苗龄(苗龄级)的目的树种苗木,且生长趋于稳定的健壮苗。

3.20　有苗样地　sample plot with available seedlings

成苗调查时,有 1 株以上乔木或灌木有效苗的样地。一般样地面积 2 m²,沙区 1 m²。

3.21　有苗样地频度　frequence of sample plots with available seedling

有苗样地占播区宜播面积范围内设置样地总数的百分比,或沙区有苗样地占播区作业面积的百分比。

3.22　成苗面积　area of grown-up seedlings

飞播造(营)林后成苗调查时,乔木树种苗木 1 666 株/hm² 以上或灌木树种苗木 2 500 株/hm² 以上,且分布均匀的播区宜播面积或沙区播区作业面积。

3.23　成效面积　effective area

飞播造(营)林成效调查时,播区宜播面积或沙区播区作业面积达到成效合格标准的面积。

3.24　成效面积率　percentage of effective area

成效面积占播区宜播面积或沙区播区作业面积的百分比。

3.25　飞播用种处理　seed treatment for aerial sowing

飞播前,在种子外表粘着胶、药剂以及其他添加剂等包衣材料,或对硬皮、蜡质种子进行破壳、脱蜡、去翅、脱芒等物理方法处理,以增加种子粒径和重量,减少种子飘移和鸟鼠危害,促进种子发芽。

3.26　南北方界限　boundary of southern China and northern China

考虑到我国植被自然生长特性、自然地理状况、行政区划状况,南北方界线以秦岭—淮河一线为分界,并以省(自治区、直辖市)为单位划分。南方包括:上海、江苏、浙江、安徽、福建、江西、重庆、四川、湖北、湖南、广东、广西、海南、贵州、云南、西藏、香港、澳门、台湾;北方包括:北京、天津、河北、内蒙古、辽宁、吉林、黑龙江、山东、河南、山西、陕西、甘肃、青海、宁夏、新疆。

3.27　复播　remedy aerial seeding

飞播施工后间隔一定时段,第二次重新组织实施飞播作业阶段的工作。一般在播区成苗调查结果为不合格情况下,为保证飞播成效,于成效调查前实施的一项补救措施。

4　一般规定

4.1　飞播造(营)林包括飞播造林和飞播营林,是一项系统性、规模化的营造林工程技术措施,应坚持造林与营林相结合、统一设计、综合作业的原则。

4.2　飞播造(营)林应在对飞播造(营)林各方面条件充分分析论证的基础上开展工作,并与人工造林、封山育林相衔接,在规模化工程营造林方面有其显著的经济和技术优势。

4.3　一定区域内,实施飞播应具备符合使用机型要求的机场或有条件修建临时机场,并有承担飞行作业的专业飞行队伍。

4.4　飞播造(营)林应按规划设计,按设计实施,按标准评定验收。在省、市、自治区范围内,一般以地、市或建设单位为单位编制规划设计、组织生产。

4.5　飞播造(营)林规划设计单位原则上通过招投标的方式确定或委托确定,规划设计单位必须具备从事飞播造(营)林规划设计的专业经验并具有相应的林业调查规划设计资质等级和经济技术法人地位。

一般应由具有乙级以上调查规划设计资质的单位承担。

5　飞播宜播地

5.1　飞播造林宜播地

宜林荒山荒地、宜林沙荒地、其他宜林地、无立木林地等无林地和疏林地。

5.2　飞播营林宜播地

5.2.1　郁闭度<0.4,自然度为Ⅲ级,林下更新不良的低质、低效林地。

5.2.2　可以改造成乔木林的灌木林地。

6　播区选择

6.1　自然条件

6.1.1　具有相对集中连片的宜播地,其面积一般不少于飞机一架次的作业面积;同时宜播面积应占播区总面积的70%以上。北方山区和黄土丘陵沟壑区的播区应尽量选择阴坡、半阴坡,阳坡面积一般不超过40%。

6.1.2　播区地形起伏在同一条播带上的相对高差不超过所用机型飞行作业的高差要求,应具备良好的净空条件,两端及两侧的净空距离应满足所选机型的要求。主要飞播造(营)林飞机机型技术参数参见附录A。

6.1.3　地形地貌、地质土壤、水热条件等自然立地条件适宜飞播造(营)林。

6.2　社会条件

播区土地权属明确,且县、乡或项目建设单位领导重视,群众认可飞播造(营)林,能够落实播前播区地面处理和播后封育管护任务。

7　飞播树(草)种选择

7.1　树种选择

7.1.1　天然更新能力强、种源丰富的乡土树种。

7.1.2　中粒或小粒种子,产量多,容易采收、贮存的树种。

7.1.3　种子吸水能力强,发芽快;幼苗抗逆性强,易成活的树种。

7.1.4　适宜飞播,具有一定经济价值和生态价值的树种。

7.2　草种选择

7.2.1　具有抗风蚀、耐沙埋、自然繁殖力强、根系发达、株丛高大稠密、固沙效果好的多年生草种。

7.2.2　有利于灌木树种生长和植被群落发育的草种。

8　飞播种子要求

8.1　种子质量

飞播造(营)林种子质量应达到 GB 7908 规定的二级以上(含二级)质量标准。对 GB 7908 中没有明确规定质量标准的林木种子,根据种子检验结果报省级林业主管部门批准使用。

8.2　种子采收与调运

飞播用种优先选用本地区优良种源和良种基地生产的种子,外调种子应符合 GB/T 8822.1～8822.13 规定的调拨范围和国家林业主管部门的有关规定。

8.3　种子使用

飞播造(营)林用种实行凭证用种制度,用于飞播造(营)林的种子必须具有种子使用证、森林植物(种子)检疫证、检验证及种子标签。种子的检验、检疫及贮藏,执行 GB 2772、GB/T 10016 和国家林业主管部门的有关规定。

9　飞播规划设计

9.1　飞播规划

9.1.1　规划的任务

明确飞播造(营)林的目的、目标、范围、规模与重点;统筹安排生产布局与进度;概算投资规模,合理安排建设资金,明确筹资渠道,提出保障措施;分析与评价项目实施的综合效益。

9.1.2　综合调查

掌握区域内自然条件、社会经济情况,森林植被状况以及林业建设和生态环境建设现状、问题与要求等,为飞播造(营)林规划设计提供切合实际的依据。综合调查执行GB/T 18337.3—2001 和国家林业主管部门的有关规定。对组织开展过森林资源调查的地区或区域,应充分利用近期森林资源调查成果资料编制飞播造(营)林规划。

9.1.3　规划的原则

9.1.3.1　主导功能原则

根据自然地理条件和植被的发生、发育、演替规律以及飞播造(营)林科技成果,科学合理地确定飞播造(营)林所要实现的主导性功能和目的。

9.1.3.2　生态优先原则

以生态建设为主,按突出重点、先易后难的原则安排飞播造(营)林。

9.1.3.3　因地制宜原则

根据各地不同的飞播造(营)林条件,确定采用适宜的飞播造(营)林技术措施。

9.1.3.4　适度规模原则

在一定的区域范围内,应当充分体现其规模效应和优势,规模化组织飞播造(营)林生产。

9.1.3.5　系统平衡原则

兼顾飞播造(营)林"飞、封、补、管"各环节对飞播成效的因果关系,系统平衡,连贯有序,保证飞播成效。

9.1.4 规划的主要内容

9.1.4.1 飞播造(营)林条件分析与评价。

9.1.4.2 规划的指导思想、原则、目标(战略目标与规划期目标)。

9.1.4.3 飞播造(营)林总体布局

根据规划范围内不同的自然条件、自然资源、社会经济情况、生态环境建设要求等划分飞播造(营)林类型区,分别类型区:

——确定飞播造(营)林思路与方向;

——确定飞播造(营)林的比重与范围;

——合理配置飞播造(营)林生产组织管理体系以及机场、种源供应等基础要素。

9.1.4.4 飞播造(营)林规划

分区域规划飞播造(营)林规模,合理安排实施进度,并确定树(草)种,计算种子用量以及飞行作业、封育管护工作量。

9.1.4.5 环境影响评价。

9.1.4.6 投资概算与资金筹措。

9.1.4.7 效益分析与综合评价。

9.1.4.8 规划实施的保证措施。

9.1.5 规划成果

规划成果包括规划说明书,必要的附表、附件,以及有关专题论证报告和飞播造(营)林规划图件等。

规划成果的组成与质量要求具体执行国家林业主管部门的有关规定。

9.2 飞播设计

9.2.1 设计的任务

在飞播造(营)林规划的基础上,根据项目建设要求,具体选择落实播区。在播区调查的基础上,以播区为单位进行飞播造(营)林作业设计。设计的深度应满足飞播造(营)林生产作业的要求。

9.2.2 飞播播区调查

9.2.2.1 播区踏查

采用路线调查和标准地调查相结合进行播区踏查。通过踏查,观察拟开展飞播造(营)林地区全貌以及地形、净空情况,目测宜播面积比例,了解土地权属情况,框划播区范围。在开展过森林资源调查的地区或区域,也可以利用近期森林资源调查成果确定播区范围。

9.2.2.2 播区调查

9.2.2.2.1 调查目的

全面了解飞播造(营)林播区范围的自然条件、社会经济情况和植被状况,为飞播造(营)林设计提供依据。近期森林资源规划设计调查的成果资料可以作为飞播造(营)林设计依据。

9.2.2.2.2　自然条件调查

调查内容包括播区范围的地形、地势、气候、土壤、植被及森林火灾和病、虫、鼠(兽)害等。

9.2.2.2.3　社会经济调查

调查播区范围人口分布,交通情况,土地权属,农林业生产建设状况,农村能源消耗情况以及畜牧种、群数量,放牧习惯,当地相关的劳动生产定额等,当地政府和群众对飞播造(营)林的认识和要求以及附近可使用机场等情况。

9.2.2.2.4　播区小班区划调查

9.2.2.2.4.1　小班区划任务

现地区划界定飞播造(营)林播区地类面积及分布情况,根据播区宜播地类的自然分布情况,结合当地飞播造(营)林可供使用飞机的飞行作业特点,合理取舍,调绘确定播区边界。

准确量算、统计播区宜播面积,计算播区宜播面积率。

落实飞播造(营)林技术措施,准确计算相关工程量。

9.2.2.2.4.2　小班区划

以播区为单位,利用测绘部门绘制的最新的比例尺为1:50 000或1:25 000的地形图现地进行小班勾绘;小班最小面积以能在地形图上表示轮廓形状为原则,最小小班面积在地形图上不小于4 mm^2,最大小班面积不超过40 hm^2。分别地类划分小班,地类分类系统执行国家林业主管部门森林资源规划设计调查的有关规定。同时结合宜播地类的特点,区别划分造林小班与营林小班。沙区播区小班区划中,应同时兼顾到沙丘类型和形态,区别划分丘间低地、背风坡、迎风坡。

9.2.2.2.4.3　小班调查

采用小班目测和随机设置样地(标准地)实测相结合的方法调查。有林地、疏林地调查样地面积100 m^2,灌木林样地面积为10 m^2,草本群落样地面积4 m^2;样地数量:小班面积3 hm^{2}以下设2个,4~7 hm^{2}设3个,8~12 hm^{2}设4个,13 hm^{2}以上设置不少于5个。

小班调查内容:

a)对非宜播地类只调查地类。

b)对宜播地各地类详细调查地形地势、土壤、植被、土地利用情况等项目,分别对各项目相关调查因子进行调查记录:

——地形地势:坡位、坡向、坡度、海拔;

——土壤:土壤种类(土类)、土层厚度以及腐殖质层厚度;

——植被:灌草植被调查记录灌(草)种类、起源、覆盖度、平均高度以及分布情况,疏林地、低效林地还应调查林分(木)树种组成、平均年龄、平均胸径、平均高、郁闭度、自然度、天然更新、生长和分布情况;

——调查土地利用现状,如开荒、樵采、放牧等人为活动情况;

——现场综合分析小班宜林宜播性。

内业整理播区调查卡片,求算小班面积,并分别造林面积与营林面积分地类统计播区宜播面积,参见附录B(表B.1　播区地类面积统计表)。

9.2.3　飞播造(营)林设计

9.2.3.1　树(草)种设计

9.2.3.1.1　树种选择

　　根据播区条件和适地、适树、适播的原则以及种源供应条件,在遵循森林植被正向演替规律的前提下,确定适宜的飞播树(草)种。各地在树(草)种设计中可参照附录C。引进树(草)种要试验成功后方可应用。

9.2.3.1.2　树种配置设计

　　树种配置方式分六种类型:

　　——乔木纯播;

　　——乔木混播;

　　——乔灌混播;

　　——灌木纯播;

　　——灌木混播;

　　——灌草混播。

　　为提高森林防火、保持水土和抵抗病虫害能力,提倡针阔混交、乔灌混交、灌木混交,采用全播区或带状混播等方式进行播种,培育混交林。

　　营林小班应尽量设计乔木纯播或混播,灌草混播只限于沙区飞播。

9.2.3.2　播种期设计

　　在保证种子落地发芽所需的水分、温度和幼苗当年生长达到木质化的条件下,以历年气象资料和以往飞播造(营)林成效分析为基础,结合当年天气预报,确定最佳播种期。

9.2.3.3　播种量设计

　　以既要保证播后成苗、成林,又要力求节省种子为原则。各地播种量结合实际参照附录D,依据式(1)确定。

$$S = \frac{N \times W}{E \times R \times (1 - A) \times G \times 1\,000} \qquad (1)$$

式中:

　　S——每公顷播种量,单位为克每公顷(g/hm^2);

　　N——每公顷计划出苗株数,单位为株每公顷(株/hm^2);

　　E——种子发芽率,%;

　　R——种子纯度,%;

　　A——种子损失率(鸟、鼠、蚁、兽危害率),%;

　　G——飞播种子山场出苗率,%;

　　W——种子千粒重,单位为克每千粒(g/千粒)。

　　设计每架次载种量,计算播区种子需要量。

　　设计种子处理方式和方法。

9.2.3.4　地面处理设计

9.2.3.4.1　植被处理设计

　　播区植被处理设计区分:

　　a）造林小班：

　　——对于草本、灌木盖度偏大，可能影响飞播种子触土发芽和幼苗生长的小班，可进行植被处理设计；

　　——对于水土流失严重和植被稀少的小班，应提前封护育草（灌），使草（灌）植被有所恢复，以提高飞播成效。

　　b）营林小班：

　　——灌木林小班植被处理设计同本条列项 a）第一项规定；

　　——对林分下层灌、草植被盖度偏大的有林地小班，可进行植被处理设计。

　　植被处理设计落实到小班，并计算相应工程量。

9.2.3.4.2　简易整地设计

　　为提高土壤保水能力和增加种子触土机会，对地表死地被物厚或土壤板结的播区地块，根据当地社会、经济条件，可设计简易整地，并计算相应的工程量。

　　沙区流动、半流动沙地上实施飞播作业，可选择风蚀地段搭设沙障。结合播区条件，设计材料种类、沙障长度，并计算工程量和材料需要量等。

9.2.3.5　机型与机场的选择

　　根据播区地形地势等地貌特点和机场条件，选择适宜的机型。

　　根据播区分布和种子、油料运输、生活供应等情况，就近选择机场；若播区附近无机场，经济合理的条件下可选建临时机场。临时机场建设参照执行 GB/T 17836 以及通用航空有关技术规定。

9.2.3.6　飞行作业方式设计

　　根据播区的地形和净空条件、播区的长度和宽度、每架次播种带数和混交方式，设计飞行作业方式。飞行作业方式分为单程式、复程式、穿梭式、串联式以及重复喷撒作业法、小播区群串联作业法等。

　　根据设计的树（草）种、播种量及飞行作业方式，设计飞行作业架次组合。

9.2.3.7　飞行作业航向设计

　　按基本沿着相同海拔飞行作业的原则，结合播区地形条件，确定合理的飞行作业航向，图面量算播区的飞行方位角；一般航向应尽可能与播区主山梁平行，在沙区可与沙丘脊垂直，并应与作业季节的主风方向相一致，侧风角最大不能超过 30°，尽量避开正东西向。

9.2.3.8　航高与播幅设计

　　根据设计树（草）种的特性（种子比重、种粒大小）、选用机型、播区地形条件确定合理的航高与播幅。

　　为使飞播落种均匀，减少漏播，一般每条播幅的两侧要各有 15% 左右的重叠；地形复杂或风向多变地区，每条播幅两侧要有 20% 的重叠。

9.2.3.9　导航方法设计

　　根据播区具体情况和机组的技术条件设计选择人工信号导航或 GPS 导航。人工信号导航要设计 2～3 条航标线，并图面确定起始航标点的位置；GPS 导航应图面计算各播带导航点经纬度坐标。

9.2.3.10　播区管护规划

依据播区社会经济情况、土地权属和当地政府的意见,结合飞播造(营)林的经营方向,对播后5年提出适宜的封育管护形式和措施。参照执行GB/T 15163和国家林业主管部门的有关规定。

9.2.4　投资概算

9.2.4.1　分别飞播造(营)林直接生产费用、管理费和复播费进行投资概算:

——直接生产费用包括种子费(包括调运费和药物处理费等)、飞行费(包括飞行费、调机费等)、地面处理费(包括植被处理费、简易整地费)、勘察设计费、飞播作业费(包括种子处理费、种子复检费、装种费、导航费、机场租赁费、地勤费、交通运输费、其他费用等)、播区管护费(封禁设施费、育林措施费)等;

——管理费包括技术培训费、施工监理费、成苗及成效调查费、办公费等;

——补植、补播费或复播费等。

9.2.4.2　对资金来源提出具体意见。

9.2.5　设计成果

9.2.5.1　设计说明书

飞播造(营)林设计说明书一般以地(市)或建设单位为单位分播区合并编制,也可以县(市)为单位编制,应简明扼要,方便生产。主要内容包括播区概况、飞播条件分析、播区边界范围与面积、宜播面积(分别造林面积与营林面积)、树(草)种选择与配置、播种量与用种量、种子处理方法、播种期、播区地面处理、机型与机场、飞行作业方式与架次组合、导航方法、播区管护、投资概算等。

9.2.5.2　设计图件

9.2.5.2.1　播区位置图

以地(市)或建设单位为单位,采用1:1 000 000或1:500 000比例尺地形图为地理底图编绘成图。编绘内容:机场位置、播区名称与位置、标示机场与播区距离等。

9.2.5.2.2　播区作业图

以播区为单位,采用1:50 000或1:25 000比例尺地形图为地理底图编绘成图。编绘内容:播区界线及端拐点坐标、接种(点)线(或航标线)、小班界线、地类符号以及飞行作业架次组合表等,图示染色分别标示造林小班与营林小班。

9.2.5.2.3　播区地面处理图

以播区为单位,采用1:50 000或1:25 000比例尺地形图为地理底图,根据播区地面处理设计编绘播区地面处理设计图。编绘内容:播区地面处理范围、小班界线及相关的设计要素等。

9.2.5.3　设计附件

包括播区现状表、飞行作业架次组合表、GPS导航各航带航标点经纬度坐标数据表、主要设备材料清单以及投资概算明细表等设计附表和有关附件。

9.2.6　设计成果审批

由省级林业主管部门对飞播造(营)林设计成果进行评审和审批。没有设计或未经审批,不得实施飞播作业。

10 飞播施工

10.1 播前准备

10.1.1 播区准备

10.1.1.1 播区标示

由建设单位根据播区作业图所标示的播区边界及端拐点地理坐标,于播前采取现地地形判读、导线测量或 GPS 定位等方法,现地准确落实播区边界四至,在各端拐点埋桩或沿边界制作标志牌进行播区标示。

10.1.1.2 播区地面处理

由建设单位根据设计要求,于播前落实完成播区植被处理、简易整地、沙障搭设等地面处理任务。

10.1.2 种子及物资准备

由建设单位根据设计按树种、数量、质量将种子准备到位,并采购准备好种子处理必需的物资材料,以及种子处理等工作所必需的工器具。

10.1.3 机场及飞行单位的联络协调

播前以地、市或建设单位为单位,协调、落实飞播作业机场与飞行作业单位,并就各方的责任、义务、利益等方面内容签订书面合同,保证机场正常开放和飞机按时进场。

10.1.4 播前准备工作验收

由省级林业主管部门对播前各项准备工作组织检查验收,设计文件为检查验收的主要依据。符合设计要求,验收通过,方可实施飞播作业。

10.2 飞播作业组织

10.2.1 指挥管理机构

飞播作业期间,应成立飞播造(营)林指挥部,统筹安排机场、播区、飞行、通信、气象、种子处理及装种、质量检查、安全保卫、生活后勤等各项工作,协调解决飞播作业过程中的有关问题。

10.2.2 监理

飞播作业应实施技术质量责任监理制度,对作业进度、作业质量、工程数量等方面做全过程的跟踪监督检查和技术质量认定。

10.2.3 飞播作业

10.2.3.1 天气测报

气象人员按时观测天气实况并与附近气象台(站)取得联系。对机场、航路及播区按飞行作业要求及时报告云高、云量、云状、能见度、风向、风速、天气发展趋势等有关因子。

10.2.3.2 通信联络

建立统一的飞播指挥通信系统,机场、播区应配备电台、电话、对讲机等通信联络设备,保证地面与空中、地面与地面之间的通信畅通,做到信息反馈及时准确,保证飞行安全和播种质量。

10.2.3.3 试航

飞行作业前,飞行单位应进行空中和地面视察,熟悉航路、播区范围、地形地物,检测通信设备,并拟定作业方案。

10.2.3.4　种子处理及装种

按设计要求进行种子处理,经处理合格的种子方可装种上机,并应严格按每架次设计的树(草)种数量装种。

10.2.3.5　飞行作业

按设计要求压标作业,地形起伏高差较大时,可适当提高飞行高度,但必须保持航向,并根据风向、风速和地面落种情况及时调整侧风偏流、移位及播种器开关,确保落种准确、均匀。侧风风速大于 5 m/s 或能见度小于 5 km 时,应停止作业。

10.2.3.6　安全保卫

飞行作业和机场管理必须按照飞行部门的有关规定及飞播作业操作细则进行,确保人员、飞机和飞行安全。

10.2.4　播种质量检查

10.2.4.1　飞机播种作业的同时进行播种质量检查。按设计播区作业图图示接种线位置顺序进行,一般在接种线上从各播带中心起,向两侧等距设置 1 m × 1 m 接种样方 2 ~ 4 个,逐样方统计落种粒数并量测实际播幅宽度。

10.2.4.2　使用 GPS 导航作业时,播种质量检查采取地面接种与查看 GPS 导航仪记录的航迹相结合,综合评判飞行作业质量。

10.2.4.3　播种质量检查信息,特别是出现偏航、漏播、重播时应及时反馈到飞播指挥部,以便纠正或补救。

10.2.4.4　播种质量检查标准为:实际播幅不小于设计播幅的 70% 或不大于设计播幅的 130%;单位面积平均落种粒数不低于设计落种粒数的 50% 或不高于设计落种粒数的 150%;落种准确率和有种面积率大于 85%。

10.3　播后管理

10.3.1　封育管护

10.3.1.1　播后,播区必须严格封护。封育管护期限 5 年。

10.3.1.2　根据播区情况,应制定封育管护制度,落实管护机构和人员,签订管护合同,落实管护责任。

10.3.1.3　按设计要求建设封护设施。

10.3.2　补植补播

播区成苗调查,达到合格标准的播区,应适时进行补植补播,直至达到成效标准。补植补播执行 GB/T 15776 有关规定。

10.3.3　复播

播区成苗调查结果为不合格的播区,须在认真分析论证的基础上,于成效调查前可以组织实施复播作业。复播作业是同一飞播造(营)林计划任务不变的情况下,保证飞播效果的一项补救措施。

11 飞播成效调查

11.1 出苗观察

为了及时掌握播区种子发芽、出苗、幼苗成活及生长变化情况,预测成苗效果,播后当年在播区宜播面积上按不同飞播树种、不同立地类型和不同地类设置样地,观察种子发芽及出苗数量、自然损失数量和越冬损失数量以及幼苗生长情况。一般播后种子发芽即进行观察,每季度观察不少于1次,连续观察至播区成苗调查时结束。出苗观察结束后,写出总结报告,向上一级林业主管部门上报。

11.2 成苗调查

11.2.1 调查目的

掌握播后播区范围内幼苗密度及生长、分布情况,为补植、补播或复播等飞播造(营)林技术措施的开展提供依据。

11.2.2 调查时间

调查时间宜于播后翌年秋季进行,沙区可于当年进行。

11.2.3 调查内容

调查的主要内容:宜播面积内有效苗种类、数量,同时对苗高以及苗木生长、分布情况进行调查。

11.2.4 调查方法

11.2.4.1 成数抽样调查法

以播区或小播区群为总体,采用成数抽样分别估测播区的宜播面积内有苗面积的成数,有苗面积成数估测精度要求达到80%、可靠性为95%($t=1.96$),计算样地数量,并按调查线和样地间距的计算结果布设样地,进行实地调查和统计;落入营林小班的样地只统计飞播的乔木有效苗。样地(样方或样圆)面积为2 m²。

11.2.4.2 路线调查法

主要用于沙区,选定播带的中线为调查线,或者在播区内设置"W"或"之"字形调查线,使"W"或"之"字形的两个端点为播区的两个角,沙丘迎风坡每隔5 m,背风坡每隔6 m,设1个调查样方。样方面积1 m²。

11.2.5 成苗等级评定

成苗等级分类,以播区或小播区群为评定单位,按宜播面积平均每公顷株数与有苗样地频度划分为四级,见表1;沙区成苗等级评定按有苗样地频度划分为四级,见表2。南方高海拔地区、干热河谷地区、干旱河谷地区成苗等级评定可参照北方的标准执行。

表1 成苗等级评定标准

宜播面积平均每公顷有效苗株数(株/hm²)	有苗样地频度(%)		效果评定	
	南 方	北 方		
≥1 666	≥60	≥50	优	合格
	50～59	40～49	良	
	40～49	30～39	可	
<1 666	<40	<30	差	不合格

表2 沙区成苗等级评级标准

有苗样地频度(%)	效果评定	
≥70	优	合格
50～69	良	
40～49	可	
<40	差	不合格

11.2.6 成苗调查成果

飞播造(营)林成苗调查应提供成苗调查报告,分析统计结果,以播区为单位评定成苗等级。飞播造(营)林成苗调查统计参见附录B(表B.2 成苗调查统计表)。结合出苗观察,阶段性评价飞播造(营)林效果,提出下一步工作建议。

11.3 成效调查

11.3.1 调查目的

通过调查,确定飞播造(营)林的成效面积,对飞播进行总体评定。

11.3.2 调查时间

飞播后南方和北方5年、沙区3～5年,对播区进行成效调查。对实施复播的播区,成效调查时间可以顺延,但时限不超过7年,沙区不超过5年。

11.3.3 调查内容

调查的主要内容:成效面积以及平均每公顷株数、苗高和地径、苗木生长及分布情况等。

11.3.4 调查方法

11.3.4.1 成数抽样调查法

方法同本标准11.2.4.1,样地(一般选用样圆)面积10 m²。

11.3.4.2 成效面积调绘法

以成效面积为主要调查因子,利用播区作业图、1:10 000比例尺地形图或航片进行现地小班调绘和样地调查。

11.3.5 成效评定标准

11.3.5.1 造林小班

11.3.5.1.1　样圆合格标准

——乔木纯播或混播:10 m² 样圆内有 1 株以上(含 1 株)有效苗;

——乔灌混播:10 m² 样圆内有 1 株以上(含 1 株)乔木有效苗,或 3 丛以上(含 3 丛)灌木有效苗;

——灌木纯播或混播:10 m² 样圆内有 3 丛以上(含 3 丛)有效苗;

——灌草混播:同灌木纯播或混播。

11.3.5.1.2　小班合格标准

——乔木纯播或混播:有效苗郁闭度≥0.20,或小班每公顷有效苗 1 000 株以上,且分布均匀;

——乔灌混播:乔、灌木有效苗总覆盖度≥30%,其中乔木郁闭度≥0.10,或小班每公顷有效苗乔、灌木树种 1 350 株(丛)以上,其中,乔木所占比例≥30%,且分布均匀;

——灌木纯播或混播:灌木覆盖度≥30%,或小班每公顷有效苗 1 000 株(丛)以上,且分布均匀;

——灌草混播:同灌木纯播或混播。

11.3.5.2　营林小班

11.3.5.2.1　样圆合格标准

10 m² 样圆内有 1 株以上(含 1 株)飞播的乔木有效苗。

11.3.5.2.2　小班合格标准

林分下层有效苗郁闭度 0.20,并且飞播的乔木有效苗占优势;或小班每公顷有飞播的乔木有效苗 1 000 株以上,且分布均匀。

11.3.5.3　综合评定

以播区或小播区群为单位评定飞播成效,成效等级评定采用成效面积率确定,见表3。南方高海拔地区、干热河谷地区、干旱河谷地区成效等级评定可参照北方标准执行。

表3　成效等级评定标准

成效面积率(%)			效果评定	
南　方	北　方	沙　区		
≥51	≥41	≥55	优	合格
41～50	31～40	35～55	良	
31～40	21～30	21～34	可	
≤30	≤20	≤20	差	不合格

11.3.6　成效调查成果

飞播造(营)林成效调查应提供成效调查报告,分别造林与营林统计调查结果,以播区为单位综合评定,飞播造(营)林成效调查统计参见附录B(表 B.3　成效调查统计表)。对飞播造(营)林各环节的工作做出评价,总结经验、教训,提出建议。

12　档案管理

12.1　以播区为单位建立技术管理档案。

12.2　档案内容包括调查设计、飞播生产组织、出苗观察原始记录、成苗调查原始记录和调查报告、成效调查原始记录和调查报告以及相关的科研、调研资料等。同时及时对播区所有的生产活动及效益、经验、教训等进行连续性记载。

12.3　档案管理由县级林业主管部门统一领导,专人负责。

附录 A

(资料性附录)

飞播造(营)林飞机机型主要技术参数

表 A.1

技术参数		运－5(运－5B)型飞机	运－12 型飞机	米－17B5 型飞机
航路高度(m)		2 600	3 600～5 000	6 000
播区 10 km 允许高差(m)		300	500	1 000
作业航高(m)		80～120	80～150	80～100
播区净空条件	两端(m)	3 000	7 000	3 000
	两侧(m)	2 000	2 500	1 000
距机场经济距离(km)		120	200	60
航路速度(km/h)		180	220	180
作业速度(km/h)		150～160	160～180	160
标转[a] 半径(m)		750	1 830	560
标转时间		1′40″	2′30″	1′10″
载重量(kg)		800～1 000	1 100～1 700	1 600～2 500
关箱长度(m)		500	800	500
起飞滑跑距离(m)		150～180	234	
着陆滑跑距离(m)		150	219	
a　指标准转弯。				

附录 B

（资料性附录）

飞播造（营）林播区调查统计表

表 B.1　播区地类面积统计表　　　　　　　　　　　单位为 hm²

县（市）名	播区名称	播区面积（hm²）	宜播面积										非宜播面积				
			合计	造林面积					营林面积			合计	非林业用地	林业用地		
				小计	宜林荒山荒地	宜林沙荒地	其他宜林地	疏林地	小计	灌木林地	低效林地			小计	有林地	其他

表 B.2　成苗调查统计表

县（市）名	播区名称	播区面积（hm²）	播区宜播面积（hm²）	调查样地数（个）	有效样地数（个）	有效样地平均株数（株）	平均每公顷株数（株）	有苗样地数（个）	有苗样地平均株数（株）	有苗样地频度（%）	成苗面积（hm²）	成苗等级评定

表 B.3　成效调查统计表　　　　　　　　　　　单位为 hm²

县（市）名	播区名称	播区面积	播区宜播面积	播区成效面积 [a]			造林成效面积			营林成效面积			成效等级评定
				总计	占宜播面积比例（%）	树种及面积	合计	占宜播面积比例（%）	树种及面积	合计	占宜播面积比例（%）	树种及面积	
						（树种）　…			（树种）　…			（树种）　…	

a　播区成效面积等于造林成效面积与营林成效面积之和。

附录 C
（资料性附录）
主要飞播造（营）林树（草）种适播地区

表 C.1

树（草）种	生物学特性	适播地区（海拔）
马尾松 *Pinus massoniana*	常绿乔木，强阳性，深根性，适应性强，耐瘠薄，喜酸性土壤，忌水湿，不耐盐碱	适播于淮河，伏牛山，秦岭以南至广东、广西的南部；东至东南沿海，西达贵州中部及四川大相岭以东，可广泛播于全国 15 个省（区）。东部分布在海拔 600～800 m 以下。在安徽、江苏、福建等省垂直分布上界与黄山松相接。由北向南随气温逐渐升高，适生范围亦随之升高，在皖西大别山适生范围 600 m 以下，皖南 700 m 以下，浙江天目山 800 m 以下，福建戴云山 1 200 m 以下
云南松 *Pinus yunnanensis*	常绿乔木，是云贵高原主要树种，生长迅速，适应性强，耐干旱瘠薄，天然更新容易，能飞籽成林	适播区域，东到贵州西部毕节、水城及广西西部百色地区；北至四川西部；西至西藏察隅；南抵滇文山、元江。适播海拔：滇南 1 300 m 以上，滇西北 1 800～2 500 m，四川 1 000～2 500 m，贵州 1 000～2 000 m，广西 600～2 000 m
思茅松 *Pinus khasya*	常绿乔木，属热带松类，速生、喜光。常生于山地红壤，种子易飞散，天然更新能力强	原分布云南省南亚热带地区，近十几年引进到四川、广东、海南等省。适播海拔 700～1 000 m。近几年引种到海拔 400 m 左右，干热河谷到 1 500 m。四川西昌混播思茅松已成林
华山松 *Pinus armandii*	常绿乔木，适宜温凉湿润气候，幼苗耐庇荫。山地、褐土、山地黄棕壤、森林棕壤、红棕壤及草甸土均能生长	分布较广，晋南适播海拔 1 000～1 500 m；陇东与陕西的关山、宁夏六盘山为 1 000～2 000 m，陕西秦岭、巴山，皖西伏牛山为 1 000～2 500 m，鄂西、川东为 1 000～1 500 m，川北、川西为 1 600～2 500 m，云南中、北、西北为 1 400～2 800 m
高山松 *Pinus densata*	常绿乔木，喜光耐干旱树种，多适生于阳坡、半阳坡和半阴坡，对土壤要求不严，能耐干燥瘠薄，抗寒力较强，能耐 −28 ℃的低温	分布于西部至西南高山地带，北达青海南部，经四川西部至西藏东部、云南西北部高山地带，分布海拔 2 600～3 600 m。是四川高海拔地区飞播的主要树种

续表 C.1

树(草)种	生物学特性	适播地区(海拔)
油松 *Pinus tabulaeformis*	常绿乔木,抗寒能力力强,可耐 - 25 ℃低温;喜光耐旱,耐瘠薄;适生于森林棕壤、淋溶褐土;根系发达,在山顶陡崖、裸露岩石、沙砾岩层均可生长	适播区很广,北至内蒙古阴山,西至宁夏贺兰山、青海祁连山、大通河,南至川甘接壤地区向东达陕西秦岭、黄龙山、河南伏牛山、山西太行山、河北燕山,东至山东沂蒙山;东北至辽宁西部。适播海拔,华北地区 1 000 ~ 1 500 m,辽宁西部 500 m 以下,近几年扩大到川东、鄂西、陕西海拔 800 ~ 1 600 m,生长良好
侧柏 *Platycladus orientalis*	常绿乔木,喜光,幼树喜庇荫。对土壤要求不严,在向阳干燥瘠薄山坡、石缝都能生长	分布很广,黄、淮河流域分布集中,吉林分布在海拔 250 m 以下,山东、山西在 1 000 ~ 1 200 m,河南、陕西可见于 1 500 m,云南可见于 2 600 m。近年陕西省宜川县和其他省区,多与其他树种进行混播,初步获得成效
黄山松 *Pinus taiwanensis*	常绿乔木,喜光树种,喜生凉润气候和相对湿度大的中山区,在土层深厚、排水良好的酸性土壤上生长良好	分布在浙江天目山,海拔 700 ~ 1 200 m;福建戴云山、武夷山 1 000 m 以上;安徽大别山 600 ~ 1 700 m;江西、湖北东部、湖南东部等海拔 600 ~ 1 800 m 山地
台湾相思 *Acacia confusa*	常绿乔木,比较耐干旱瘠薄,更耐高温。生长快,适应性强	原产我国台湾省,现已引种到广东、广西、福建和江西等南亚热带地区,北到福建省福州和宁德。北纬26°仍可生长,海南岛可栽植在海拔 800 m 以上。20 世纪 60 年代广东、广西、江西等省(区)与马尾松混播获得成功
木荷 *Schima suporba*	常绿乔木,适应夏间多梅雨、夏季炎热多雨和冬季湿暖的气候。对土壤的适应性强,凡酸性土壤均可生长	在我国南方分布很广,包括江苏苏州地区和安徽南部海拔 400 m 以下。福建、江西、浙江、湖南、湖北、四川、云南、贵州、广东、广西等省(区),一般分布海拔 200 ~ 1 200 m。两广、江西等省(区)与马尾松混播获得成功
漆树 *Rhus verniciflua*	落叶乔木,特用经济林树种,喜光,幼苗能耐一定的庇荫,喜生背风向阳、光照充足湿润的环境,适应性强,能耐一定低温。疏松肥沃、排水良好、沙质土壤生长良好	在我国分布较广,主产陕西、川东、鄂西和贵州毕节、遵义、云南昭通等地。垂直分布多见于海拔 600 ~ 1 500 m。近几年鄂西、陕南和川东与华山松、油松等混播获得成功

续表 C.1

树(草)种	生物学特性	适播地区(海拔)
柏木 *Cupressus funebris*	常绿乔木,为喜光树种,对土壤适应性广,中性、酸性及钙土均能生长,喜温暖湿润气候,耐寒性较强,耐干旱瘠薄	分布地区较广,浙江、安徽、福建、江西、湖南、湖北、四川、贵州等省区及云南中部、广东北部、甘肃南部、陕西南部地区皆有分布。垂直分布自东向西随地形变化而升高,浙江海拔 400 m 以下,四川康定以东海拔 1 600 m 以下,陕西秦岭南坡海拔 1 000 m 以下,贵州海拔 300～1 400 m,云南中部海拔 1 500～2 000 m
枫香 *Liquidambar formosana*	落叶乔木,高达 30 m,喜阳光,耐火烧,萌生力极强	产于我国秦岭及淮河以南各省,北起河南、山东,东至台湾,西至四川及西藏,南到广东、海南。近年江西飞播已获成功
旱冬瓜 *Alnus nepalensis*	落叶乔木,喜光树种,对土壤要求不严,生长快,抗寒能力强,极端最低气温 – 13.5 ℃,喜疏松、湿润、肥沃土壤	分布于云南各地及四川西南部、贵州西南部和广西西部等地。在云南垂直分布在 1 000～2 700 m,但以 1 400～2 400 m 分布较多
乌桕 *Sapium sebiferum*	落叶乔木,阳性树种,对土壤适应性及土壤酸碱度适应性较强,耐水湿	为亚热带树种,广泛分布在西南、华中、华东、华南地区,同时在西北地区的陕西和甘肃也有分布。主要栽培区为长江流域及其以南各省。长江流域的浙江、湖南、湖北、安徽等省份在海拔 600～800 m,在云南澄江地区垂直分布可达 1 850 m
桤木 *Alnus cremastogyne*	落叶乔木,喜光,喜温湿,耐水。在土壤和空气湿度大的环境生长良好	主要分布于四川盆地,西至康定,东达贵州高原北部,南及云南东北部,北界达秦岭。垂直分布常见于海拔 1 200 m 以下的丘陵地和平原区,有时亦可分布到 1 800 m 左右的中山区
黄连木 *Pistacia chinensis*	喜光树种。适生于光照充足的环境。主根发达,萌芽力和抗风力强。对土壤要求不严,耐干旱瘠薄	分布很广,北自河北、山东,南至广东、广西,东到台湾,西南到四川、云南,都有野生和栽培。垂直分布,河北海拔 600 m 以下,河南 800 m 以下,湖南、湖北 1 000 m 以下,贵州可达 1 500 m,云南可分布到 2 700 m
紫穗槐 *Amorpha fruticosa*	落叶丛生灌木,喜光树种,生长快,繁殖力强,适应性广,耐水湿,耐干旱瘠薄、耐盐碱,对土壤要求不严,可作为混交的伴生树种	主要分布在东北中部以南及华北、西北各省(区),同时在长江流域海拔 1 000 m 以下的平原、丘陵、山地多有栽培,广西及云贵高原也在试验引种

续表 C.1

树(草)种	生物学特性	适播地区(海拔)
白沙蒿 *Artemisia sphaerocephala*	落叶半灌木,耐旱,耐瘠薄,抗风蚀,喜沙埋,生长迅速,固沙作用强。属固沙先锋植物	广泛分布于半荒漠的流动沙地上,最东可达陕西北部。是北方流动沙区飞播的主要植物种之一
柠条 *Caragana microphylla*	落叶灌木,喜光耐寒,且耐高温。在 -32 ℃和夏季55 ℃地温都能生长,并耐干燥瘠薄,在黄土丘陵、半固定沙地生长良好	在吉林、辽宁、山东、山西、内蒙古、陕西、甘肃等省(区)均有分布。多分布在海拔 1 000 ~ 2 000 m的沙漠、黄土高原。近几年来,飞播试验初步获得成功
花棒 *Hedysarum scoparium*	落叶灌木,喜光耐寒,耐沙埋能力强、抗热性强,能耐40 ~ 52.5 ℃高温。幼龄阶段生长快,当年高生长 36 ~ 68 cm	自然分布在甘肃、宁夏、内蒙古和新疆的沙漠地区。陕西榆林和内蒙古鄂尔多斯等地进行飞播试验均获得良好效果。为飞播固沙造林的优良树种之一
踏郎 *Hedysarum mongoliucm*	多年生落叶灌木,株高1 ~ 2 m,是优良固沙树种,能耐风蚀、沙埋,萌蘖繁殖力强,随着树木年龄的增加,萌蘖丛幅不断扩大,根上生有根瘤菌,能改良土壤	自然分布主要在内蒙古、甘肃、宁夏、陕西等省(区)。1975 年,陕西省榆林开始进行飞播试验,其成苗效果优于花棒。内蒙古在沙区进行了飞播试验,效果良好。是北方沙区用于飞播的优良固沙树种
沙棘 *Hippophae rhamnoides*	落叶灌木或小乔木,喜光,也能生长于疏林下,对气候土壤适应性很强。抗严寒、风沙,耐干旱和高温,耐水湿和盐碱,不耐过于黏重的土壤	主要分布在华北、西北及西南地区。垂直分布在海拔 1 000 ~ 4 000 m。当前已广泛用做荒山和保土固沙造林,也是华北、西北飞播造林和混播的主要灌木之一
荆条 *Vitex negundo var. heterophylla*	多年生落叶灌木,株高 1 ~ 3 m,耐干旱瘠薄,是北方阳坡的主要灌木树种	分布河北、山西、河南、陕西等省,垂直分布海拔 1 200 m 以下,是北方石质山区飞播造林的混播树种之一

续表 C.1

树(草)种	生物学特性	适播地区(海拔)
坡柳(车桑子) *Dodonaea* *viscosa*	灌木,耐旱,喜光,在荒坡、荒沙成片趀生,为干热河谷固沙保土树种	分布于福建南部、广东、广西、海南、四川、云南,适宜在干热河谷地区海拔 1 900 m 以下飞播
沙打旺 *Astragalus* *adsurgens*	多年生草本植物,寿命 5 ~ 8 年,丛生。一个植株可分蘖 30 ~ 70 株,高 1 ~ 2 m,是钙质土指示植物,耐寒、耐旱、耐盐碱、耐瘠薄,竞争力强,对其他植物有抑制作用	天然分布较广,东北、内蒙古、宁夏、甘肃、陕西、山西、江苏、江西、云南都有分布,生于海拔 700 ~ 3 150 m 的山坡、河滩、沙漠、黄土高原等不同环境。陕西省从 1976 年开始飞播试验,两三年可以形成草地,颇受牧民欢迎
草木樨 *Melilotus*	为 2 年生豆科牧草,具有耐寒、耐旱、耐盐碱、耐瘠薄等特点	分布较广,在东北、西北、内蒙古等省(区)的黄土丘陵及沙地都有生长。近几年西北、内蒙古等地开展了治沙和水土保持试验,成效显著

附录 D
（资料性附录）
主要飞播造（营）林树（草）种可行播种量

表 D.1　　　　　　　　　　　　　　　　　　　　　　　单位为 g/hm²

树（草）种	飞播造（营）林地区类型			
	荒山	偏远荒山	能萌生阔叶树地区	黄土丘陵区、沙区
马尾松	2 250～2 625	1 500～2 250	1 125～1 500	
云南松	3 000～3 750	1 500～2 250	1 500	
思茅松	2 250～3 000	1 500～2 250	1 500	
华山松	30 000～37 500	22 500～30 000	15 000～22 500	
油松	5 250～7 500	4 500～5 250	3 750～4 500	
黄山松	4 500～5 250	3 750～4 500		
侧柏	1 500～2 250（混）	1 500～2 250（混）	3 750～4 500（混）	
柏木	1 500～2 250（混）	1 500～2 250（混）	3 750～4 500（混）	
台湾相思	1 500～2 250（混）			
木荷	750～1 500（混）			
漆树	3 750	3 750～7 500		
柠条				7 500～9 000
沙棘				7 500
踏郎				3 750～7 500
花棒				3 750～7 500
白沙蒿				3 750
沙打旺				3 750

附录二　河南省飞播造林主要植物种名录

枫香　*Liquidambar formosana*

麻栎　*Quercus acutissima*

栓皮栎　*Quercus variabilis*

板栗　*Castanea mollissima*

马桑　*Coriaria sinica*

黄背草　*Themeda triandra. var. Japomica*

白茅　*Imperata cylindrica*（Linn.）Beauv

茅栗　*Castanea seguinii*

锐齿栎　*Quercus aliena* var. *acuteserrata*

山杨　*Populus davidiana*

杜梨　*Pyrus betulaefolia* Bunge

白榆　*Ulmus pumila*

黄茅　*Heteropogon contortus*

柏木　*Cupressus funebris*

香椿　*Toona sinensis*

泡桐　*Paulownia fortunei*

油桐　*Aleurites fordii*

杜仲　*Eucommia ulmoides*

毛竹　*Phyllestachys pubescens*

沙棘（酸刺）　*Hippophae rhamnoides*

马尾松　*Pinus massoniana*

荆条　*Vitex negundo* var. *heterophylla*

酸枣　*Ziziphus jujuba* var. *spinosa*

菅草　*Themeda gigantea* var. *villosa*

侧柏　*Platycladus orientalis*

合欢　*Albizzia julibrissin*

胡枝子　*Lespedeza bicolor*

虎榛子　*Ostryopsis davidiana*

紫穗槐　*Amorpha fruticosa*

黑松　*Pinus thunbergii*

山乌柏　*Sapium discolor*

杉木　*Cunninghamia lanceolata*

椴树　*Tilia amurensis*

水曲柳　*Fraxinus mandshurica*

核桃楸　*Juglans mandshurica*

春榆　*Ulmus japonica*

三裂绣线菊　*Spiraea trilobata*

土庄绣线菊　*Spiraea pubescens*

绣线菊　*Spiraea salicifolial*

黄连木　*Pistacia chinensis*

黄刺玫　*Rosa xanthina*

胡颓子　*Elaeagnus pungens*

狼牙刺　*Sophora viciifolia*

山桃　*Prunus davidiana*

羊胡子草　*Carex rigescens*

白草　*Pennisetum flaccidum*

桤木　*Alnus cremastogyne*

榛子　*Corylus heterophylla*

迎红杜鹃　*Rhododendron mucronulatum*

鼠李　*Rhamnus davurica*

岩鼠李　*Rhamnus parvifolius*

刺槐　*Robinia pseudoacacia*

油松　*Pinus tabulaeformis*

黄山松　*Pinus taiwanensis*

华山松　*Pinus armandii*

漆树　*Rhus verniciflua*

臭椿　*Ailanthus altissima*

五角枫　*Acer mono*

参 考 文 献

[1] 全国农业区划委员会"中国综合农业区划"编写组. 中国综合农业区划[M]. 北京:农业出版社, 1981.

[2] 中国农业百科全书林业卷编辑委员会. 中国农业百科全书(林业卷)[M]. 北京:农业出版社,1989.

[3] 孟宪伦. 中国飞机播种造林[M]. 贵阳:贵州人民出版社,1987.

[4] 张景春,张重忱. 飞机播种造林新技术[M]. 北京:中国林业出版社,1995.

[5] 河南省林业勘察设计院. 河南省立地分类与造林典型设计[M]. 郑州:河南科学技术出版社,1988.

[6] 赵体顺,李树人,闫志平,等. 当代林业技术[M]. 郑州:黄河水利出版社,1995.

[7] 史作宪,等. 林业技术手册[M]. 郑州:河南科学技术出版社,1988.

[8] 中华人民共和国林业部. 飞机播种造林技术规程(GB/T 15162 —2005)[S]. 北京:中国林业出版社,2005.

[9] 中国林业科学研究院,等. 林木种子储藏(GB 10016—1988)[S]. 北京:中国林业出版社,1988.

[10] 中国林业科学研究院,等. 林木种子检验办法(GB 2772—81)[S].北京:技术标准出版社,1982.

[11] 孙时轩[M],等. 造林学[M]. 北京:中国林业出版社,1981.

[12] 中华人民共和国林业部. 林业专业调查主要技术规定[M]. 北京:中国林业出版社,1990.

[13] 河南省林业技术推广站. 主要林木种子质量分级(地方标准 DB 41/T 504—2007)[S].河南省质量技术监督局,1988.

[14] 江泽慧,等. 林业十项重点推广技术[M]. 北京:中国林业出版社,1998.

[15] 中国树木志编委会. 中国主要树种造林技术[M]. 北京:农业出版社,1978.

[16] 北京林学院. 树木学[M]. 北京:中国林业出版社,1980.

[17] 国家林业局. 全国森林培育技术标准汇编. 种子苗木篇[M]. 北京:中国标准出版社,2003.

[18] 周陛勋,等. 林木种子检验[M]. 北京:中国标准出版社,1986.